MATERIALIEN FÜR DEN SEKUNDARBEREICH II

MATHEMATIK

Mathematik heute Vorkurs Analysis

Eingangsband für das 11. Schuljahr

Herausgegeben von
Hermann Athen
Heinz Griesel

Schroedel Schulbuchverlag
Verlag Ferdinand Schöningh

MATERIALIEN FÜR DEN SEKUNDARBEREICH II

MATHEMATIK

Vorkurs Analysis

Eingangsband für das 11. Schuljahr

Herausgegeben und bearbeitet von
Oberstudiendirektor Dr. Hermann Athen †
Professor Dr. Heinz Griesel

Dr. Werner Blum, Jörn Bruhn, Günter Cöster,
Dr. Gerhard Holland, Horst Jahner,
Dr. Arnold Kirsch, Helmut Postel,
Hans Weckesser

Beratende Mitwirkung:
Helmut Coers, Dietrich Pohlmann, Klaus Schäfer

Zu diesem Themenheft gibt es:
Lösungen und didaktisch-methodischer Kommentar
(Best.-Nr. 83181)

ISBN 3-507-**83081**-7 (Schroedel)
ISBN 3-506-**83081**-3 (Schöningh)

Druck A 14 13 12 11 10 / Jahr 1990 89 88 87 86

Alle Drucke der Serie A sind im Unterricht parallel verwendbar. Die letzte Zahl bezeichnet das Jahr dieses Druckes.

Zeichnungen: Günter Schlierf
Umschlagentwurf: Gerhilde Glebocki
Herstellung: Universitätsdruckerei H. Stürtz AG, Würzburg

Inhaltsverzeichnis

Wiederholungsaufgaben aus dem Bereich der Sekundarstufe I enthält der Band zu folgenden Themen:

Algebra

Anwenden des Distributiv-
gesetzes – binomische Formeln 62, 63, 79/80
Lineare Gleichungen 26, 71/72
Lineare Ungleichungen 32
Lineare Gleichungssysteme 17/18
Quadratische Gleichungen 27, 63, 74
Quadratische Ungleichungen 32
Biquadratische Gleichungen 27
Quadratische Ergänzung 33
Rechnen mit Bruchtermen 65/66, 83
Bruchgleichungen 72
Bruchungleichungen 32
Betragsgleichungen 33, 72
Potenzrechnung 86/87
Potenzgesetze 91
Potenzgleichungen 59
Wurzelrechnung 94/95
Wurzelgleichungen 27, 74

Graphen von Funktionen

Graphen grundlegender Funktionen 39/40
Anwendung von Verschiebungen 39/40
Abbildung der Normalparabel 39, 52
Abbildung von Graphen 47, 59

Geometrie

Projektionssätze 9
Strahlensätze 110/112
Zentrische Streckung 113

Differenzierung:

Zusatzstoffe enthalten wünschenswerte Ergänzungen. Auf sie wird in den anschließenden Grundkursen auch nur in Zusatzstoffen zurückgegriffen.
Die Zusatzstoffe sind nach zwei Schwierigkeitsgraden unterschieden und folgendermaßen gekennzeichnet:

△ Zusatzstoff
▲ Zusatzstoff mit höherem Schwierigkeitsgrad

Hinweise für den Lehrer

Zu den Aufgaben des ersten Halbjahreskurses

Das erste Halbjahr des 11. Schuljahres der neugestalteten Sekundarstufe II hat folgende Aufgaben:

- Ausgleich schullaufbahnbedingter unterschiedlicher Ausbildungsvoraussetzungen zur Herstellung gleicher Ausgangschancen.
- Einführende Vorbereitung auf die spezifischen Anforderungen der Arbeit im Kurssystem.
- Bereitstellen aller Inhalte, die für eine sinnvolle Arbeit in den Grund- und Leistungskursen – insbesondere der Analysis als dem zentralen Gebiet der Sekundarstufe II – unerläßliche Voraussetzung sind.

Der vorliegende Band ist an diesen Aufgaben orientiert.

Zur Konzeption und Stoffauswahl

Damit ein Nebeneinander isolierter Stoffe vermieden wird, ist der didaktische Aufbau an dem Leitbegriff *Funktion* orientiert. Festigung, Präzisierung, Vertiefung und Ergänzung grundlegender Kenntnisse über Funktionen ist daher wichtigstes inhaltliches Lernziel.
Eine stoffliche Erweiterung bietet die Analytische Geometrie der Geraden (u.a. Normalform einer Geradengleichung, Punktsteigungsform, Zweipunkteform, Steigung einer Strecke, Bedingung für zueinander orthogonale bzw. parallele Geraden). Hier sollen geometrische Argumentationen und Techniken bereitgestellt werden, die in der Analysis benötigt werden.
Das Rechnen mit reellen Zahlen wird als bekannt vorausgesetzt. Eine Zusammenstellung der Rechengesetze für reelle Zahlen findet man im Anhang.

Zur Gestaltung

Um einer besseren Lesbarkeit willen sind die Seiten dieses Themenheftes in zwei Spalten angelegt. Die jeweils innere Spalte enthält den fortlaufenden Lehrgang, während sich die zugehörigen Übungsaufgaben in der äußeren Spalte befinden.

Der Lehrgang besteht aus:

- *Einstiegsaufgaben mit anschließender vollständiger Lösung.* Diese leiten einen Lernabschnitt ein, dessen Thema meist hinter dem Wort „Aufgabe“ notiert ist.
- *Informationen, Erklärungen und Darstellungen* in einem zusammenhängenden Lehrtext.
- *Zusammenfassungen.* Sätze und Definitionen als Zusammenfassung des Gelernten stehen in einem roten Rahmen. Andere wichtige Ergebnisse sind durch eine rote Unterlegung hervorgehoben.

Die *Übungsaufgaben* sind abschnittsweise zusammengefaßt; sie dienen zur Einübung, Vertiefung und Sicherung des Gelernten.
Zusätzliche *Wiederholungsaufgaben* – am Ende jeweils des Übungsteils – beziehen sich auf Inhalte der Sekundarstufe I. Es geht hier um technische Fertigkeiten und Kenntnisse wichtiger Sätze, auf die in dem jeweiligen Abschnitt zurückgegriffen wurde.

Zur Arbeit mit dem Buch

Bei der Stoffauswahl sollte sich der Lehrer an den genannten Aufgaben des ersten Halbjahres auf der Sekundarstufe II orientieren. Soweit ausreichende Kenntnisse beim Schüler vorhanden sind, können ganze Abschnitte ausgelassen oder nur kursorisch behandelt werden. Die Kapitel *Exponential- und Logarithmusfunktionen* (Kap. 6) und *Winkelfunktionen* (Kap. 7) können auch zunächst zurückgestellt und erst im Rahmen der Behandlung der *Analysis* an der jeweiligen Stelle eingeschoben werden.

Vorschau auf die Behandlung der Analysis

Der vorliegende Eingangsband trägt den Namen *Vorkurs Analysis*, weil er u.a. auf das zentrale Gebiet der Analysis vorbereitet und über Fragestellungen der Analysis orientiert. Da ein großer Teil der Lehrer die Analysis auch in einem Grundkurs auf Folgen und Grenzwerte gründet, erfolgt in Kap. 9 und 10 die Behandlung der Folgen, der Eigenschaften von Folgen und der Grenzwertsätze. Beide Kapitel sind als Zusatzstoff gekennzeichnet, weil ihre Kenntnis für den anschließenden Grundkurs Analysis nicht unbedingt erforderlich ist. Für die Präzisierung des Begriffs der Ableitung und für die Beweise der Ableitungsregeln werden zwei Wege (mit und ohne Folgen) angeboten.

1. Gerade und Kreis im Koordinatensystem

1.1. Punkte im Koordinatensystem

Aufgabe 1: *Bestimmen der Koordinaten von vorgegebenen Punkten*

In ein rechtwinkliges Koordinatensystem ist ein Quadrat eingezeichnet. Bestimme die Koordinaten der Eckpunkte A, B, C und D.

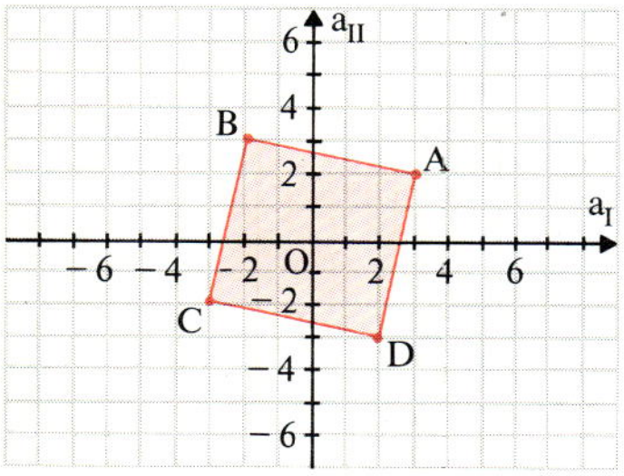

Lösung: Wir zeichnen durch A die Parallelen zur zweiten und zur ersten Koordinatenachse. Die Schnittpunkte dieser Parallelen mit den Koordinatenachsen bezeichnen wir mit A_1 und A_2.

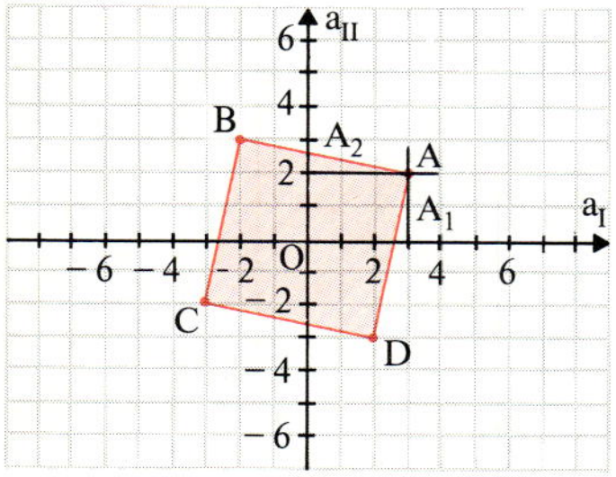

Dem Punkt A_1 ist die Zahl 3 auf der Achse a_I, dem Punkt A_2 die Zahl 2 auf der Achse a_{II} zugeordnet.

Wir ordnen auf diese Weise dem Punkt A das (geordnete) Zahlenpaar (3; 2) zu. Die Zahl 3 nennen wir die **erste Koordinate** (Abszisse), die Zahl 2 die **zweite Koordinate** (Ordinate) des Punktes A. Entsprechend sind den Punkten B, C, D die Zahlenpaare $(-2; 3)$, $(-3; -2)$, $(2; -3)$ zugeordnet.

Die angegebene Konstruktion kann für *jeden* Punkt der Ebene durchgeführt werden, d.h. durch das Koordinatensystem wird *jedem* Punkt der Ebene *genau ein* (geordnetes) Paar reeller Zahlen zugeordnet.

Zum Unterschied zu anderen Koordinaten, die wir noch betrachten werden (vgl. S. 113), heißen diese Koordinaten auch **kartesische Koordinaten**.

Übungen 1.1

1. Bestimme die Koordinaten der Punkte $P_1, P_2, \ldots, P_8$.

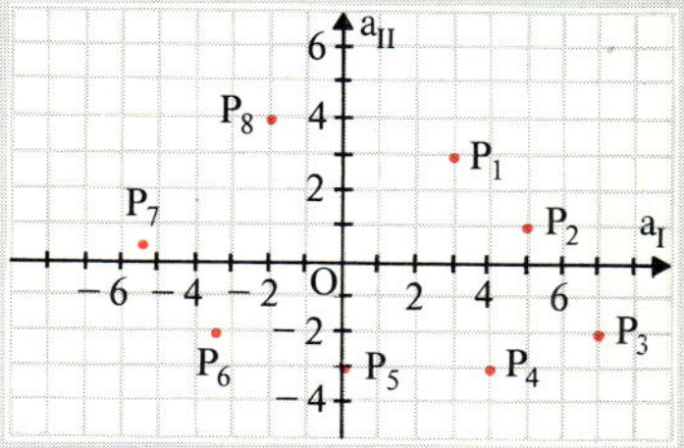

2. Zeichne die angegebenen Punkte in ein Koordinatensystem ein.

$P_1 = p(3;4)$ $\quad P_2 = p(-1;3)$
$P_3 = p(-4;-5)$ $\quad P_4 = p(-1;0)$
$P_5 = p(0;-0{,}5)$ $\quad P_6 = p(1;-3)$

3. Spiegele den Punkt $P = p(3;6)$ [$p(a;b)$]

a) an der Achse a_I;

b) an der Achse a_{II};

c) am Koordinatenursprung.

Welche Koordinaten hat der Bildpunkt?

4. Zeige an drei Beispielen, daß die Punkte $p(a;b)$ und $p(b;a)$ symmetrisch zu einer Achse liegen. Gib die Symmetrieachse an.

5. Zeichne

a) das Dreieck ABC mit den Ecken
$A = p(-2;-3)$, $B = p(4;-1)$, $C = p(-1;5)$;

b) das Viereck ABCD mit den Ecken
$A = p(2;-4)$, $B = p(4;5)$,
$C = p(-3;4)$, $D = p(-1;-3)$.

6. Beweise, daß die Formel für den Mittelpunkt einer Strecke auch gilt, wenn

a) die Koordinaten von beiden Punkten negativ sind;

b) die Koordinaten von einem Punkt positiv und von dem anderen negativ sind;

c) einer der beiden Punkte auf der Achse a_I [a_{II}] liegt.

d) Gib an, für wie viele Fälle ein vollständiger Beweis durchgeführt werden müßte.

7. Bestimme die Koordinaten des Mittelpunktes der Strecke mit den angegebenen Endpunkten. Löse die Aufgabe auch zeichnerisch.

a) p(3; 2) und p(2; 3)

b) p(−4; 5) und p(−3; 4)

c) p(−2; −3) und p(−1; −8)

d) p(1; 4) und p(−3; −7)

e) p(3; −2) und p(−2; 5)

f) p(−1; 6) und p(−4; −6)

g) p(2; 4) und p(2; 6)

h) p(−3; 5) und p(−3; −4)

8. Gegeben sind von einer Strecke

a) Endpunkt p(2; 4) und Mittelpunkt p(3; 6);

b) Endpunkt p(−1; −2) und Mittelpunkt p(2; −4);

c) Endpunkt p(−3; 4) und Mittelpunkt p(−4; −2);

d) Endpunkt p(1; 3) und Mittelpunkt p(−1; −3).

Berechne den anderen Endpunkt.
Bestimme die Lösung auch zeichnerisch.

9. Gegeben ist das Dreieck mit den angegebenen Eckpunkten.

a) A = p(1; 2), B = p(−3; 4), C = p(−2; −4)

b) A = p(−2; −4), B = p(2; −2), C = p(0; 3)

c) A = p(−4; 0), B = p(3; 0), C = p(0; 5)

d) A = p(0; 0), B = p(8; 1), C = p(1; 8)

Berechne die Koordinaten der Seitenmittenpunkte.

10. Gegeben ist das Viereck mit den angegebenen Eckpunkten.

a) A = p(0; 0), B = p(4; 0), C = p(4; 4), D = p(0; 4)

b) A = p(0; 0), B = p(6; 0), C = p(5; 3), D = p(1; 3)

c) A = p(−1; 3), B = p(−2; −4), C = p(1; −3), D = p(1; 5)

d) A = p(−2; −2), B = p(2; −2), C = p(4; 4), D = p(0; 4)

Berechne die Koordinaten der Seitenmittenpunkte.

Aufgabe 2: *Bestimmen von Punkten zu vorgegebenen Koordinaten*

Gegeben ist das (geordnete) Zahlenpaar (−3,2; 2,8). Bestimme den zugehörigen Punkt im Koordinatensystem.

Lösung:

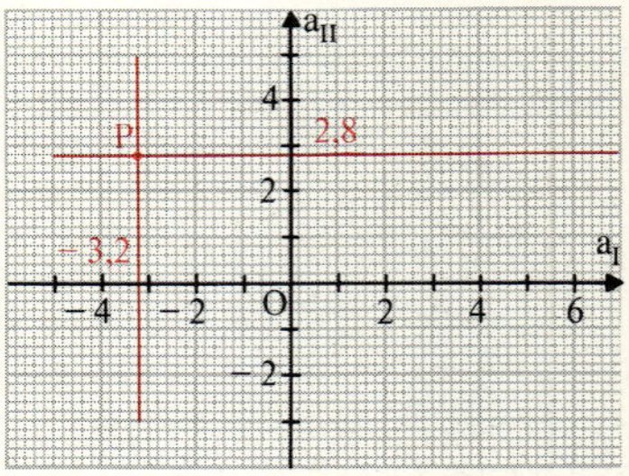

Der Schnittpunkt der beiden (rot gezeichneten) Parallelen zu den Koordinatenachsen a_I und a_{II} ist der dem Zahlenpaar (−3,2; 2,8) zugeordnete Punkt P. Wir schreiben daher:

P = p(−3,2; 2,8)

(gelesen: *Punkt mit den Koordinaten* −3,2 *und* 2,8)

Die Konstruktion kann entsprechend für *jedes* vorgegebene Paar reeller Zahlen durchgeführt werden. Der Punkt O mit p(0; 0) heißt **Koordinatenursprung.**

Durch ein rechtwinkliges Koordinatensystem wird *jedem* Punkt P der Ebene *genau ein* (geordnetes) Paar (x; y) reeller Zahlen zugeordnet, und *umgekehrt* wird *jedem* (geordneten) Paar (x; y) reeller Zahlen *genau ein* Punkt P zugeordnet.

Zur Übung: **1** bis **5**

Aufgabe 3: *Mittelpunkt einer Strecke*

Gegeben sind zwei Punkte P_1 und P_2 mit $P_1 = p(x_1; y_1)$ und $P_2 = p(x_2; y_2)$.
Bestimme den Mittelpunkt der Strecke $\overline{P_1 P_2}$.

Lösung:
1. Fall: Wir nehmen an, die Punkte P_1 und P_2 liegen auf der Achse a_I. Es sei zunächst $x_2 > x_1$.

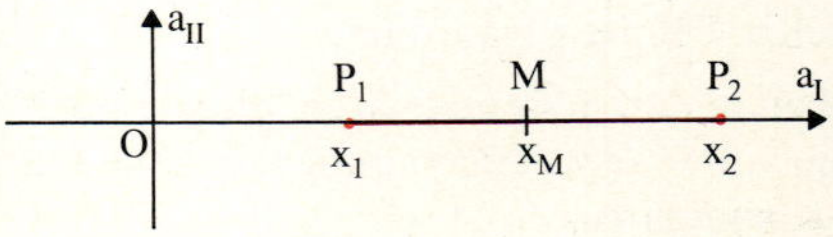

Dann gilt:

$$|OM| = |OP_1| + |P_1M| = |OP_1| + \tfrac{1}{2}|P_1P_2|, \quad \text{also}$$

$$x_M = x_1 + \frac{x_2 - x_1}{2} = \frac{2x_1}{2} + \frac{x_2 - x_1}{2} = \frac{2x_1 + x_2 - x_1}{2}$$

$$x_M = \frac{x_1 + x_2}{2}$$

Diese Formel ist symmetrisch bezüglich der Variablen x_1 und x_2, daher gilt sie auch für $x_2 < x_1$. Ferner ist unmittelbar einsichtig, daß sie auch für $x_1 = x_2$ gilt, d.h., wenn die Endpunkte der Strecke zusammenfallen.

2. Fall: Beide Koordinaten von P_1 und von P_2 seien positiv.

Wir zeichnen durch P_1, durch P_2 und durch M die Parallelen zu den Koordinatenachsen a_I und a_{II}.

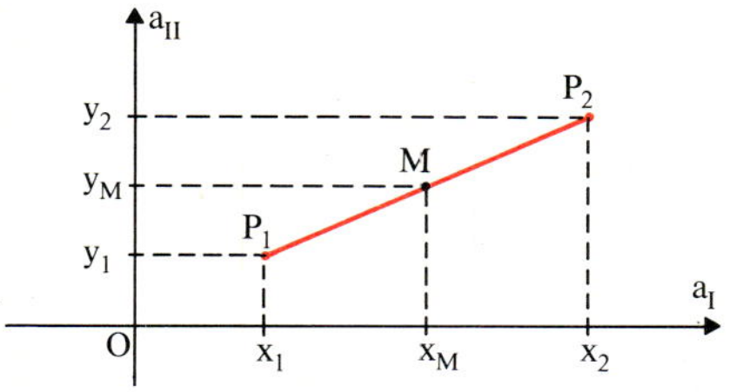

Da die Abschnitte auf den Koordinatenachsen sich verhalten wie die auf der Strecke $\overline{P_1P_2}$ (siehe Projektionssatz, Mathematik heute 9 und Wiederholungsaufgaben) und weil M in der Mitte von $\overline{P_1P_2}$ liegt, liegt also der Punkt $p(x_M; 0)$ genau in der Mitte der Strecke mit den Endpunkten $p(x_1; 0)$ und $p(x_2; 0)$. Entsprechend folgt, daß $p(0; y_M)$ genau in der Mitte von $p(0; y_1)$ und $p(0; y_2)$ liegt.

Für den Mittelpunkt einer Strecke gilt:

$$x_M = \frac{x_1 + x_2}{2}; \quad y_M = \frac{y_1 + y_2}{2}.$$

Entsprechend kann man zeigen, daß die Formel auch für alle anderen möglichen Lagen von P_1 und P_2 im Koordinatensystem gilt.

Beispiel: Gegeben sind $P_1 = p(1{,}5; 2{,}5)$ und $P_2 = p(-3{,}5; 4{,}5)$. Für die Koordinaten von M ergibt sich:

$$x_M = \frac{1{,}5 + (-3{,}5)}{2} = -1 \quad \text{und} \quad y_M = \frac{2{,}5 + 4{,}5}{2} = 3{,}5,$$

also $M = p(-1; 3{,}5)$.

Zur Übung: **6** bis **15**

11. Der Mittelpunkt eines Quadrats mit der Seitenlänge a liegt im Koordinatenursprung O, seine Eckpunkte auf den Koordinatenachsen. Bestimme die Koordinaten

a) der Eckpunkte;

b) der Seitenmittenpunkte.

12. Der Eckpunkt A eines Rechtecks liegt in O. Eine Seite dieses Rechtecks verläuft parallel zur ersten Koordinatenachse und hat die Länge a. Die andere Seite hat die Länge b. Welche Koordinaten haben

a) die Eckpunkte;

b) die Seitenmittenpunkte?

13. △ Der Mittelpunkt eines Quadrats hat die Koordinaten 1 und −4. Der Eckpunkt A hat die Koordinaten −3 und −6. Bestimme die Koordinaten der anderen Eckpunkte.

14. Ein Parallelogramm hat folgende Eckpunkte:

△ a) $A = p(-3; -3)$, $B = p(2; -3)$, $C = p(-1; 2)$

△ b) $A = p(-3; -4)$, $B = p(3; -2)$, $C = p(5; 2)$

△ Bestimme die Koordinaten des vierten Eckpunktes.

15. △ Der Koordinatenursprung ist der Mittelpunkt eines Quadrats mit der Ecke $A = p(-1; 4)$. Bestimme die Koordinaten der anderen Eckpunkte und die der Seitenmittenpunkte.

Zur Wiederholung: *Projektionssätze*

W 1. Veranschauliche den 1. Projektionssatz: Wenn eine Parallelenschar aus *einer* Geraden gleich lange Strecken ausschneidet, so schneidet sie auch aus *jeder anderen* Geraden, welche die Parallelenschar schneidet, gleich lange Strecken aus.

W 2. Zeichne eine Strecke $\overline{AB}$ von 7 cm Länge. Zerlege die Strecke (ohne Benutzung der Meßskala) in
a) 3; b) 5; c) 8
gleich lange Teilstrecken.

W 3. Veranschauliche den 2. Projektionssatz: Werden zwei Geraden g und h von einer Parallelenschar geschnitten, so ist das Längenverhältnis zweier Strecken, die auf der Geraden g ausgeschnitten werden, gleich dem Längenverhältnis der entsprechenden Strecken auf h.

W 4. Zeichne auf einer Strecke $\overline{AB}$ einen Punkt C, für den $\frac{|AC|}{|AB|} = \frac{5}{7}$ gilt.

Übungen 1.2

1. Bestimme die Punktmenge im Koordinatensystem, die zu der angegebenen Aussageform gehört.

a) $x > 2y$	k) $x < 2 \vee y > -3$
b) $y \leq \frac{1}{2}x$	l) $x > y \wedge x > 0$
c) $x + y \leq 3$	m) $x > y \vee x > 0$
d) $x = 2y$	n) $\lvert x\rvert \leq 1 \wedge \lvert y\rvert \geq 1$
e) $x + 2y \geq 0$	o) $\lvert x\rvert \leq 1 \vee \lvert y\rvert \geq 1$
f) $x + y = 0$	p) $\lvert x + y\rvert \leq 3$
g) $x + y \geq 0$	q) $\lvert x\rvert + \lvert y\rvert \leq 3$
h) $x - y = 0$	r) $\lvert x\rvert - \lvert y\rvert > 2$
i) $2x - y = 2$	s) $\lvert x\rvert - \lvert y\rvert = 2$

2. Markiere im Koordinatensystem die Punktmenge, die zu der angegebenen Menge von Paaren gehört.

a) $\{(x;y) \mid x > 3 \wedge y < 5\}$

b) $\{(x;y) \mid x > 3 \vee y < 5\}$

c) $\{(x;y) \mid x \leq y \wedge y > 0\}$

d) $\{(x;y) \mid x \leq y \vee y > 0\}$

e) $\{(x;y) \mid \lvert x\rvert > 3 \wedge \lvert y\rvert < 5\}$

f) $\{(x;y) \mid \lvert x\rvert > 3 \vee \lvert y\rvert < 5\}$

g) $\{(x;y) \mid \lvert x\rvert < \lvert y\rvert\}$

h) $\{(x;y) \mid x \leq y \wedge y \leq x\}$

3. Zeichne den Graphen der Aussageform.

a) $x + y \leq 8$

b) $2x \leq y$

c) $x \geq 3y$

d) $x \geq 0 \wedge x \leq 2 \wedge y \geq 0 \wedge y \leq 4$

e) $(x > 0 \wedge y > 0) \vee (x < 0 \wedge y < 0)$

f) $(x > 0 \vee y > 0) \wedge (x < 0 \vee y < 0)$

4. Prüfe, ob der angegebene Punkt zum Graphen der Aussageform $\lvert x\rvert < \lvert y\rvert$ $[x + y \leq 0]$ gehört.

a) $p(2;4)$	e) $p(1;0)$
b) $p(-3;1)$	f) $p(-4;-5)$
c) $p(4;2)$	g) $p(0;0)$
d) $p(0;2)$	h) $p(1;-3)$

1.2. Punktmengen im Koordinatensystem

Aufgabe 1: *Die zu einer vorgegebenen Aussageform gehörende Punktmenge*

Gegeben ist die Aussageform mit zwei Variablen.

a) $x > y$ b) $\lvert x\rvert \leq 3 \wedge \lvert y\rvert \leq 4$

Grundmenge: $\mathbb{R} \times \mathbb{R}$

Jedes Lösungspaar kann als Koordinatenpaar eines Punktes angesehen werden. Zu jedem Lösungspaar gehört daher genau ein Punkt.
Die Menge aller Lösungspaare ist die Erfüllungsmenge der Aussageform. Zur Erfüllungsmenge der Aussageform gehört also eine Punktmenge. Zeichne diese.

Lösung:

a)

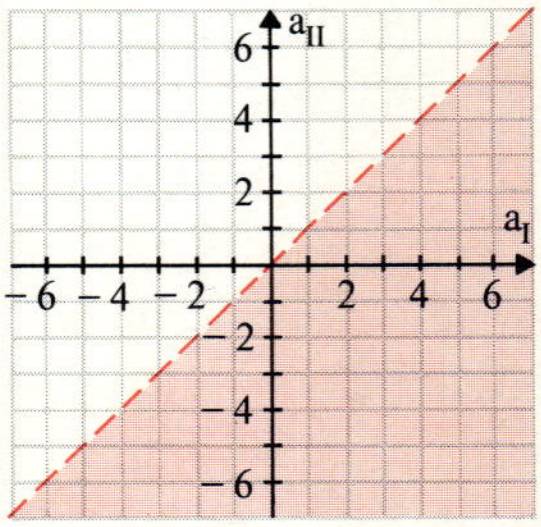

b)

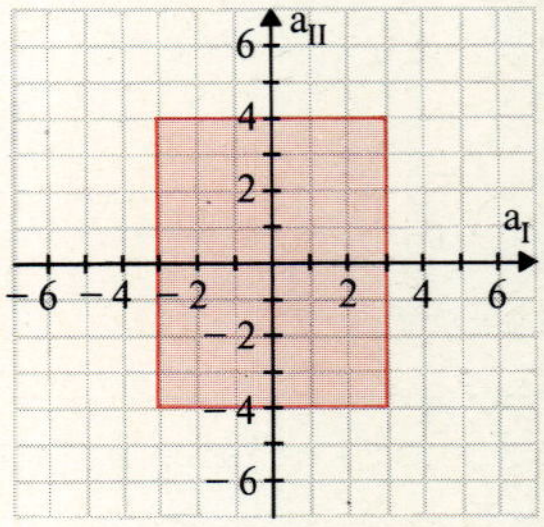

Der Erfüllungsmenge einer Aussageform mit zwei Variablen entspricht eine Punktmenge in der Ebene, die auch der zur Aussageform gehörende **Graph** heißt.

Beachte: (1) Wenn die Koordinaten des Punktes die Aussageform *nicht* erfüllen, dann gehört der Punkt *nicht* zum Graphen.
(2) $\wedge$ bedeutet *und*; $\vee$ bedeutet *oder*.

Aufgabe 2: *Punktprobe*

Prüfe, ob die Punkte P_1 und P_2 mit $P_1 = p(5;2)$ und $P_2 = p(3;4)$ zum Graphen von $x > y$ gehören.

Lösung: Wir machen eine **Punktprobe,** d.h., wir setzen die Koordinaten der Punkte in die Aussageform ein.
Da $5 > 2$ wahr ist, gehört der Punkt P_1 mit den Koordinaten 5 und 2 zum Graphen der Aussageform $x > y$.
Da $3 > 4$ *nicht* wahr ist, gehört der Punkt P_2 mit den Koordinaten 3 und 4 *nicht* zum Graphen von $x > y$.

Zur Übung: **1** bis **4**

Aufgabe 3: *Bestimmen einer Aussageform zu einer vorgegebenen Punktmenge*

Die beiden Koordinatenachsen a_I und a_{II} teilen die Ebene in vier **Quadranten** auf.
Die Quadranten numeriert man entgegen dem Uhrzeigersinn mit I, II, III, IV. Gesucht ist eine Aussageform, deren Graph der Quadrant I [II; III; IV] ist.

Lösung:

I:	$x>0 \wedge y>0$
II:	$x<0 \wedge y>0$
III:	$x<0 \wedge y<0$
IV:	$x>0 \wedge y<0$

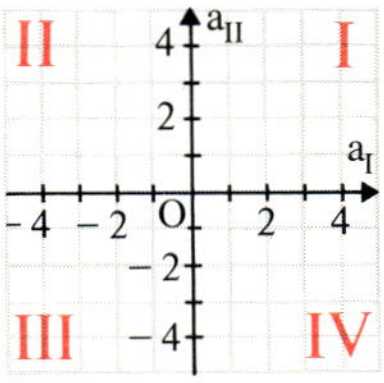

Man beachte: (1) Die Koordinatenachsen werden i.a. nicht zu den Quadranten gerechnet.
(2) Zu einer Punktmenge gibt es mehrere Aussageformen. So erfüllen z.B. die Koordinaten der Punkte im ersten Quadranten auch die Aussageform $x \cdot y>0 \wedge x>0$.

Zur Übung: **5**

Aufgabe 4: *Parallelen zu den Koordinatenachsen als Graphen von Aussageformen*

Bestimme den Graphen der Gleichung a) $x=3$; b) $y=4$.

Vorüberlegung: Die Gleichung $x=3$ können wir als Kurzschreibweise von $x+0 \cdot y=3$, also von der Aussageform $x=3 \wedge y \in \mathbb{R}$, auffassen. Zu der Menge $\{(x;y) \mid x=3\}$ gehören daher z.B. die Paare

(3;0), (3;0,5), (3;1), (3;1,4), (3;2), (3;−4).

Entsprechend können wir die Gleichung $y=4$ als Kurzschreibweise von $0 \cdot x+y=4$ bzw. $y=4 \wedge x \in \mathbb{R}$ auffassen.

Lösung:

a)

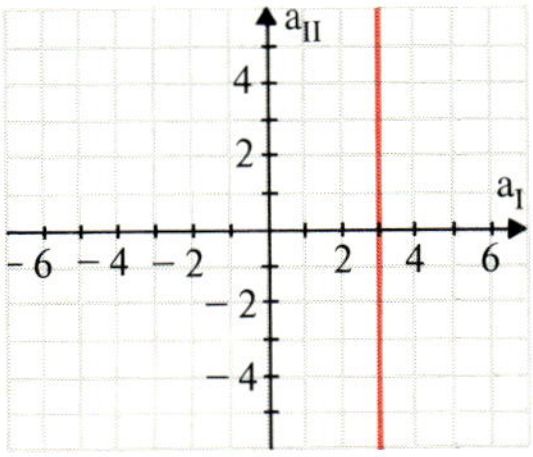

b)

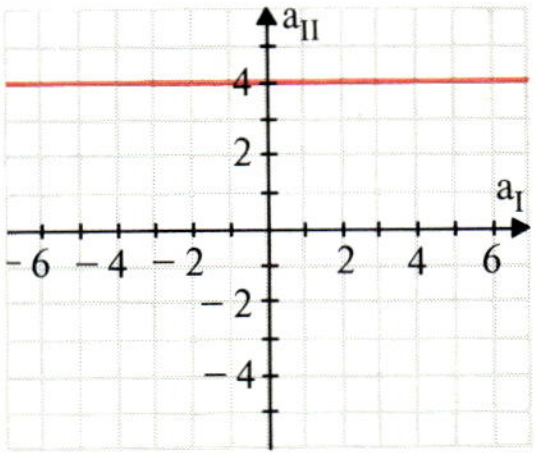

Zu der Gleichung $x=3$ gehört die Gerade parallel zur Achse a_{II} durch p(3;0). Zu der Gleichung $y=4$ gehört die Gerade parallel zur Achse a_I durch p(0;4).

Zur Übung: **6** bis **9**

5. Gib eine Aussageform an, durch welche das schraffierte Gebiet festgelegt wird. Der durchgezeichnete Rand soll jeweils zum Gebiet gehören, der gestrichelte Rand nicht.

a)

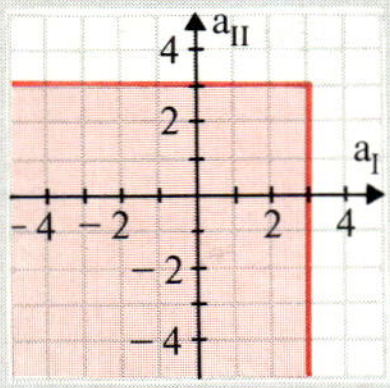

b)

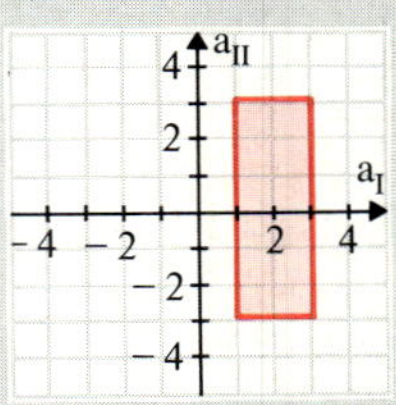

c)

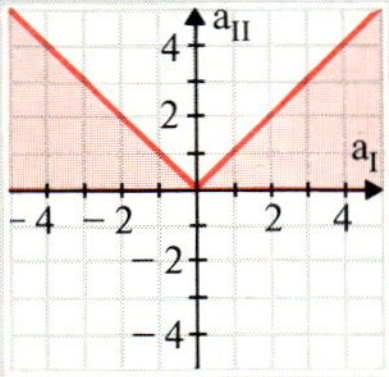

d)

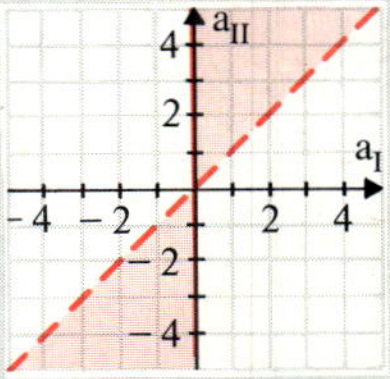

6. Zeichne den Graphen der Aussageform.

a) $x=5$

b) $x=-3$

c) $x=2$

d) $y=-1$

e) $x=2 \wedge y=-3$

f) $x=-3 \vee y=4$

7. Prüfe, ob der angegebene Punkt zum Graphen der Aussageform $x=3$ [$y=-2$] gehört.

a) p(0;0) f) p(−3;−2)

b) p(2;4) g) p(2;3)

c) p(3;0) h) p(0;−2)

d) p(3;−1) i) p(−2;−2)

e) p(3;−2) k) p(−2;3)

8. Gib die Gleichung der Parallelen zur Achse a_I an, die durch den angegebenen Punkt geht.

a) p(2;4) c) p(−2;−3)

b) p(−1;3) d) p(0;4)

9. Gib die Gleichung der Parallelen zur Achse a_{II} an, die durch den angegebenen Punkt geht.

a) p(2;4) c) p(−1;−5)

b) p(3;−1) d) p(4;0)

Übungen 1.3

1. Zeichne den Graphen zu der angegebenen Gleichung.

a) $y=3x$ d) $y=\frac{3}{4}x$

b) $y=\frac{x}{3}$ e) $y=-\frac{4}{5}x$

c) $y=-2x$ f) $y=\frac{5}{4}x$

2. Bestimme m so, daß die Gerade mit der Gleichung $y=mx$ durch den Punkt $A=p(2;3)$ geht.

3. Wie lautet die Gleichung der Geraden, die durch den Koordinatenursprung geht und außerdem durch den angegebenen Punkt?

a) $p(2;4)$ e) $p(4;-4)$

b) $p(-1;3)$ f) $p(0{,}5;0{,}75)$

c) $p(3;-1)$ g) $p\left(\frac{1}{2};\frac{1}{3}\right)$

d) $p(-1{,}6;-9{,}6)$ h) $p(a;-a)$

4. Gib die Gleichung der Winkelhalbierenden des ersten [zweiten] und dritten [vierten] Quadranten an.

5. Entscheide, ob der angegebene Punkt auf der Geraden mit der Gleichung $y=-2x$ liegt.

a) $p(0;0)$

b) $p(1;-2)$

c) $p(2;4)$

d) $p(5;-8)$

e) $p(-2;4)$

f) $p(-1;-2)$

g) $p(-1;2)$

h) $p(-3;0)$

Prüfe das Ergebnis zeichnerisch nach.

6. Zeichne die Gerade mit der Gleichung.

a) $y=-3x$ e) $y=-\frac{4}{5}x$

b) $y=\frac{2}{3}x$ f) $y=1{,}6x$

c) $y=-2x$ g) $y=-3{,}5x$

d) $y=\frac{x}{4}$ h) $y=8x$

1.3. Geraden

Aufgabe 1: *Geraden durch den Ursprung des Koordinatensystems*

Bestimme eine Aussageform, die zu einer Geraden durch den Ursprung des Koordinatensystem gehört.

Lösung: Aus Aufgabe **4** von Seite 11 ergeben sich zwei Sonderfälle:

(1) Zur ersten Koordinatenachse gehört die Gleichung $y=0$.

(2) Zur zweiten Koordinatenachse gehört die Gleichung $x=0$.

Eine Gerade durch den Ursprung $O=p(0;0)$ ist durch einen von O verschiedenen Punkt $P_1=p(x_1;y_1)$ eindeutig festgelegt. Wir unterscheiden zwei Fälle:

Fall 1: Es sei $x_1=0$. Hier liegt der Sonderfall (2) vor. Es ist also $x=0$ die gesuchte Aussageform.

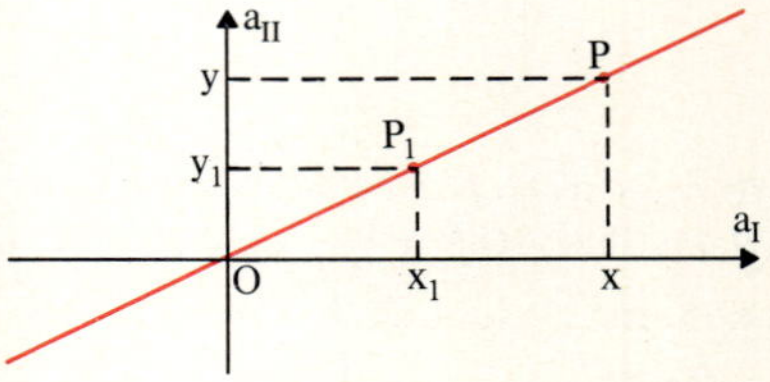

Fall 2: Es sei $x_1 \neq 0$. Für jeden Punkt $P=p(x;y)$ auf der Geraden, der nicht mit dem Koordinatenursprung zusammenfällt ($x \neq 0$), gilt nach dem zweiten Strahlensatz:

$$\frac{y}{x}=\frac{y_1}{x_1} \quad (x_1 \neq 0,\ x \neq 0).$$

Wir stellen y frei und erhalten:

$$y=mx \quad \text{mit} \quad m=\frac{y_1}{x_1}$$

Beachte: a) Auch die Koordinaten des Ursprungs $p(0;0)$ erfüllen die Gleichung $y=mx$. Die Gleichung $y=mx$ gilt also für *alle* Punkte der Geraden.

b) Die Koordinaten von Punkten, die *nicht* auf der Geraden liegen, erfüllen *nicht* die Gleichung $y=mx$.

c) Die Gleichung $y=mx$ erfaßt auch den Sonderfall (1), wenn man $m=0$ setzt.

Satz 1: Eine Gerade durch den Ursprung des Koordinatensystems hat die Gleichung $x=0$ oder eine Gleichung der Form $y=mx$ mit $m \in \mathbb{R}$.

Zur Übung: **1** bis **5**

Schnellkonstruktion einer Geraden mit der Gleichung $y = mx$

(1) Der Koordinatenursprung gehört zur Geraden.
(2) Der Punkt $p(k; km)$ gehört zur Geraden (Punktprobe!). Man sagt: Den zweiten Punkt der Geraden mit $y = mx$ erhält man, indem man k Schritte parallel zu a_I und $k \cdot m$ Schritte parallel zu a_{II} geht. Die beiden Punkte reichen aus, um die Gerade zu zeichnen.

Beispiel: Um die Gerade mit $y = \frac{3}{5}x$ $[y = -\frac{3}{5}x]$ zu zeichnen, wählen wir 5 für k. Es ist $k \cdot m = 5 \cdot \frac{3}{5}$ $[5 \cdot (-\frac{3}{5})]$, also 3 $[-3]$. D.h. der Punkt p(5; 3) [p(5; −3)] ist ein zweiter Punkt der Geraden.

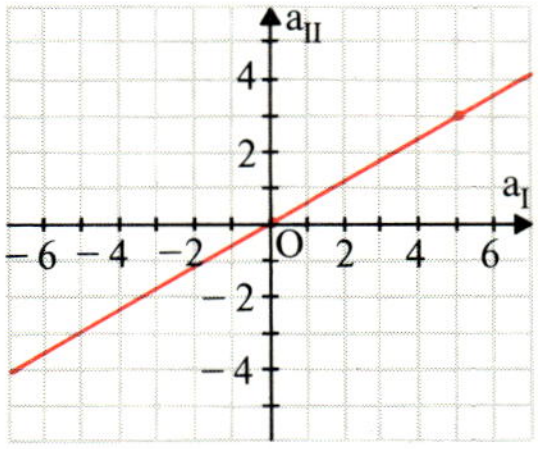

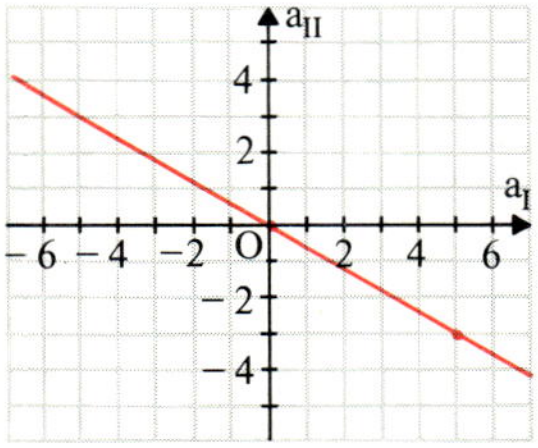

Zur Übung: **6**

Aufgabe 2: *Steigung einer Geraden*

Zeichne die Geraden mit den Gleichungen

(1) $y = \frac{1}{2}x$,	d.h. $m = \frac{1}{2}$	(4) $y = -\frac{1}{2}x$,	d.h. $m = -\frac{1}{2}$
(2) $y = x$,	d.h. $m = 1$	(5) $y = -x$,	d.h. $m = -1$
(3) $y = 2x$,	d.h. $m = 2$	(6) $y = -2x$,	d.h. $m = -2$

Lösung:

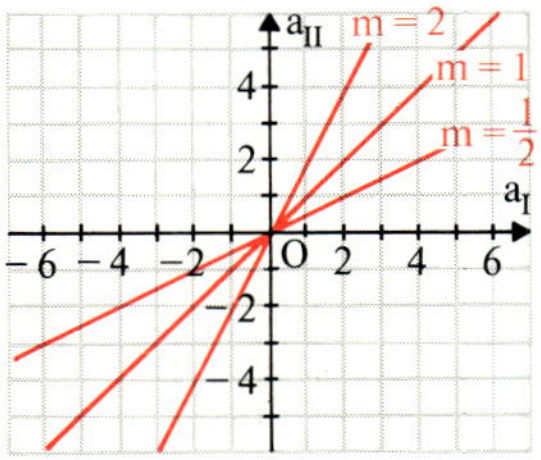

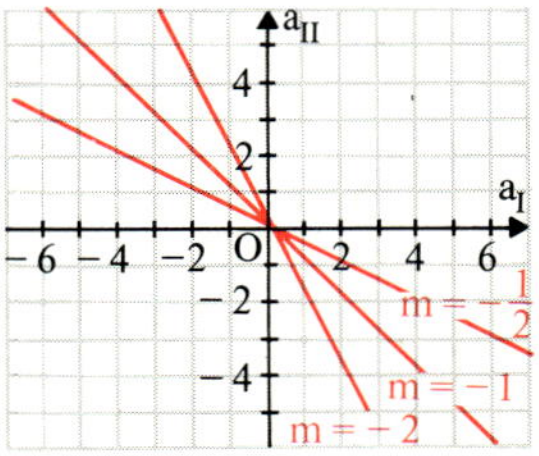

Denkt man sich die Gerade von links nach rechts, also mit wachsenden ersten Koordinaten durchlaufen, so gilt:

(1) Ist $m > 0$, so steigt die Gerade.
(2) Ist $m < 0$, so fällt die Gerade.
(3) Je größer der Betrag von m ist, desto steiler verläuft die Gerade.

7. Gegeben sind die Punkte P_1 und P_2. Berechne die Steigung der Strecke $\overline{P_1P_2}$.

	P_1	P_2
a)	p(0;0)	p(5;5)
b)	p(−3; −1)	p(1;2)
c)	p(2,8;0,4)	p(−2,2; −12,6)
d)	$p(-3\frac{1}{2}; -1\frac{1}{2})$	$p(6\frac{1}{2}; -2\frac{2}{3})$
e)	p(6;2)	p(9;6)
f)	p(−8; −1)	p(0; −7)
g)	p(75; −30)	p(5;270)

8. Gegeben sind ein Punkt P_1 und die erste Koordinate x_2 eines Punktes P_2. Außerdem ist die Steigung m der Strecke $\overline{P_1P_2}$ gegeben. Berechne die zweite Koordinate des Punktes P_2.

	P_1	x_2	m
a)	p(0;4)	4	2
b)	p(0; −2)	1	1
c)	p(0;0)	−3	−2
d)	p(3;5)	5	−1
e)	p(−2;4)	−2	0,5
f)	p(6; −8)	−1	0
g)	p(−3; −3)	4	−1,5
h)	p(−2;0)	1,5	0
i)	p(1; −1)	−2,5	5

9. Zeige, daß die Formel für die Steigung einer Strecke auch gilt, wenn P_1 und P_2 vertauscht werden.

10. Gib die Gleichung der Geraden an, die durch den Koordinatenursprung geht und die Steigung

a) 2, b) $\frac{1}{3}$, c) −1, d) $-\frac{2}{3}$ hat.

Zeichne die zugehörige Gerade.

11. Zeichne die Gerade durch den Koordinatenursprung mit der Steigung

a) −2; d) −0,5;
b) $\frac{1}{2}$; e) 4,5;
c) −1,5; f) −2,5.

Gib die Gleichung der Geraden an.

12. Verschiebe die Geraden von Übungsaufgabe **11**

a) um 4 Einheiten nach oben;

b) und 2,5 Einheiten nach unten.

Gib jeweils die Gleichung der so erhaltenen Geraden an.

13. Zeichne die Gerade mit der Steigung m und dem Achsenabschnitt b. Gib die Gleichung der Geraden an.

	m	b
a)	2	4
b)	−1	2
c)	1	−1
d)	−1	−1
e)	0	3
f)	3	0
g)	0	0

14. Prüfe, ob der angegebene Punkt auf der Geraden mit der Gleichung $y=-1{,}5x+3$ liegt.

a) $p(2;0)$
b) $p(0;2)$
c) $p(0;3)$
d) $p(1{,}5;0{,}75)$
e) $p(3;1)$
f) $p(-2;6)$
g) $p(-3;6)$
h) $p(0;0)$

15. Beweise den *Satz:* Jede Gerade im Koordinatensystem hat eine Gleichung der Form $x=a$ oder $y=mx+b$ mit $m\in\mathbb{R}$ und $b\in\mathbb{R}$.

16. Gegeben ist die Gerade mit der Gleichung $y=-2x+4$.

a) Der Punkt P soll auf der Geraden liegen. Seine erste Koordinate ist 3,5. Bestimme die zweite Koordinate von P.

b) Welcher Punkt auf der Achse a_I liegt auf der Geraden?

17. Bestimme b so, daß die Gerade mit der Gleichung $y=-\frac{1}{2}x+b$ durch den Punkt $P=p(-3;2)$ geht.

18. Auf der Geraden mit der Gleichung $y=0{,}5x+2{,}5$ liegen die Punkte $P_1=p(-1;y_1)$ und $P_2=p(2{,}5;y_2)$. Bestimme Steigung und Mittelpunkt der Strecke $\overline{P_1P_2}$.

19. In der Gleichung $y=mx+b$ sei b fest gewählt. Welche gemeinsame Eigenschaft haben die zugehörigen Geraden, wenn für m verschiedene Einsetzungen vorgenommen werden?

Wir haben bisher die Begriffe „steigt" oder „fällt" der Anschauung entnommen. Wir wollen nun zunächst den Begriff „Steigung einer Strecke" definieren. In Analogie zur „Steigung einer Straße" setzen wir fest:

Definition 1: Es seien P_1 und P_2 die Endpunkte einer Strecke mit verschiedener erster Koordinate ($x_1 \neq x_2$).
Als **Steigung der Strecke** $\overline{P_1P_2}$ bezeichnet man den Quotienten $\frac{y_2-y_1}{x_2-x_1}$.

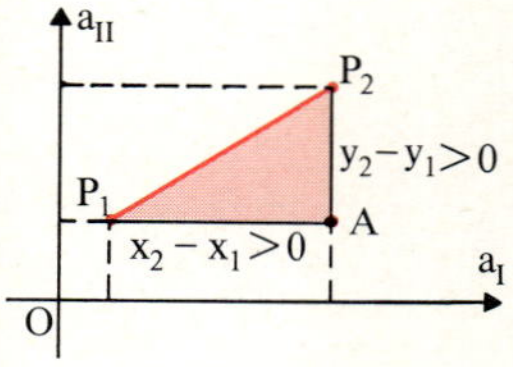

Die Strecke steigt

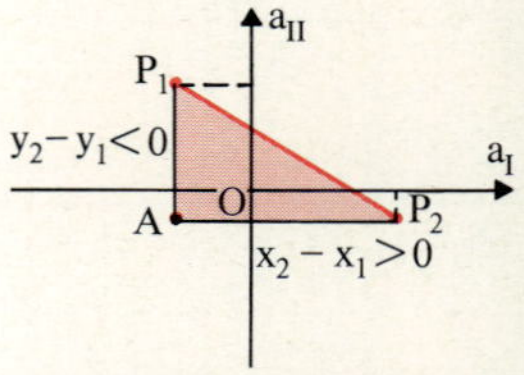

Die Strecke fällt

Beachte: Die Beträge der Differenzen x_2-x_1 bzw. y_2-y_1 geben die Längen der Seiten des *Steigungsdreiecks* P_1AP_2 an, die parallel zu a_I bzw. a_{II} sind. Ist die Steigung >0 (<0), so sagt man, die Strecke steigt (fällt).

Zur Übung: **7** bis **9**

Steigung einer Strecke auf einer Geraden

Wir wählen nun zwei beliebige, aber nicht zusammenfallende Punkte $P_1=p(x_1;y_1)$ und $P_2=p(x_2;y_2)$ auf der Geraden g mit der Gleichung $y=mx$.

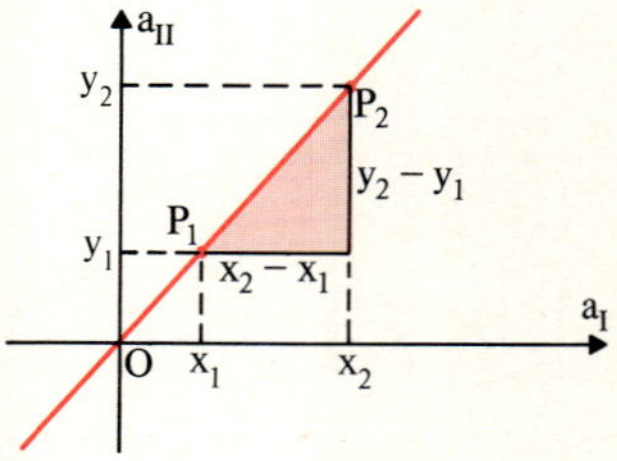

Da P_1 und P_2 auf der Geraden mit $y=mx$ liegen, gilt $y_1=mx_1$ und $y_2=mx_2$.

Einsetzen in die Gleichung für die Steigung der Strecke liefert:

$$\frac{y_2-y_1}{x_2-x_1}=\frac{mx_2-mx_1}{x_2-x_1}=\frac{m(x_2-x_1)}{x_2-x_1}=m$$

($x_2 \neq x_1$ nach Voraussetzung).

Also ist m die Steigung jeder beliebigen Strecke auf der Geraden mit der Gleichung $y = mx$.

Sind $P_1 = p(x_1; y_1)$ und $P_2 = p(x_2; y_2)$ zwei beliebige, nicht zusammenfallende Punkte einer Geraden g mit der Gleichung $y = mx$, so gilt:

$$m = \frac{y_2 - y_1}{x_2 - x_1} \quad (x_2 \neq x_1).$$

Man nennt m daher die **Steigung der Geraden.**

Definition 2: Ist $m > 0$ ($m < 0$), so sagt man, die Gerade g mit der Gleichung $y = mx$ steigt (fällt).

Zur Übung: **10** und **11**

Aufgabe 3: *Beliebige Gerade; Normalform einer Geradengleichung*

Zeichne in ein Koordinatensystem die zu $y = \frac{3}{4}x + 2$ gehörende Punktmenge.

Lösung: Zu $y = \frac{3}{4}x$ gehört eine Gerade durch den Ursprung des Koordinatensystems mit der Steigung $\frac{3}{4}$. Also gehört zu $y = \frac{3}{4}x + 2$ diejenige Gerade, die man aus der ersten durch Verschieben parallel der Achse a_{II} um 2 Einheiten nach oben erhält.
Die zu $y = \frac{3}{4}x + 2$ gehörende Punktmenge ist eine Gerade. Sie schneidet die zweite Koordinatenachse im Punkt p(0; 2) und hat die Steigung $\frac{3}{4}$.

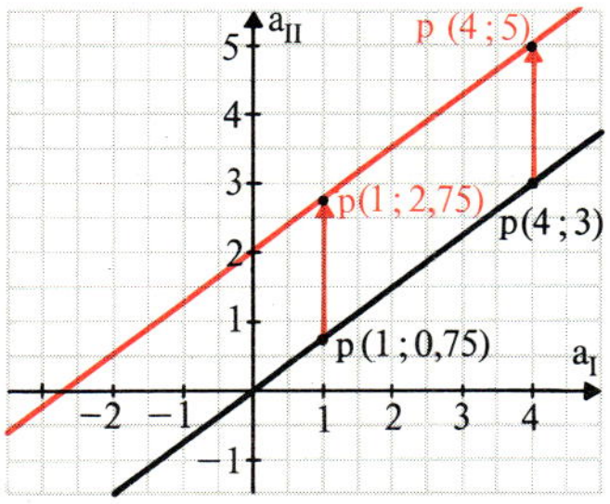

Verallgemeinerung der Überlegungen ergibt

Satz 2: Die zu der Gleichung $y = mx + b$ mit $m \in \mathbb{R}$ gehörende Punktmenge im Koordinatensystem ist eine Gerade. Diese Gerade hat die Steigung m und schneidet die Achse a_{II} in p(0; b).

Man nennt $y = mx + b$ die **Normalform einer Geradengleichung** und b den **Achsenabschnitt.**

Zur Übung: **12** bis **14**

20. Bringe die angegebene lineare Gleichung auf die Normalform.

a) $3x + 4y - 12 = 0$ f) $3x + 2y = 0$
b) $2x - 3y + 6 = 0$ g) $x - y = 0$
c) $2x - 4y - 8 = 0$ h) $x + y = 0$
d) $4x - 2y + 8 = 0$ i) $x + y + 1 = 0$
e) $2x + y - 1 = 0$

21. Zeige durch Umformen in die Normalform, daß zu der angegebenen Gleichung eine Gerade gehört.

a) $2x + 3y = 4$ d) $y - x = 0$
b) $\frac{x}{2} + \frac{y}{3} = \frac{1}{4}$ e) $ax + by + c = 0$
c) $\frac{x}{4} + 4y = 1$

22. Zeige, daß zu *allen* Geraden eine Gleichung der *allgemeinen Form* der Geradengleichung $Ax + By + C = 0$ mit $A \in \mathbb{R}$, $B \in \mathbb{R}$, $C \in \mathbb{R}$ und $A \neq 0$ oder $B \neq 0$ gehört. Prüfe auch die Umkehrung.

23. Zeichne die Gerade mit der angegebenen Gleichung.

a) $y = 2x - 4$ d) $y = -\frac{2}{3}x - 1$
b) $y = -x + 3$ e) $y = \frac{6}{5}x + 1$
c) $y = \frac{2}{5}x - 5$ f) $y = -2x + 2{,}5$

24. In der Gleichung $y = mx + b$ sei m fest gewählt. Welche gemeinsame Eigenschaft haben die zugehörigen Geraden, wenn für b verschiedene Einsetzungen vorgenommen werden?

25. Beweise den *Satz:* Gegeben seien die Gerade g_1 mit der Normalform der Geradengleichung $y = m_1 x + b_1$ und die Gerade g_2 mit $y = m_2 x + b_2$. Die Geraden g_1 und g_2 sind genau dann zueinander parallel, wenn $m_1 = m_2$.

26. Prüfe, welche der Geraden mit den Gleichungen parallel zueinander sind.

g_1: $y = 3x - 4$ g_6: $y = x + 4$
g_2: $y = -3x - 2$ g_7: $y + \frac{2}{3}x = 4$
g_3: $y = 3x + 2$ g_8: $y = \frac{2}{3}x - 4$
g_4: $y + x = 7$ g_9: $2x + 3y = 4$
g_5: $y - x = 1$ g_{10}: $2x = 3y - 4$

27. Zeige, daß auch für orthogonale Geraden, die nicht durch den Koordinatenursprung gehen, die Bedingung $m_1 \cdot m_2 = -1$ gilt.

28. Beweise den *Satz:* Wenn $m_1 \cdot m_2 = -1$, dann sind die Geraden mit den Gleichungen

$y = m_1 x$ und $y = m_2 x$

orthogonal zueinander.

Anleitung: Zeige:

(1) Auf der Geraden g_1 mit $y = m_1 x (m_1 \neq 0)$ liegt $P_1 = p(1; m_1)$.

(2) Auf der Geraden g_2 mit der Steigung $m_2 = -\frac{1}{m_1}$ (Voraussetzung!) liegt $P_2 = p(-m_1; 1)$.

(3) P_2 ist das Bild von P_1 bei Drehung um 90° um O.

29. Prüfe, ob die Geraden mit den Steigungen m_1 und m_2 orthogonal zueinander stehen.

a) $m_1 = 2$, $m_2 = -\frac{1}{2}$

b) $m_1 = 1$, $m_2 = -1$

c) $m_1 = -\frac{1}{2}$, $m_2 = -2$

d) $m_1 = -3$, $m_2 = 3$

e) $m_1 = 0{,}5$, $m_2 = 2$

f) $m_1 = 0{,}5$, $m_2 = -2$

g) $m_1 = \sqrt{3}$, $m_2 = 3^2$

h) $m_1 = 2^4$, $m_2 = -4^{-2}$

30. Gegeben ist die Steigung m_1 einer Geraden. Bestimme die Steigung m_2 der dazu orthogonalen Geraden. Es ist m_1:

a) 2 d) $-\frac{2}{3}$ g) $-2{,}4$

b) $\frac{1}{4}$ e) 0,6 h) -1

c) $\frac{2}{5}$ f) $-0{,}3$

31. Gegeben ist die Gleichung einer Geraden. Bestimme die Gleichung der Geraden durch den Koordinatenursprung, die zu dieser Geraden orthogonal ist.

a) $y = 1{,}5x$ c) $y = -\frac{4}{5}x$

b) $y = -2x$ d) $y = \frac{6}{5}x$

32. Gib für das angegebene Dreieck ABC die Steigung der Höhen an.

a) $A = p(0; 1{,}5)$, $B = p(4{,}5; -3)$, $C = p(3; 3)$

b) $A = p(-2; -2)$, $B = p(4; 0)$, $C = p(-1; 2{,}5)$

Jede Gerade des Koordinatensystems können wir uns durch Verschieben einer dazu parallelen Geraden durch den Koordinatenursprung entstanden denken. Eine Übertragung des Satzes **1** von S. 12 liefert somit:

> **Satz 3:** Jede Gerade im Koordinatensystem hat eine Gleichung der Form $x = a$ oder $y = mx + b$ mit $m \in \mathbb{R}$, $a \in \mathbb{R}$ und $b \in \mathbb{R}$.

Zur Übung: **15** bis **22**

Schnellkonstruktion einer Geraden mit der Gleichung $y = mx + b$

(1) Die Gerade läuft durch den Punkt $p(0; b)$ auf der zweiten Koordinatenachse.

(2) Da die Gerade die Steigung m hat, können wir von diesem Punkt ausgehen und einen zweiten gewinnen, indem wir k Schritte parallel zu a_I und $k \cdot m$ Schritte parallel zu a_{II} gehen.

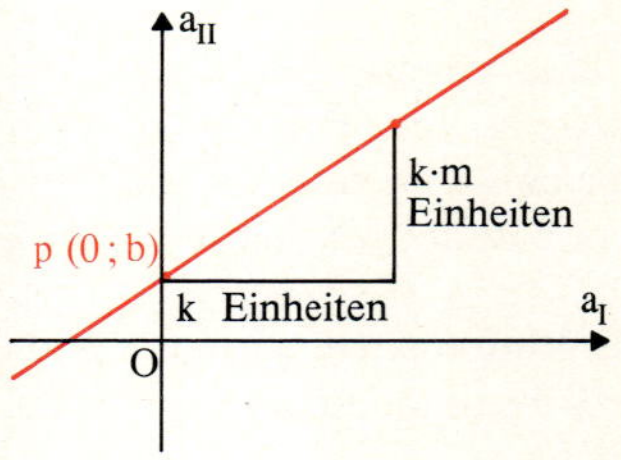

Zur Übung: **23**

Parallele und orthogonale Geraden

Es seien g_1 eine Gerade mit der Gleichung $y = m_1 x + b_1$ und g_2 eine Gerade mit der Gleichung $y = m_2 x + b_2$. Dann gelten die beiden folgenden Sätze.

> **Satz 4:** Gegeben seien die Gerade g_1 mit der Gleichung $y = m_1 x + b_1$ und die Gerade g_2 mit der Gleichung $y = m_2 x + b_2$.
> Die Geraden g_1 und g_2 sind genau dann zueinander **parallel,** wenn $m_1 = m_2$: $g_1 \parallel g_2 \Leftrightarrow m_1 = m_2$.

Zur Übung: **24** bis **26**

> **Satz 5:** Sind die Geraden g_1 mit der Gleichung $y = m_1 x + b_1$ und g_2 mit der Gleichung $y = m_2 x + b_2$ **orthogonal** zueinander, so ist $m_1 \cdot m_2 = -1$.

Beweis: 1. Fall: Die Geraden g_1 und g_2 gehen durch den Koordinatenursprung. Es sei $P_1 = p(x_1; y_1)$ mit $x_1 \neq 0$ und $y_1 \neq 0$ ein Punkt auf der Geraden g_1. Es gilt also

$$m_1 = \frac{y_1 - 0}{x_1 - 0} = \frac{y_1}{x_1} \quad (x_1 \neq 0).$$

Führt man eine Drehung um 90° gegen den Uhrzeigersinn aus, so liegt der Bildpunkt P_1' auf der Geraden g_2. Für die Koordinaten x_1' und y_1' des Bildpunktes P_1' gilt

$$x_1' = -y_1, \quad y_1' = x_1.$$

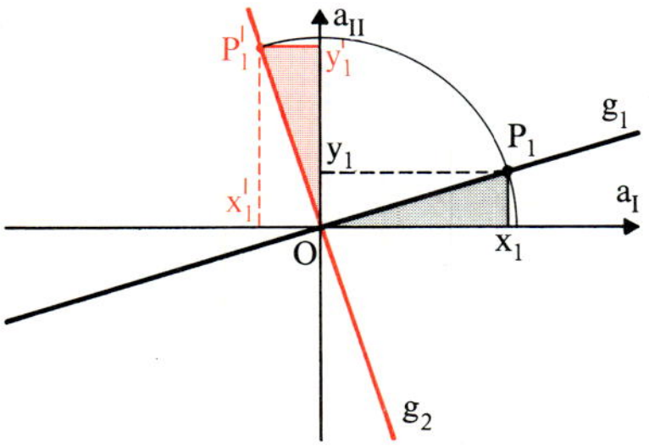

Es ist also

$$m_2 = \frac{y_1' - 0}{x_1' - 0} = \frac{y_1'}{x_1'} = \frac{x_1}{-y_1} \quad (x_1' \neq 0, \quad y_1 \neq 0).$$

Somit folgt

$$m_1 \cdot m_2 = \frac{y_1}{x_1} \cdot \frac{x_1}{-y_1} = -1.$$

2. Fall: Es wird *nicht* vorausgesetzt, daß die Geraden g_1 und g_2 durch den Koordinatenursprung gehen.

Zum Beweis: Übungsaufgabe **27**

Auch die Umkehrung dieses Satzes gilt:

Satz 6: Wenn $m_1 \cdot m_2 = -1$, dann sind die Geraden g_1 und g_2 mit den Gleichungen $y = m_1 x$ und $y = m_2 x$ zueinander orthogonal.

Zum Beweis: Übungsaufgabe **28**

Beispiel: Es sei g_1 eine Gerade mit der Gleichung $y = 2x + 4$, d.h. mit $m_1 = 2$. Eine Gerade g_2 senkrecht zu g_1 hat dann die Steigung

$$m_2 = \frac{-1}{m_1} = \frac{-1}{2} = -\frac{1}{2}.$$

Zur Übung: **29** bis **32**

33. Bestimme gemeinsame Punkte der angegebenen Geraden.

a) $g_1: y = x + 3$
$g_2: y = -x - 8$

b) $g_1: y = 2x + 5$
$g_2: y = \frac{1}{2}x - 2$

c) $g_1: y = 2x + 4$
$g_2: y = 2x - 7$

d) $g_1: y = -\frac{1}{2}x + 3$
$g_2: y + x - 1 = 0$

e) $g_1: 5x + 4y - 22 = 0$
$g_2: 3x - 5y + 9 = 0$

f) $g_1: 3x - 4y - 2 = 0$
$g_2: 7x + 10y - 53 = 0$

g) $g_1: 3x + 2y - 12 = 0$
$g_2: 2x - 5y + 11 = 0$

h) $g_1: 2x - 5y + 10 = 0$
$g_2: 4x + 10y - 9 = 0$

34. Bestimme die Eckpunkte des Dreiecks, das gebildet wird von den drei Geraden mit den angegebenen Gleichungen.

a) $3x - 7y + 26 = 0$
$10x + 12y + 16 = 0$
$8x - y = 19$

b) $y = 3x - 3$
$y = \frac{x}{4}$
$y = -2x + 3$

Zur Wiederholung: *Lineare Gleichungssysteme*

W 1. Erläutere den folgenden Satz geometrisch: Ein System zweier linearer Gleichungen mit zwei Variablen hat entweder genau eine Lösung oder keine Lösung oder unendlich viele Lösungen.

Anleitung: Betrachte die Erfüllungsgeraden.

W 2. Löse nach dem *Einsetzungsverfahren.* Zeichne die Erfüllungsgeraden.

a) $\left| \begin{array}{r} 3x + 5y = 38 \\ y = 6x + 1 \end{array} \right|$

b) $\left| \begin{array}{r} 8x - 3y = 14 \\ x = y + 0{,}5 \end{array} \right|$

c) $\left| \begin{array}{r} 5x - y = 4 \\ y = 2x + 8 \end{array} \right|$

d) $\left| \begin{array}{r} 4y = 2x + 10 \\ x = 0{,}5y + 2 \end{array} \right|$

e) $\left| \begin{array}{r} 3x - 5y = -4 \\ x = 3y - 4 \end{array} \right|$

f) $\left| \begin{array}{r} 5x + 2y = 44 \\ y = 0{,}75x - 4 \end{array} \right|$

W 3. Löse nach dem *Gleichsetzungsverfahren.* Prüfe die Lösung zeichnerisch nach.

a) $\left|\begin{array}{l} y=2x-0{,}75 \\ y=7x-3{,}25 \end{array}\right|$

b) $\left|\begin{array}{l} y=0{,}8x-0{,}6 \\ y=-1{,}5x+4 \end{array}\right|$

c) $\left|\begin{array}{l} y=0{,}5x+1 \\ y=0{,}5x-0{,}75 \end{array}\right|$

d) $\left|\begin{array}{l} y=-4x+23 \\ y=3x-12 \end{array}\right|$

e) $\left|\begin{array}{l} 15y=21 \\ 15y=-10x-5 \end{array}\right|$

f) $\left|\begin{array}{l} 4x=-3y+6 \\ 7x=-11y-1 \end{array}\right|$

W 4. Löse nach dem *Additionsverfahren* (*Gaußsches Eliminationsverfahren*). Zeichne die zugehörigen Erfüllungsgeraden.

a) $\left|\begin{array}{l} x+y=15 \\ x-y=\ \ 3 \end{array}\right|$

b) $\left|\begin{array}{l} 6x+y=4{,}5 \\ 10x+y=6{,}5 \end{array}\right|$

c) $\left|\begin{array}{l} 5x+3y=-37 \\ 10x-3y=-38 \end{array}\right|$

d) $\left|\begin{array}{l} 4x+\ \ 3y=6 \\ 7x+11y=-1 \end{array}\right|$

e) $\left|\begin{array}{l} -x+6y=8 \\ 4x+3y=-5 \end{array}\right|$

f) $\left|\begin{array}{r} x-4y=5 \\ -3x+4y=1 \end{array}\right|$

W 5. Stelle aus dem gegebenen linearen Gleichungssystem

a) $\left|\begin{array}{l} 2x+9y=16 \\ 7x+4y=\ \ 1 \end{array}\right|$

b) $\left|\begin{array}{l} a_1x+b_1y+c_1=0 \\ a_2x+b_2y+c_2=0 \end{array}\right|$

auf folgende Weise ein äquivalentes System her: Ersetze die erste Gleichung durch die Summe, die zweite Gleichung durch die Differenz der beiden Gleichungen. Zeige, daß die Graphen der linearen Gleichungen des gegebenen und des neuen Systems sämtlich durch einen Punkt gehen.

W 6. Beweise den folgenden Satz: Das lineare Gleichungssystem

$\left|\begin{array}{l} a_1x+b_1y+c_1=0 \\ a_2x+b_2y+c_2=0 \end{array}\right|$

hat genau eine Lösung, wenn die Bedingung $a_1b_2-a_2b_1 \neq 0$ erfüllt ist.
Wenn $a_1b_2-a_2b_1=0$ und $b_2c_1-b_1c_2 \neq 0$, dann hat das Gleichungssystem keine Lösung.
Wenn $a_1b_2-a_2b_1=0$ und $b_2c_1-b_1c_2=0$, dann hat das Gleichungssystem unendlich viele Lösungen.

Aufgabe 4: *Gemeinsame Punkte von Geraden*

a) Gegeben sind die Gerade g_1 mit
$y=3x-1$
und die Gerade g_2 mit
$y=-x+6$.
Gesucht sind gemeinsame Punkte von g_1 und g_2.

b) Gegeben sind die Gerade h_1 mit
$y=2x+3$
und die Gerade h_2 mit
$2y-4x+2=0$.
Gesucht sind gemeinsame Punkte von h_1 und h_2.

Zeichnerische Lösung:

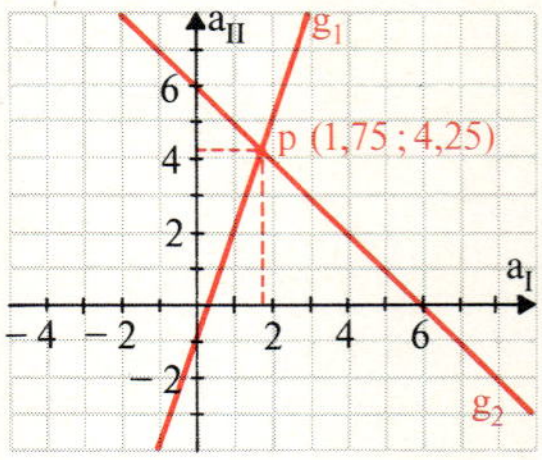

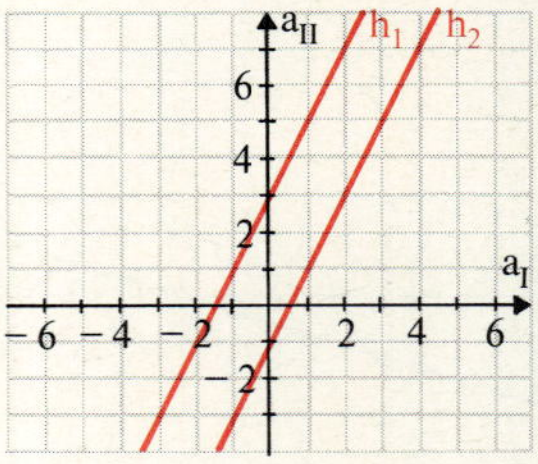

Rechnerische Lösung:
Die Koordinaten x und y eines gemeinsamen Punktes müssen beide Geradengleichungen zugleich erfüllen:

a)

$y=3x-1 \ \wedge$
$y=-x+6$

Um die Lösung dieses aus zwei linearen Gleichungen mit zwei Variablen bestehenden Systems zu bestimmen, benutzen wir z.B. das Gleichsetzungsverfahren:

$$\left|\begin{array}{l} y=3x-1 \\ y=-x+6 \end{array}\right|$$

$$\Leftrightarrow \left|\begin{array}{r} 3x-1=-x+6 \\ y=-x+6 \end{array}\right|$$

$$\Leftrightarrow \left|\begin{array}{l} 4x=7 \\ \ y=-x+6 \end{array}\right|$$

$$\Leftrightarrow \left|\begin{array}{l} x=1{,}75 \\ y=4{,}25 \end{array}\right|$$

Die beiden Geraden g_1 und g_2 besitzen den Schnittpunkt S:
$S=p(1{,}75; 4{,}25)$.

Zur Übung: **33** und **34**

b)

$y=2x+3 \ \wedge$
$2y-4x+2=0$

Um die Lösung dieses aus zwei linearen Gleichungen mit zwei Variablen bestehenden Systems zu bestimmen, bringen wir zuerst die zweite Gleichung in die Normalform:

$$\left|\begin{array}{l} y=2x+3 \\ y=2x-1 \end{array}\right|$$

Man erkennt:
Die beiden Geraden haben dieselbe Steigung, nämlich 2, d.h. die Geraden sind parallel;
sie fallen nicht zusammen.

Die beiden Geraden h_1 und h_2 haben keinen gemeinsamen Punkt.

1.4. Besondere Formen von Geradengleichungen

Aufgabe 1: *Punkt-Steigungs-Form*

Eine Gerade sei durch den Punkt P_1 mit $P_1 = p(x_1; y_1)$ und die Steigung m gegeben. Bestimme eine Gleichung der Geraden.

Lösung: Es sei $P = p(x; y)$ ein beliebiger von $P_1 = p(x_1; y_1)$ verschiedener Punkt der Geraden. Der Punkt P liegt genau dann auf der Geraden, wenn die Strecke $\overline{P_1 P}$ die Steigung m hat. Also:

$$\frac{y - y_1}{x - x_1} = m \quad (\text{für } x \neq x_1).$$

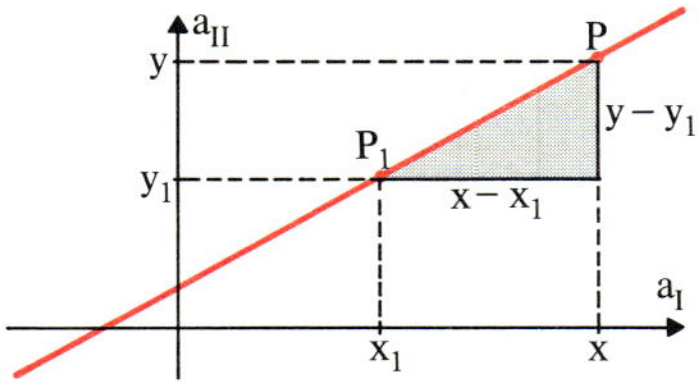

Punkt-Steigungs-Form einer Geradengleichung:
Die Gerade g sei durch den Punkt P_1 mit $P_1 = p(x_1; y_1)$ und die Steigung m gegeben. Dann erfüllen genau die Koordinaten der Geradenpunkte die Gleichung
$y - y_1 = m(x - x_1)$.

Beachte: Durch Punktprobe kann man zeigen, daß auch das Koordinatenpaar $(x_1; y_1)$ des Punktes P_1 zur Erfüllungsmenge dieser Gleichung gehört.

Beispiel 1

Gegeben sind der Punkt $p(-2; 3)$ und die Steigung $\frac{1}{2}$ einer Geraden. Die zugehörige Punkt-Steigungs-Form lautet:

$y - 3 = \frac{1}{2}(x - (-2))$.

Äquivalenzumformung in die Normalform liefert:

$y = \frac{1}{2}x + 4$

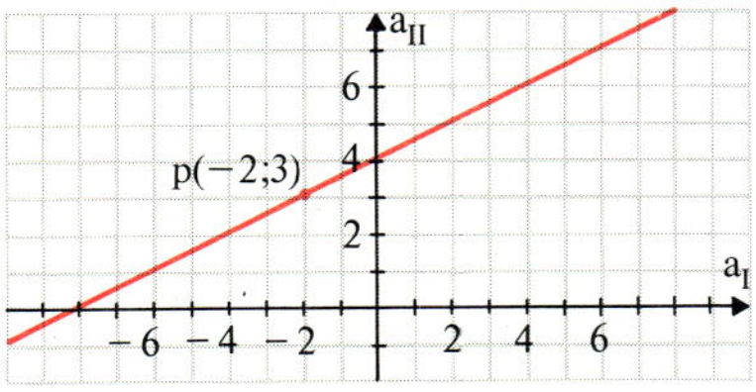

Zur Übung: **1** bis **6**

Übungen 1.4

1. Eine Gerade mit der Steigung $-1{,}5[2]$ soll durch den Punkt

a) $p(0; 0)$, b) $p(1; 5)$, c) $p(-3; 4)$, d) $p(-2; -5)$, e) $p(0; -4)$, f) $p(4; 0)$

gehen. Wie lautet ihre Gleichung in Punkt-Steigungsform und in Normalform?

2. Eine Gerade mit der Steigung

a) 2, b) 1, c) $\frac{1}{2}$, d) -2

soll durch den Punkt $p(2; 5)$ gehen.
Wie lautet ihre Gleichung?

3. Durch den Punkt $p(3; 4)$ ist zu der Geraden mit

a) $y = x$, b) $y = 3x + 3$, c) $\frac{x}{2} + \frac{y}{3} = 1$, d) $\frac{y-2}{x+3} = 4$

die Parallele gezogen.
Wie lautet die Gleichung der Geraden?

4. Eine Gerade hat die Steigung $m = -3$ und geht auf der Achse a_{II} durch den Punkt

a) $p(0; 5)$; b) $p(0; -3)$; c) $p(0; -1{,}5)$.

Wie lautet die Gleichung der Geraden? Zeichne die Gerade in ein Koordinatensystem.

5. Gib die Gleichung der Parallelen durch $P_1 = p(2; -3)$ zu der Geraden mit der angegebenen Gleichung an.

a) $y = x + 2$ b) $y = -x - 1$ c) $y = -2x + 6$ d) $y = 0{,}5x + 1{,}5$

6. Zu welcher Lage einer Geraden gehört keine Gleichung in Punkt-Steigungs-Form?

7. Wie lautet die Gleichung der Geraden $P_1 P_2$ in Zwei-Punkte-Form und Normalform?

	P_1	P_2
a)	$p(0; 0)$	$p(5; 8)$
b)	$p(2; -1)$	$p(4; 3)$
c)	$p(-5; -9)$	$p(0; -4)$
d)	$p(3; 4)$	$p(-5; -1)$

8. Prüfe, ob die angegebenen drei Punkte auf einer Geraden liegen.

a) $p(0; 0)$, $p(2; 1)$, $p(3; 1{,}5)$

b) $p(-7; -5)$, $p(3; 1)$, $p(8; 4)$

Anleitung: Bestimme aus zwei Punkten eine Geradengleichung und mache dann die Punktprobe für den dritten Punkt.

9. Zu welchen Geraden gehört keine Gleichung in Zwei-Punkte-Form?

10. Gegeben ist ein Viereck durch die angegebenen Eckpunkte.

a) $p(4; 4)$, $p(5; 2)$, $p(1; 3)$, $p(2; 1)$

b) $p(0; -1)$, $p(-1; 2)$, $p(3; 0)$, $p(2; 3)$

c) $p(1; 5)$, $p(1; -3)$, $p(-3; 1)$, $p(4; 1)$

Bestimme zu jeder Seite eine Geradengleichung. Bestimme den Schnittpunkt der Diagonalen.

11. Das Dreieck ABC wird gebildet von den Punkten $A = p(1; 6)$, $B = p(1; 1)$, $C = p(2; 5)$ [$A = p(-3; 1)$, $B = p(7; -2)$, $C = p(5; 7)$].

a) Bestimme für jede Dreiecksseite eine Gleichung.

b) Bestimme für jede Seitenhalbierende eine Gleichung.

12. Gegeben ist das Dreieck mit den Eckpunkten $A = p(0; -2)$, $B = p(12; 2)$, $C = p(2; 7)$.

a) Gib für jede Höhe eine Gleichung an.

b) Stelle für jede Mittelsenkrechte eine Gleichung auf.

13. Beweise den Satz, daß

a) die Seitenhalbierenden,

b) die Höhen,

c) die Mittelsenkrechten

eines Dreiecks durch einen Punkt gehen.

Anleitung: Lege das Dreieck geeignet ins Koordinatensystem.

14. Prüfe die Aussage „In jedem Viereck bilden die Mittelpunkte der Seiten die Eckpunkte eines Parallelogramms“

a) an dem Viereck mit den Eckpunkten $A = p(0; 0)$, $B = p(6; 0)$, $C = p(8; 3)$, $D = p(-1, 5)$;

b) für ein beliebiges Viereck.

Aufgabe 2: *Zwei-Punkte-Form einer Geradengleichung*

Eine Gerade g sei durch zwei Punkte P_1 und P_2 mit $P_1 = p(x_1; y_1)$, $P_2 = p(x_2; y_2)$ und $x_1 \neq x_2$ gegeben. Bestimme eine Gleichung der Geraden.

Lösung: Es sei $P = p(x; y)$ ein beliebiger Punkt ($\neq P_1$) der Geraden. Der Punkt P liegt genau dann auf der Geraden g durch P_1 und P_2, wenn die Steigung von $\overline{P_1 P}$ mit der Steigung von $\overline{P_1 P_2}$ übereinstimmt:

$$\frac{y - y_1}{x - x_1} = \frac{y_2 - y_1}{x_2 - x_1} \quad (\text{für } x \neq x_1 \text{ und } x_2 \neq x_1).$$

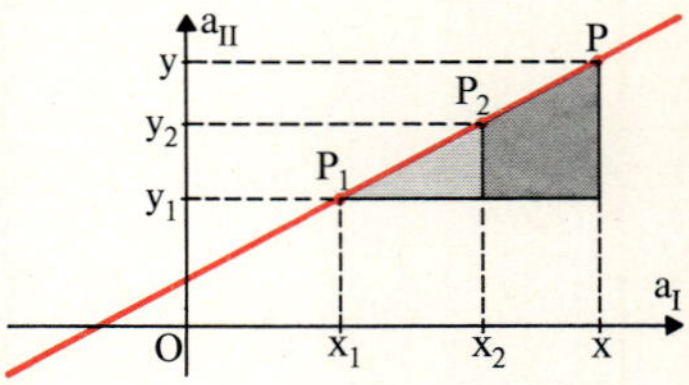

Zwei-Punkte-Form einer Geradengleichung:
Die Gerade g sei durch die Punkte P_1 und P_2 mit $P_1 = p(x_1; y_1)$ und $P_2 = p(x_2; y_2)$, wobei $x_1 \neq x_2$, gegeben. Dann erfüllen genau die Koordinaten der Geradenpunkte die Gleichung

$$y - y_1 = \frac{y_2 - y_1}{x_2 - x_1} \cdot (x - x_1).$$

Beachte: Eine Punktprobe zeigt, daß auch das Koordinatenpaar $(x_1; y_1)$ des Punktes P_1 zur Erfüllungsmenge dieser Gleichung gehört.

Beispiel 2

Gegeben sind die Punkte $P_1 = p(-4; -2)$ und $P_2 = p(3; 5)$. Die zugehörige Zwei-Punkte-Form der Geradengleichung lautet:

$$y - (-2) = \frac{5 - (-2)}{3 - (-4)} \cdot (x - (-4)).$$

Umformung in die Normalform liefert:

$$y + 2 = \frac{7}{7}(x + 4), \quad \text{also} \quad y = x + 2$$

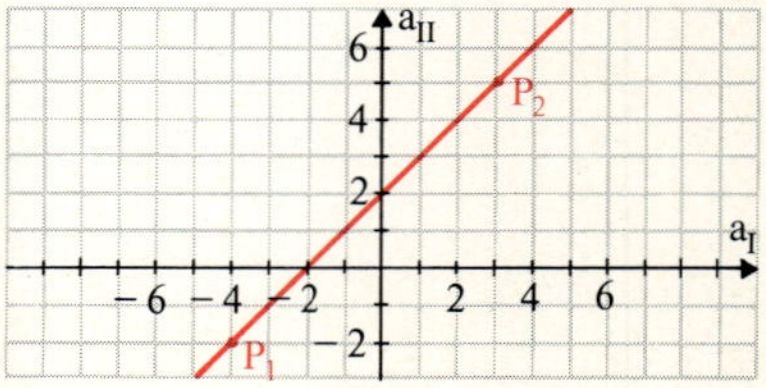

Zur Übung: **7** bis **14**

1.5. Kreis

Aufgabe 1: *Abstand zweier Punkte*

Gegeben sind die Punkte $P_1 = p(x_1; y_1)$ und $P_2 = p(x_2; y_2)$. Bestimme den Abstand $|P_1 P_2|$ der beiden Punkte.

Lösung: *1. Fall:* Beide Punkte liegen im ersten Quadranten, außerdem $x_2 > x_1$, $y_2 > y_1$.

Der Schnittpunkt P der Parallelen durch P_1 zur ersten Koordinatenachse und der Parallelen durch P_2 zur zweiten Koordinatenachse hat die Koordinaten x_2 und y_1.

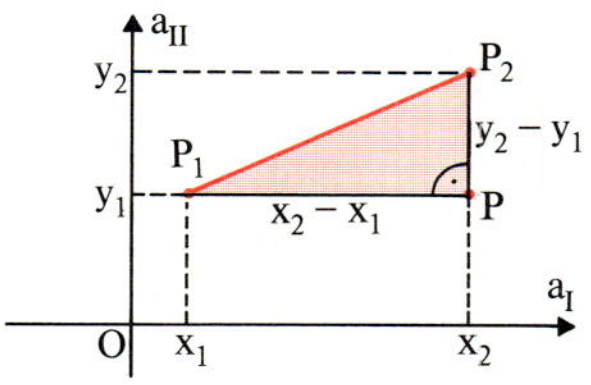

Für das rechtwinklige Dreieck $P_1 P P_2$ folgt nach dem Satz des Pythagoras:

$$|P_1 P_2|^2 = |P_1 P|^2 + |P P_2|^2$$
$$|P_1 P_2|^2 = (x_2 - x_1)^2 + (y_2 - y_1)^2$$
$$|P_1 P_2| = \sqrt{(x_2 - x_1)^2 + (y_2 - y_1)^2}$$

Anmerkung: Die Abstandsformel gilt auch, wenn die Punkte in anderen Quadranten liegen.

Abstandsformel: Der Abstand der Punkte P_1 und P_2 mit $P_1 = p(x_1; y_1)$, $P_2 = p(x_2; y_2)$ beträgt:

$$|P_1 P_2| = \sqrt{(x_2 - x_1)^2 + (y_2 - y_1)^2}$$

Beispiele:

a) Der Abstand der Punkte $P_1 = p(-3; 1)$ und $P_2 = p(4; 5)$ beträgt:

$$|P_1 P_2| = \sqrt{(4 - (-3))^2 + (5 - 1)^2} = \sqrt{49 + 16} = \sqrt{65} \approx 8{,}1$$

b) Der Abstand des Punktes $P_3 = p(-4; -6)$ vom Koordinatenursprung ist:

$$|O P_3| = \sqrt{(0 - (-4))^2 + (0 - (-6))^2} = \sqrt{16 + 36} = \sqrt{52} \approx 7{,}2$$

Zur Übung: **1** bis **5**

Übungen 1.5

1. Gib an, für welche Fälle ein vollständiger Beweis für den Abstand zweier Punkte noch durchgeführt werden muß.

2. Berechne den Abstand der angegebenen Punkte.

a) $p(2; 6)$, $p(3; 1)$

b) $p(-1; 3)$, $p(3; -1)$

c) $p(-3; -4)$, $p(-6; 7)$

d) $(2; -6)$, $p(0; 2)$

3. Berechne die Seitenlängen des angegebenen Dreiecks.

a) $A = p(0; 0)$, $B = p(0; 5)$, $C = p(3; 4)$

b) $A = p(1; -4)$, $B = p(6; 2)$, $C = p(-2; 3)$

4. Bestimme die Koordinaten der Punkte, die von $O = p(0; 0)$ und von $A = p(4; -1)$ den Abstand 6 haben.

5. Ein regelmäßiges Sechseck mit dem Mittelpunkt im Ursprung hat den Eckpunkt $A = p(0; 3)$. Bestimme die Koordinaten der anderen Eckpunkte.

Anleitung: Zerlege das Sechseck in sechs gleichseitige Dreiecke.

6. Bestimme die Gleichung des Kreises.

	Radius	Mittelpunkt
a)	4	$p(2; 0)$
b)	5	$p(-1; 3)$
c)	3	$p(1; 2)$
d)	3,5	$p(-3; -3)$
e)	5	$p(2; -2)$
f)	12	$p(0; 0)$

7. Zeichne den Kreis, der zu der angegebenen Gleichung gehört.

a) $x^2 + y^2 = 30{,}25$

b) $(x-3)^2 + (y+4)^2 = 64$

c) $\frac{x^2}{2} + \frac{y^2}{2} = 1$

8. a) Wie lautet die Gleichung des Kreises um $O = p(0; 0)$ mit dem Radius 4,5?

b) Liegt $P = p(3{,}2; -3{,}3)$ auf diesem Kreis?

9. Bestimme die Gleichung des Kreises mit dem Ursprung als Mittelpunkt, der durch

a) $P_1 = p(4; 6)$; b) $P_2 = p(-4; -4{,}5)$

verläuft.

10. Gegeben ist der Kreis, der zu der Gleichung $x^2+y^2=169$ gehört. Bestimme, ob der Punkt auf, innerhalb oder außerhalb des Kreises liegt.

a) $p(5;12)$ e) $p(0;0)$

b) $p(7;10{,}5)$ f) $p(13;0)$

c) $p(10;-8)$ g) $p(0;-13)$

d) $p(-11;-3)$ h) $p(-13;-13)$

11. Wie lautet die Gleichung des Kreises, der

a) den Mittelpunkt $M=p(-1;-2)$ hat und der durch $P=p(4;3)$ geht;

b) den Mittelpunkt $M=p(3;4)$ hat und durch den Ursprung geht;

c) den Mittelpunkt $M=p(2;-3)$ hat und die erste Koordinatenachse berührt?

12. Bestimme die Gleichung des Kreises, der

a) durch den Koordinatenursprung und die Punkte $p(2;3)$ und $p(3;2)$ geht;

b) durch die Punkte $p(7;1)$, $p(5;5)$ und $p(-2;4)$ geht.

13. Zeige an der Gleichung des Kreises in Ursprungslage, daß der Kreis

a) symmetrisch zu den beiden Koordinatenachsen ist;

b) punktsymmetrisch bezüglich $O=p(0;0)$ ist.

14. Prüfe, ob gemeinsame Punkte von Kreis und Gerade vorhanden sind.

a) $x^2+y^2=16$, $x=2$

b) $x^2+y^2=16$, $y=4$

c) $(x+4)^2+(y-1)^2=25$, $x=0$

d) $(x+4)^2+(y-1)^2=25$, $y=-1$

15. Bestimme gemeinsame Punkte von Kreis und Gerade.

a) $x^2+y^2=16$, $2x-3y=4$

b) $x^2+y^2=25$, $2x-3y=4$

c) $(x-4)^2+(y-1)^2=25$, $-5x+4y=20$

d) $x^2+y^2=20{,}25$, $y=2x-3$

Gib an, ob die Gerade *Sekante*, *Tangente* oder *Passante* des Kreises ist, d.h. ob sie zwei, einen oder keinen Punkt mit dem Kreis gemeinsam hat.

16. Zeige, daß eine Tangente und der zugehörige Radius zum Berührpunkt orthogonal zueinander stehen.

Aufgabe 2 *Gleichung des Kreises*

a) In einem rechtwinkligen Koordinatensystem ist ein Kreis mit dem Ursprung als Mittelpunkt und dem Radius r gegeben. Bestimme eine Aussageform, die von den Koordinaten aller Kreispunkte und nur von diesen erfüllt wird.

b) In einem rechtwinkligen Koordinatensystem ist ein Kreis mit dem Mittelpunkt $M=p(x_M;y_M)$ und dem Radius r gegeben. Bestimme eine Aussageform, die von den Koordinaten aller Kreispunkte und nur von diesen erfüllt wird.

Lösung:

a)

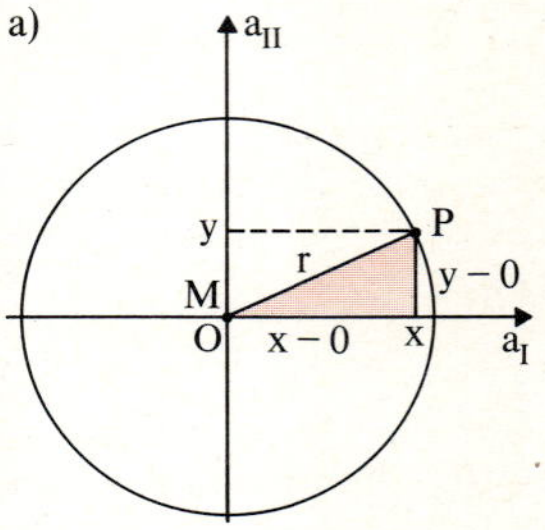

b)

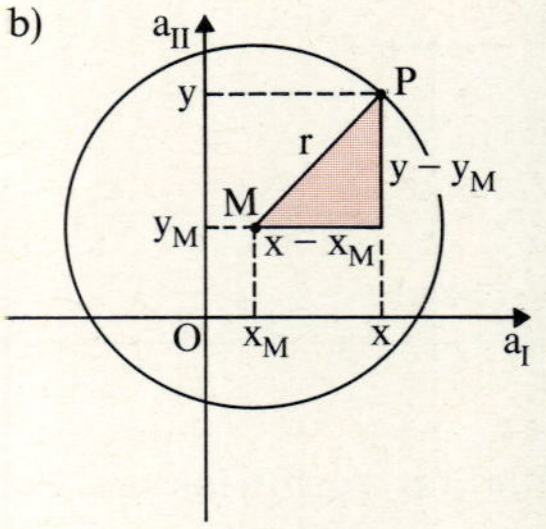

Nach Definition ist der Kreis die Menge aller Punkte P, die von M den Abstand r haben, d.h. $|MP|=r$. Es sei $P=p(x;y)$ ein beliebiger Punkt des Kreises. Aus der Abstandsformel ergibt sich

a) $|MP|^2=x^2+y^2$, also

$r^2=x^2+y^2$

b) $|MP|^2=(x-x_M)^2+(y-y_M)^2$

$r^2=(x-x_M)^2+(y-y_M)^2$

Die Koordinaten von Punkten, die nicht auf dem Kreis liegen, erfüllen diese Aussageform nicht.

Gleichung des Kreises

a) mit dem Ursprung als Mittelpunkt und dem Radius r:

$x^2+y^2=r^2$

b) mit dem Mittelpunkt $M=p(x_M;y_M)$ und dem Radius r:

$(x-x_M)^2+(y-y_M)^2=r^2$

Beispiele:

a) Der Kreis mit dem Mittelpunkt $M=p(0;0)$ und dem Radius 1 wird als *Einheitskreis* bezeichnet. Er hat die Gleichung $x^2+y^2=1$.

b) Zu dem Kreis mit dem Mittelpunkt $M=p(-2;1)$ und dem Radius 5 gehört die Gleichung

$(x+2)^2+(y-1)^2=25.$

Zur Übung: **6** bis **16**

2. Funktionsbegriff – Darstellung von Funktionen

2.1. Funktion als eindeutige Zuordnung

Beispiel 1: *Zur Definition des Funktionsbegriffs*

Das Ergebnis einer Klassenarbeit wird in einem „Notenspiegel“ zusammengefaßt:

Note	1	2	3	4	5	6
Anzahl der Arbeiten	3	4	7	5	3	1

Die Tabelle zeigt: Zu jeder Note gehört eine bestimmte Anzahl von Arbeiten. Man sagt auch: Jeder Note wird die entsprechende Anzahl der Arbeiten *eindeutig zugeordnet*, z. B. der Note 3 die Anzahl 7.

In der Mathematik nennt man eine solche *eindeutige Zuordnung* eine **Funktion** oder auch eine **Abbildung.**
Die Eindeutigkeit der Zuordnung wird in einem *Pfeildiagramm* besonders deutlich:
Von jedem Element der Menge D geht jeweils *nur ein* Pfeil aus und endet auf einem Element der Menge B.

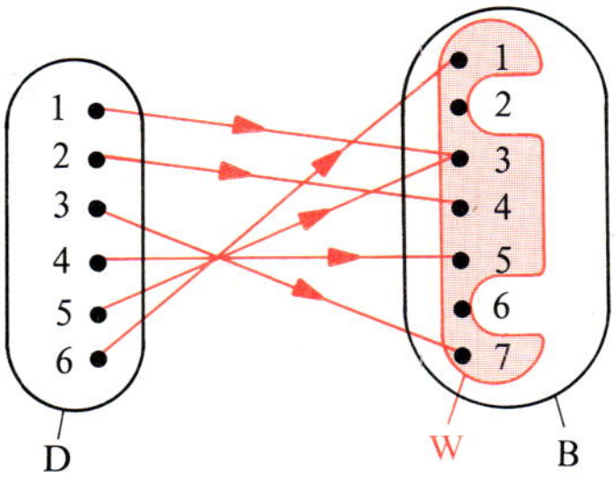

Die zugeordneten Zahlen heißen **Funktionswerte.**
Z.B. gehört zur Zahl 3 die Zahl 7 als Funktionswert.
Man sagt: Die Funktion hat *an der Stelle 3 den Wert 7.*

Die Menge der Noten ist der **Definitionsbereich** D der Funktion: $D=\{1, 2, 3, 4, 5, 6\}$

Die Menge W aller Funktionswerte heißt der **Wertebereich** der Funktion: $W=\{1, 3, 4, 5, 7\}$

W ist eine Untermenge von B.
Beachte: 2 und 6 gehören hier nicht zum Wertebereich, da diese Zahlen nicht als Funktionswerte auftreten.

Der Notenspiegel (Tabelle) stellt eine Menge *geordneter Paare* dar:

$\{(1;3), (2;4), (3;7), (4;5), (5;3), (6;1)\}$

Die Tabelle heißt auch **Wertetabelle** der Funktion.

Übungen 2.1

1. Kennzeichne die Monate Januar, Februar, ..., Dezember durch die Zahlen 1, 2, ..., 12.

a) Ordne jedem Monat des gegenwärtigen [übernächsten] Kalenderjahres die Anzahl der Tage zu, die in dem betreffenden Monat vor dem ersten Sonntag liegen. Stelle eine Wertetabelle auf, zeichne ein Pfeildiagramm und den Graphen der Funktion.

△ b) Zeige, daß der Wertebereich dieser Funktion erhalten bleibt, wenn man die Funktion auf ein beliebiges anderes Kalenderjahr bezieht.

2. $D=\{0, 2, 4, 6, 8, 10\}$; ordne jedem Element von D eine Zahl wie folgt zu:

a) Bilde den Nachfolger.

b) Addiere 2 und halbiere die Summe.

c) Subtrahiere 5 und bilde den Betrag der Differenz.

d) Bestimme die nächstgrößere Primzahl.

Stelle die Zuordnung mit Hilfe eines Pfeildiagramms dar, notiere den Wertebereich.

3. Stellt die Tabelle eine eindeutige Zuordnung dar? Begründe die Antwort.

a)

1	6
2	5
3	4
4	3
5	2
6	1
7	0

b)

1	3
2	8
7	0
0	6
4	−3
−1	8
−2	3

c)

3	6
0	5
2	−1
−4	9
2	0
0	8
−3	1

d)

$6\cdot\sqrt{2}$	2
$5\cdot\sqrt{7}$	3
$2\cdot\sqrt{5}$	2
$3\cdot\sqrt{8}$	3
$4\cdot\sqrt{3}$	2
$7\cdot\sqrt{2}$	3
$3\cdot\sqrt{6}$	2

4. Stellt das Pfeildiagramm eine Funktion dar? Begründe die Antwort.

a)

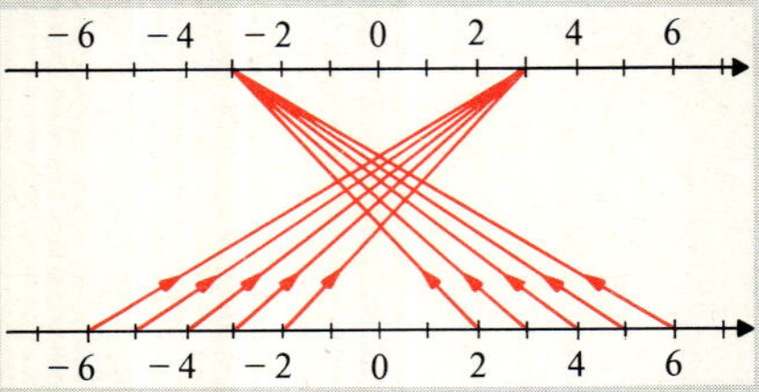

b)

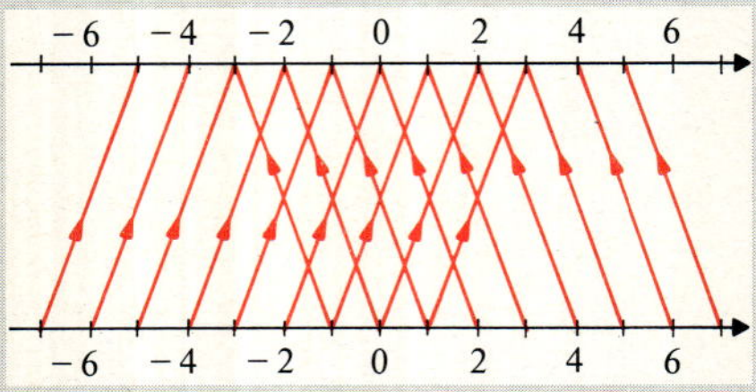

5. Kennzeichnet die angegebene Menge geordneter Paare eine Funktion? Begründe die Antwort.

a) $\{(0;1), (1;0), (2;3), (3;2), (4;5), (5;4)\}$

b) $\{(0;1), (1;0), (3;5), (5;3), (3;4), (4;3)\}$

c) $\{(2;0), (3;0), (4;0), (5;0), (6;0), (7;0)\}$

6. Stellt der Graph eine Funktion dar? Begründe die Antwort.

(a)

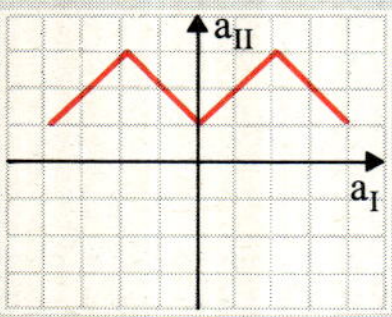

(c)

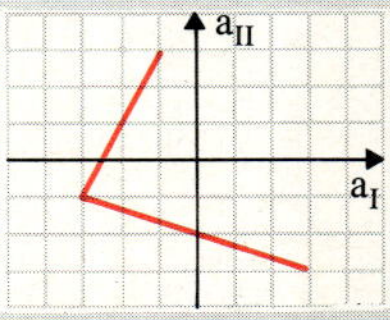

(b)

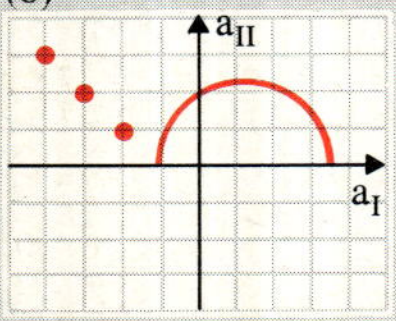

(d)

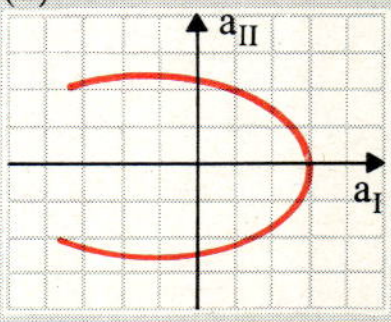

Jedes geordnete Paar der Wertetabelle läßt sich durch einen Punkt im Koordinatensystem veranschaulichen. Die Menge aller dieser Punkte liefert den **Graphen** der Funktion.

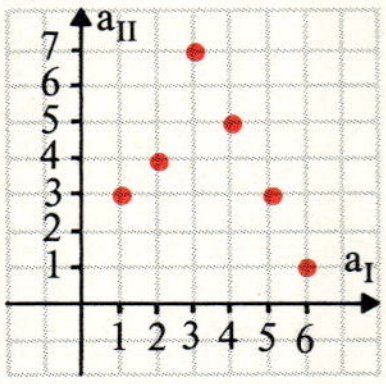

> **Definition 1:** Bei einer **Funktion** wird jedem Element einer Menge D **(Definitionsbereich)** genau ein Element einer Menge B als Funktionswert zugeordnet.
>
> Die Menge W aller Funktionswerte heißt **Wertebereich** der Funktion. W ist Untermenge von B.

Wir beschränken uns hier auf Funktionen, deren Definitions- und Wertebereich Zahlenmengen (Untermengen von $\mathbb{R}$) oder Mengen von Größen sind.

Beispiel 2: *Zuordnungsvorschrift, Darstellungsarten*

Wir legen eine eindeutige Zuordnung durch die Vorschrift fest: *Addiere 4 zu der gegebenen Zahl und ziehe aus der erhaltenen Summe die Quadratwurzel.*
Die *Zuordnungsvorschrift* läßt sich symbolisieren:

$x \mapsto \sqrt{x+4}$ (gelesen: *x auf* $\sqrt{x+4}$).

$\sqrt{x+4}$ heißt **Funktionsterm.** Um einen Wert des Funktionsterms zu erhalten, darf man für x nur Zahlen einsetzen, die größer oder gleich -4 sind.

Wählt man $\{x \in \mathbb{R} \mid x \geq -4\}$ als Definitionsbereich, so ist dieser Definitionsbereich maximal für eine Funktion mit der Zuordnungsvorschrift $x \mapsto \sqrt{x+4}$. Es kann auch jede (nicht leere) Untermenge von $\{x \in \mathbb{R} \mid x \geq -4\}$ als Definitionsbereich gewählt werden, z. B. $\mathbb{R}^+$.

Durch Angabe der *Zuordnungsvorschrift* und Wahl des *Definitionsbereichs* ist die Funktion festgelegt:

$[x \mapsto \sqrt{x+4};\ x \in D]$ mit $D = \{x \in \mathbb{R} \mid x \geq -4\}$, kurz:

$[x \mapsto \sqrt{x+4};\ x \geq -4]$.

Man schreibt allgemein: $f=[x\mapsto f(x);\ x\in D]$.
Für den *Funktionsterm* verwendet man dann das Symbol

$f(x)$ (gelesen: *f von x*).

$f(5)$ ist der Funktionswert an der Stelle 5, in unserem Beispiel: $f(5)=\sqrt{5+4}=3$.

Mit Hilfe einer Wertetabelle kann man die Funktion $[x\mapsto\sqrt{x+4};\ x\geq -4]$ durch ein *Pfeildiagramm* oder durch den *Graphen* darstellen.

x	−4	−3	−2	−1	0	1	2	3	4	5
f(x)	0	1	$\sqrt{2}$	$\sqrt{3}$	2	$\sqrt{5}$	$\sqrt{6}$	$\sqrt{7}$	$\sqrt{8}$	3

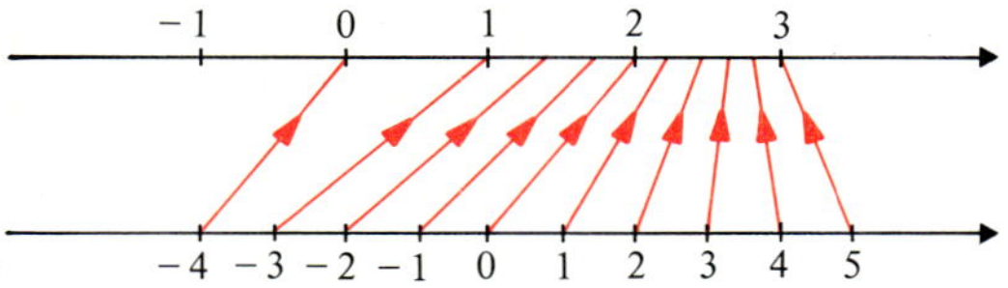

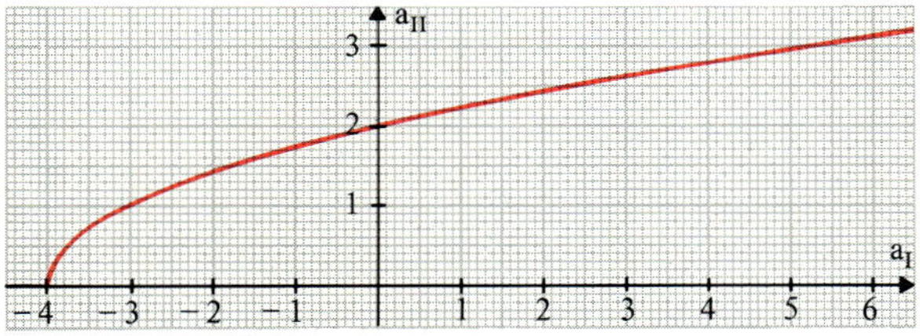

Eine Funktion f ist festgelegt durch den Definitionsbereich D und die Zuordnungsvorschrift $x\mapsto f(x)$.
$f=[x\mapsto f(x);\ x\in D]$

Man sagt: f ist eine Funktion *auf* der Menge D.

Wir vereinbaren: Wenn keine näheren Angaben über den Definitionsbereich D gemacht werden, soll D *maximal* gewählt werden; d.h., D ist dann die Menge *aller* reellen Zahlen, denen durch $x\mapsto f(x)$ je ein Funktionswert eindeutig zugeordnet werden kann.

Eine Funktion läßt sich darstellen

(1) durch eine Wertetabelle,
(2) durch ein Pfeildiagramm,
(3) durch einen Graphen.

Zur Übung: **1** bis **9**

7. Die Funktion f ist festgelegt durch den Definitionsbereich D und die angegebene Zuordnungsvorschrift. Lege eine Wertetabelle an, zeichne ein Pfeildiagramm und den Graphen von f. Notiere den Wertebereich.

a) $D=\{-4,-3,-2,-1,0,1,2,3,4\}$
$x\mapsto\frac{x^2}{2}-3$

b) $D=\{x\in\mathbb{N}\mid x\leq 12\}$, $x\mapsto \text{ggT}(x;20)$

c) $D=\{x\in\mathbb{R}\mid -2\leq x\leq 2\}$, $x\mapsto\frac{5}{x+3}$

d) $D=\mathbb{R}$, $x\mapsto x$

e) $D=\mathbb{R}$, $x\mapsto x^2$

f) $D=\mathbb{Z}$, $x\mapsto 7-x$

g) $D=\mathbb{N}_0$, $x\mapsto(-1)^x$

h) $D=\mathbb{R}^+$, $x\mapsto -\frac{4}{x}$

i) $D=\mathbb{R}$, $x\mapsto\frac{3}{4}x+1$

8. Welche der Punkte
$p(0;0)$, $p(0;1)$, $p(1;0)$, $p(1;1)$,
$p(8;2)$, $p\left(-\frac{1}{2};3\right)$, $p(27;-3)$, $p(-1;9)$
gehören zum Graphen der Funktion f?

a) $f=[x\mapsto x;\ x\in\mathbb{R}]$

b) $f=[x\mapsto\sqrt[3]{x};\ x\in\mathbb{R}^+]$

c) $f=\left[x\mapsto\frac{1-x}{1+x};\ x\in\mathbb{Z}\setminus\{-1\}\right]$

d) $f=\left[x\mapsto\left(\frac{1}{9}\right)^x;\ x\in\mathbb{Q}\right]$

9. Berechne die Funktionswerte $f(0)$, $f(1)$, $f(4)$, $f(\frac{1}{2})$, $f(-2)$, $f(-\frac{3}{2})$.

a) $f(x)=4x^3$
b) $f(x)=\frac{2}{3-x}$
c) $f(x)=x\cdot(2x-1)$
d) $f(x)=4^x$
e) $f(x)=\sqrt{x^2}$
f) $f(x)=8$

10. Den Flächeninhalt A eines Kreises kann man mit Hilfe des Radius r berechnen; d.h. jedem Radius wird dadurch ein Flächeninhalt zugeordnet. Notiere die Funktionsgleichung, zeichne den Graphen.

11. Welche der angegebenen Punkte gehören zum Graphen der Funktion mit der Funktionsgleichung $y=2^x$ und dem Definitionsbereich $\mathbb{R}$?

$p(2;4)$ $p(4;2)$ $p(-3;0{,}125)$
$p(-1;-2)$ $p(0;0)$ $p(0;1)$

12. Zeichne den Graphen der Funktion mit der angegebenen Zuordnungsvorschrift. Wähle den maximalen Definitionsbereich.

a) $x \mapsto -\sqrt{4-x^2}$ c) $x \mapsto \sqrt[4]{x+2}$

b) $x \mapsto \dfrac{1}{1-x}$ d) $x \mapsto \mathrm{ggT}(x; 12)$

13. Zeichne den Graphen der Aussageform (Grundmenge $\mathbb{R} \times \mathbb{R}$). Kann dieser Graph Funktionsgraph sein? Begründe die Antwort, wenn keine Funktion vorliegt; notiere sonst die Zuordnungsvorschrift.

a) $y^2 = x$ c) $x^3 = y^3$

b) $y^2 = x^2$ d) $x \cdot y = 1$

14. Zeichne den Graphen der Funktion f. Notiere den Wertebereich. Gib an, ob die Funktion monoton wächst oder monoton fällt.

a) $f = [x \mapsto 2 \cdot [x];\ x \in \mathbb{R}]$

b) $f = [x \mapsto -[x];\ x \in \mathbb{R}]$

c) $f = [x \mapsto x^2;\ x \in \mathbb{R}_0^+]$

15. Gib an, in welchem Intervall f monoton wächst [monoton fällt].

a) $f = [x \mapsto x^2 - 4x;\ x \in \mathbb{R}]$

b) $f = [x \mapsto (3-x)(5+x);\ x \in \mathbb{R}]$

16. Begründe oder widerlege:

▲ a) Eine Gerade durch zwei verschiedene Punkte des Graphen einer Funktion kann nicht parallel zur Achse a_{II} sein.

▲ b) Eine Parallele zur Achse a_I kann nicht Graph einer Funktion sein.

▲ c) Eine Parallele zur Achse a_{II} kann nicht Graph einer Funktion sein.

Zur Wiederholung:

W 1. Bestimme die Erfüllungsmenge ($G = \mathbb{R}$).

a) $\dfrac{x}{6} - \dfrac{x}{4} + 5 = 4 - \dfrac{x}{8}$

b) $\dfrac{3x+4}{5} - 1 = \dfrac{7x-1}{16} + 1$

c) $(x+3{,}5)(x-1{,}5) + (4{,}5-x)(0{,}5+x) = 12$

d) $6\left(\dfrac{3}{4}x + 2\right) - 9\left(\dfrac{x}{2} + 1\right) = 3$

e) $\dfrac{6x+31}{9x-1} = 7$

Aufgabe: *Funktionsgleichung*

Eine 5 m lange Leiter lehnt gegen eine senkrechte Wand. Das untere Ende der Leiter hat von der Wand den Abstand a, das obere Ende erreicht die Höhe h. Welche Vorschrift ordnet jedem (möglichen) Abstand die entsprechende Höhe zu?

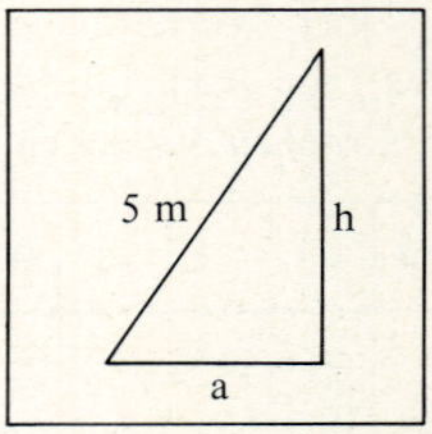

Lösung: Wir bezeichnen die Maßzahl des Abstandes a mit x, die Maßzahl der Höhe h mit y. Dann besteht zwischen x und y der Zusammenhang

$x^2 + y^2 = 25$, also $y = \sqrt{25 - x^2}$.

Wir erhalten die Zuordnungsvorschrift $x \mapsto \sqrt{25 - x^2}$. Definitionsbereich ist hier die Menge $\{x \in \mathbb{R} \mid 0 \leq x \leq 5\}$.

Wir nennen sie das *Intervall* mit den Endpunkten 0 und 5 und schreiben dafür kurz $[0; 5]$.

Dieser Definitionsbereich ist für die Vorschrift $x \mapsto \sqrt{25 - x^2}$ nicht maximal. Der Graph ist ein Viertelkreis.

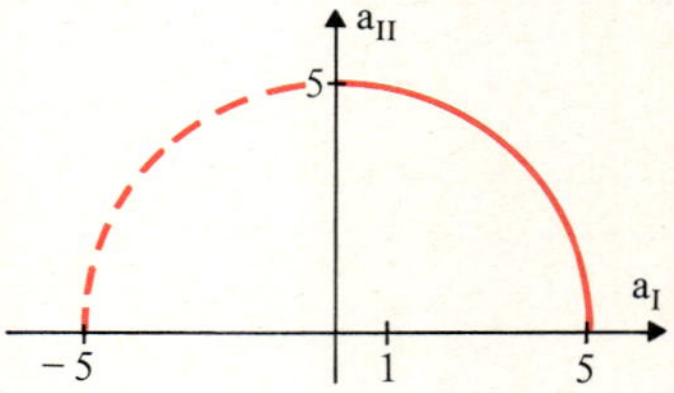

Wählen wir $D_f = [-5; 5]$, so ist D_f der maximale Definitionsbereich. Der Graph der Funktion

$f = [x \mapsto \sqrt{25 - x^2};\ -5 \leq x \leq 5]$

ist ein Halbkreis. Der Wertebereich ist

$W_f = \{y \in \mathbb{R} \mid 0 \leq y \leq 5\}$.

Die Gleichung $y = \sqrt{25 - x^2}$ nennt man auch **Funktionsgleichung** von f. Die Funktionsgleichung ist eine *Aussageform mit zwei Variablen.* Der Graph kann daher auch als Graph (der Erfüllungsmenge) dieser Aussageform aufgefaßt werden.

Zur Übung: **10** bis **12**

Funktionen als spezielle Relationen

Allgemein kann man zu jeder Funktion f mit dem Term f(x) eine Funktionsgleichung angeben: $y=f(x)$. Damit läßt sich die Funktion als *Menge geordneter Paare* darstellen:

$f=\{(x;y)\in D_f\times W_f \mid y=f(x)\}$ oder

$f=\{(x;y)\in \mathbb{R}\times\mathbb{R} \mid x\in D_f \wedge y=f(x)\}$.

Die Funktion f können wir auch als **Relation** (zwischen dem Definitionsbereich D_f und dem Wertebereich W_f) auffassen.

Die Erfüllungsmenge der Aussageform $x^2+y^2=25$ mit $\mathbb{R}\times\mathbb{R}$ als Grundmenge stellt die Relation

$\{(x;y)\in\mathbb{R}\times\mathbb{R} \mid x^2+y^2=25\}$ dar.

Diese Relation ist *keine Funktion*, denn die Zuordnung ist nicht eindeutig. Der Graph ist ein (vollständiger) Kreis.

Beispiel 3: *Monoton wachsende Funktion*

Der Term [x] bezeichnet die *größte ganze Zahl* z, die nicht größer als x ist; z.B.:

$[3{,}2]=3$; $[7{,}9]=7$;
$[-4{,}1]=-5$; $[6]=6$;
$[-0{,}4]=-1$; $[-2]=-2$.

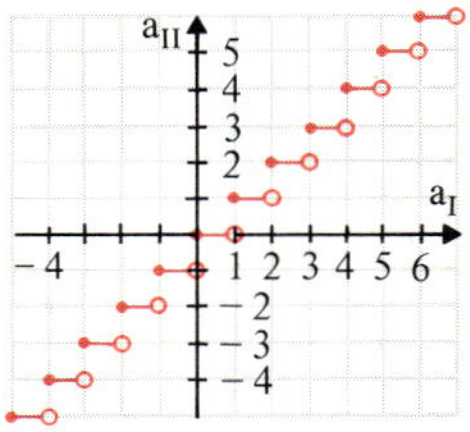

$[x]=z$, falls $z\in\mathbb{Z}$ $\wedge\, z\le x<z+1$

Die Funktion $[x\mapsto[x];\, x\in\mathbb{R}]$ ordnet jeder reellen Zahl ihr größtes Ganzes zu. Der Wertebereich dieser Funktion ist $\mathbb{Z}$. Die Klammer in dem Funktionsterm [x] (gelesen: *größtes Ganzes von x*) wird auch *Gaußklammer* genannt.

Wenn man bei dieser Funktion von einer beliebigen Stelle x_1 zu einer größeren Stelle x_2 übergeht, so bleibt der zugehörige Funktionswert der gleiche, oder er wird größer, keinesfalls wird er kleiner. Eine solche Funktion heißt **monoton wachsend.**

Definition 2: Eine Funktion f heißt *monoton wachsend*, wenn für alle Stellen $x_1, x_2\in D_f$ mit $x_1<x_2$ gilt: $f(x_1)\le f(x_2)$.

Eine Funktion f heißt *monoton wachsend in einem Intervall* A $(A\subseteq D_f)$, wenn für alle $x_1, x_2\in A$ mit $x_1<x_2$ gilt: $f(x_1)\le f(x_2)$.

Zur Übung: **13** bis **16**

W 2. Bestimme die Erfüllungsmenge der quadratischen Gleichung $(G=\mathbb{R})$.

a) $x^2-144=0$
b) $x^2+121=0$
c) $7x^2-28=0$
d) $3x^2=15x$
e) $5x^2+15x=0$
f) $\frac{x^2}{2}+\frac{x}{6}=0$
g) $0{,}4x^2-1{,}2x=0$
h) $x-\frac{9}{x}=0$
i) $x+\frac{25}{x}=0$
j) $x^2-14x+49=0$
k) $x^2+18x+81=25$
l) $x^2-20x=21$
m) $x^2+7x=30$
n) $3x^2+18x=48$
o) $x^2+\frac{3}{5}x=28$
p) $6x^2+x=7$
q) $\frac{12}{x}+3x=15$
r) $\frac{5x+6}{3x+2}=x$

W 3. Bestimme die Erfüllungsmenge der biquadratischen Gleichung $(G=\mathbb{R})$.

a) $x^4-625=0$
b) $x^4+16=0$
c) $x^4-32x^2+256=0$
d) $(x^2-1{,}96)(x^2+1{,}21)=0$
e) $(x^2-3)(x^2-1)=3$

W 4. Bestimme die Erfüllungsmenge $(G=\mathbb{R})$.

a) $\sqrt{x}=9$
b) $\sqrt{x}+4=0$
c) $\frac{\sqrt{x}}{x}=5$
d) $\sqrt{8x-7}=x$
e) $\sqrt{x^2-2x+1}=0$

W 5. Welche der Zahlen -5, -1, 0, $\frac{1}{2}$, 3, 10 sind Lösung der Gleichung?

a) $x(x+5)(2x-1)=0$
b) $(x^2-9)(x^2-100)(x^2+1)=0$
c) $(x-10)(x-3)(x+1)=30$
d) $\sqrt{x+1}+x^2=11$
e) $|x|=5$
f) $|x-1|=2$

Übungen 2.2

1. Zeichne den Graphen von f mit

a) $f(x)=\begin{cases} x^2 & \text{für } x \geq 0 \\ -x & \text{für } x<0 \end{cases}$

b) $f(x)=\begin{cases} \sqrt{x} & \text{für } x \geq 4 \\ \frac{x}{4}+1 & \text{für } x<4 \end{cases}$

c) $f(x)=\begin{cases} \frac{x}{2}+2 & \text{für } x>0 \\ 0 & \text{für } x=0 \\ -\frac{x}{2}-2 & \text{für } x<0 \end{cases}$

d) $f(x)=\begin{cases} \sqrt{x-1} & \text{für } x>1 \\ \sqrt{1-x^2} & \text{für } -1 \leq x \leq 1 \\ \sqrt{-1-x} & \text{für } x<-1 \end{cases}$

2. Zeichne den Graphen der *Heaviside-Funktion* ($D=\mathbb{R}$) mit dem Term

$H(x)=\begin{cases} 1 & \text{für } x>0 \\ 0 & \text{für } x \leq 0 \end{cases}$

3. Zeichne den Graphen von f ($D=\mathbb{R}$), notiere den Wertebereich.

a) $f(x)=(\operatorname{sgn} x)^2$ d) $f(x)=x \cdot \operatorname{sgn} x$

b) $f(x)=x+\operatorname{sgn} x$ e) $f(x)=x \cdot H(x)$

c) $f(x)=x-\operatorname{sgn} x$ f) $f(x)=\frac{\operatorname{sgn} x}{1+x^2}$

4. Notiere den Funktionsterm abschnittsweise, ohne Betragstriche zu verwenden. Zu welchen Stellen gehört der Funktionswert 5?

a) $f(x)=|x+3|$ c) $f(x)=\frac{4}{1+|x|}$

b) $f(x)=|x^2-4|$ d) $f(x)=||x|-2|$

5. Die *Integer-Funktion* hat den Definitionsbereich $\mathbb{R}$ und den Term $\operatorname{Int} x=[|x|] \cdot \operatorname{sgn} x$

a) Zeichne den Graphen der Funktion.

b) Für welche reellen Zahlen x gilt: $\operatorname{Int} x=[x]$?

6. Begründe mit Hilfe der Definition des Betrages die Allgemeingültigkeit der Aussageform.

a) $|a \cdot b|=|a| \cdot |b|$

b) $|a+b| \leq |a|+|b|$

Anleitung: Führe eine Fallunterscheidung durch.

2.2. Abschnittsweise definierte Funktionen

Beispiel 1: *Betragsfunktion*

Betragsfunktion

$[x \mapsto |x|;\ x \in \mathbb{R}]$

$|x|=\begin{cases} x & \text{für } x \geq 0 \\ -x & \text{für } x<0 \end{cases}$

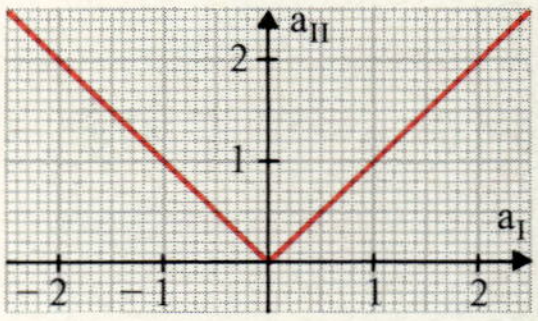

Wir wissen: $|7|=7$, $|-5|=5$.

Bei der Betragsfunktion wird jeder Zahl x aus $\mathbb{R}_0^+$ die Zahl x selbst zugeordnet, jeder Zahl x aus $\mathbb{R}^-$ die entgegengesetzte Zahl $-x$.

Bei der Erklärung der Betragsfunktion wurde der Funktionsterm abschnittsweise (für $x \geq 0$ bzw. $x<0$) definiert.

Beispiel 2: *Vorzeichen-Funktion* (*Signum-Funktion*)
Der Funktionsterm sgn x wird gelesen: *Signum von x.*

Vorzeichen-Funktion

$[x \mapsto \operatorname{sgn} x;\ x \in \mathbb{R}]$

$\operatorname{sgn} x=\begin{cases} 1 & \text{für } x>0 \\ 0 & \text{für } x=0 \\ -1 & \text{für } x<0 \end{cases}$

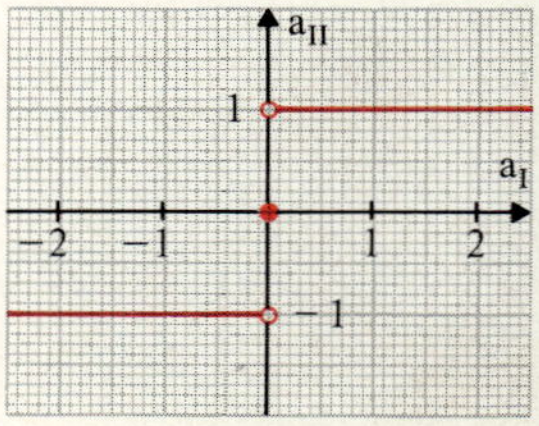

Aufgabe

Die Kurve k_1 ist der Graph der *Wurzelfunktion.* k_2 ist das Bild von k_1 bei der Spiegelung am Koordinatenursprung. Welche Funktion f hat die Vereinigung $k_1 \cup k_2$ als Graphen?

Wurzelfunktion

$[x \mapsto \sqrt{x};\ x \in \mathbb{R}_0^+]$

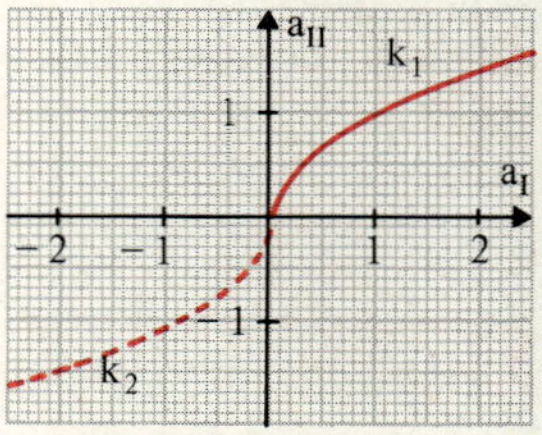

Lösung: Bei der Spiegelung am Koordinatenursprung ändern beide Koordinaten eines Punktes nur das Vorzeichen. Der Funktionsterm f(x) läßt sich daher abschnittsweise notieren:

$$f(x)=\begin{cases} \sqrt{x} & \text{für } x \in \mathbb{R}_0^+ \\ -\sqrt{-x} & \text{für } x \in \mathbb{R}^- \end{cases},\quad D_f=\mathbb{R}$$

2.3. Besondere Punkte und Bereiche bei Funktionsgraphen

Nullstellen

Aufgabe 1

Kugelförmige Luftballons verschiedener Größe werden mit Wasserstoff gefüllt. Jeder Ballon soll einen Brief transportieren; Ballonhülle und Brief wiegen jeweils zusammen 10,3 g (Gewichtskraft: 0,101 N). Bei welchem Radius schwebt ein solcher Ballon?

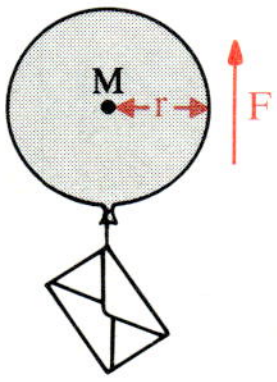

Lösung: Mit jedem Liter Wasserstoff erhöht sich die Kraft F, mit der ein Ballon nach oben gezogen wird, um 0,011 N.

F kann man mit Hilfe des Ballonradius r berechnen:

$$F = \frac{4}{3}\pi r^3 \cdot 0{,}011\,\frac{\mathrm{N}}{\mathrm{dm}^3} - 0{,}101\,\mathrm{N}$$

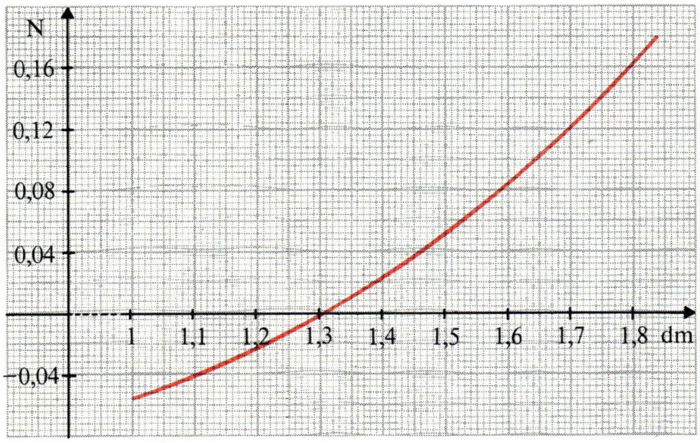

r[dm]	1,0	1,1	1,2	1,3	1,4	1,5	1,6	1,7	1,8
F[N]	−0,055	−0,040	−0,021	0	0,025	0,055	0,088	0,125	0,168

Für $r < 1{,}3$ dm sind die Funktionswerte *negativ*, d.h., der Ballon wird *nach unten* gezogen. Für $r > 1{,}3$ dm sind die Funktionswerte positiv, d.h., der Ballon wird *nach oben* gezogen. Bei $r = 1{,}3$ dm ist der Funktionswert 0, der Ballon schwebt.

1,3 dm ist **Nullstelle** der Funktion. Hier haben der Graph und die Achse a_I einen Punkt gemeinsam.

Übungen 2.3

1. Welche der Zahlen −4, −3, −2, −1, 0, 1, 2, 3, 4 sind Nullstellen der Funktion f mit maximalem Definitionsbereich?

a) $f(x) = (x-3)^2$

b) $f(x) = x(x^2-1)$

c) $f(x) = x^2 - 2$

d) $f(x) = 16 - x^4$

e) $f(x) = 0$

f) $f(x) = -3$

2. Welche der Punkte liegen auf der Achse a_I, welche auf der Achse a_{II}?

$p(0;4)$ $\quad p(3;0)$ $\quad p(-2;0)$

$p(1;1)$ $\quad p(0;0)$ $\quad p(0;-7)$

3. Zeichne den Graphen der Funktion. Notiere die Nullstellen.

a) $\left[x \mapsto -\frac{2}{3}(x-6);\ x \in \mathbb{R}\right]$

b) $[x \mapsto 4 - x^2;\ x \in \mathbb{R}]$

c) $\left[x \mapsto x + \frac{1}{x} - 2;\ x \in \mathbb{R}^+\right]$

d) $[x \mapsto (x+2)^3;\ x \in \mathbb{R}]$

e) $[x \mapsto \sqrt{-x^3};\ x \in \mathbb{R}_0^-]$

f) $\left[x \mapsto \frac{1}{\sqrt{x}};\ x \in \mathbb{R}^+\right]$

g) $[x \mapsto \sqrt{64 - x^2};\ -8 \le x \le 8]$

h) [x ↦ Anzahl der geraden Teiler von x; $x \in D$]
$D = \{x \in \mathbb{N} \mid x \le 12\}$

4. Bestimme die Menge aller Nullstellen der Funktion, ohne den Graphen zu zeichnen.

a) $[x \mapsto 9-4x;\ x \in \mathbb{R}]$

b) $[x \mapsto (9-4x)^2;\ x \in \mathbb{R}]$

c) $[x \mapsto 9-4x^2;\ x \in \mathbb{R}]$

d) $[x \mapsto x^2-2x-8;\ x \in \mathbb{R}^-]$

e) $\left[x \mapsto x+\frac{6}{x}-5;\ x \in \mathbb{R}\setminus\{0\}\right]$

f) $[x \mapsto 5x^2-3x;\ x \in \mathbb{Z}]$

g) $\left[x \mapsto \frac{1}{x-4};\ x \in \mathbb{R}\setminus\{4\}\right]$

h) $\left[x \mapsto \frac{1}{1+x^2};\ x \in \mathbb{R}^+\right]$

5. Bestimme die gemeinsamen Punkte des Graphen der Funktion f (maximaler Definitionsbereich) mit der ersten und mit der zweiten Koordinatenachse, ohne den Graphen zu zeichnen.

a) $f(x)=3x+117$
b) $f(x)=\sqrt{x-60}$
c) $f(x)=x^4-x^2$
d) $f(x)=x^2-2x-4$

6. Bei welcher Einsetzung an Stelle von r ist die Zahl 3 $[-1]$ Nullstelle der Funktion f mit dem Definitionsbereich $\mathbb{R}$?

a) $f(x)=rx+5$
b) $f(x)=x^2+r$
c) $f(x)=rx^4$
d) $f(x)=-2x+r$
e) $f(x)=r(x-3)(x+1)$
f) $f(x)=x^2+r^2$

7. An welcher Stelle (welchen Stellen) nimmt die Funktion f den Wert a an?

a) $f=[x \mapsto 10x-17;\ x \in \mathbb{R}]$, $a=-13$

b) $f=[x \mapsto x+3;\ x \in \mathbb{R}^+]$, $a=4$

c) $f=\left[x \mapsto x+\frac{1}{4};\ x \in \mathbb{R}^-\right]$, $a=-\frac{10}{3}$

d) $f=\left[x \mapsto \frac{4}{1+x^2};\ x \in \mathbb{R}\right]$, $a=8$

8. Zeichne den Graphen der Funktion. Untersuche, in welchen Intervallen die Funktion streng monoton wächst, streng monoton fällt.

a) $f=\left[x \mapsto 5-\frac{12}{x^4};\ x \in \mathbb{R}\setminus\{0\}\right]$

b) $f=[x \mapsto 3x-x^2;\ x \in \mathbb{R}]$

c) $f=\left[x \mapsto \frac{x^3}{5}-1;\ x \in \mathbb{R}\right]$

d) $f=[x \mapsto x-|x|;\ x \in \mathbb{R}]$

Aufgabe 2

Untersuche die Funktion $f=\left[x \mapsto \frac{2}{x^2}-1;\ x \in \mathbb{R}\setminus\{0\}\right]$ auf Nullstellen.

Lösung: Am Graphen lassen sich die beiden Nullstellen angenähert ablesen: etwa $-1{,}4$ und $1{,}4$.

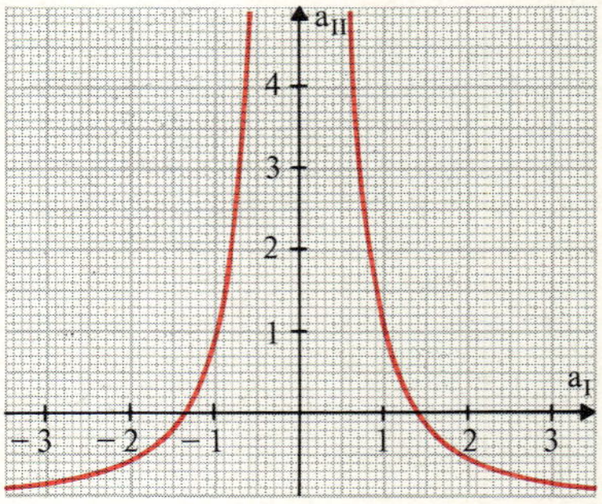

Zur genauen Bestimmung verwenden wir den Funktionsterm: Wir suchen diejenigen Stellen im Definitionsbereich der Funktion, an denen dieser Term den Wert 0 annimmt. Wir suchen also die Lösungen der Gleichung

$\frac{2}{x^2}-1=0$ mit $\mathbb{R}\setminus\{0\}$ als Grundmenge.

Die Lösungen $-\sqrt{2}$ und $\sqrt{2}$ sind die Nullstellen von f. $p(-\sqrt{2};0)$ und $p(\sqrt{2};0)$ sind gemeinsame Punkte des Graphen und der Achse a_I.

Definition 3: Unter einer **Nullstelle** einer Funktion versteht man ein Element des Definitionsbereichs, zu dem der Funktionswert 0 gehört.

Eine Zahl a ist Nullstelle einer Funktion f, wenn a zum Definitionsbereich von f gehört und wenn a Lösung der Gleichung $f(x)=0$ ist, d.h. wenn $f(a)=0$ gilt. $p(a;0)$ ist dann ein gemeinsamer Punkt des Graphen und der Achse a_I.

Zur Übung: **1** bis **7**

Monotonie-Intervalle

Wir erkennen am Graphen der Aufgabe **2** weiter:

(1) Die Funktionswerte *wachsen* im Intervall $\mathbb{R}^-$.
(2) Die Funktionswerte *fallen* im Intervall $\mathbb{R}^+$.

Wenn man im Intervall $\mathbb{R}^-$ von einer beliebigen Stelle x_1 zu einer *größeren* Stelle x_2 übergeht, so wird der zugehörige Funktionswert *größer*. Wir sagen: Die Funktion f ist im Intervall $\mathbb{R}^-$ **streng monoton wachsend.** Entsprechend ist f im Intervall $\mathbb{R}^+$ **streng monoton fallend.**

Definition 4: Eine Funktion f heißt in einem Intervall A (Untermenge von D_f) **streng monoton wachsend,** wenn für alle Stellen $x_1, x_2 \in A$ mit $x_1 < x_2$ gilt: $f(x_1) < f(x_2)$.

Aufgabe 3: *Positiv-Bereich, Negativ-Bereich*

Die Funktion f hat den Term $f(x) = \frac{1}{2x+1}$.

a) Hat der Graph von f *gemeinsame Punkte* mit a_I?

b) In welchem Bereich sind die Funktionswerte positiv bzw. negativ?

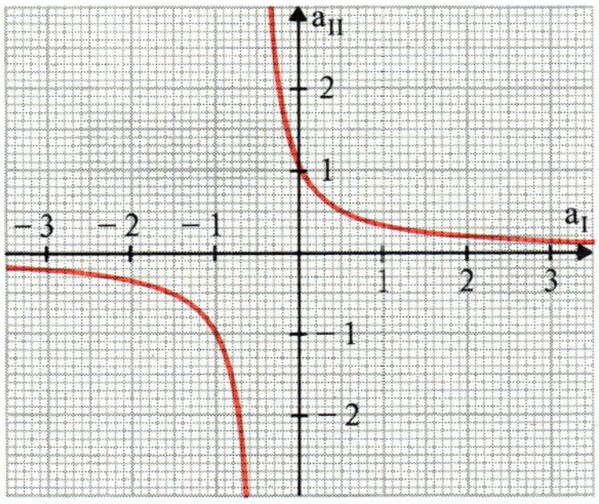

Lösung:

a) Die Gleichung $\frac{1}{2x+1} = 0$ hat keine Lösung. Das bedeutet: f hat keine Nullstelle. Der Graph hat daher keinen Punkt mit a_I gemeinsam.

b) Jede Stelle x, zu der ein positiver Funktionswert gehört, muß die Ungleichung erfüllen:

$$\frac{1}{2x+1} > 0$$

$$\Leftrightarrow \quad 2x+1 > 0$$

$$\Leftrightarrow \quad x > -\frac{1}{2}$$

Wir nennen $\{x \in \mathbb{R} \mid x > -\frac{1}{2}\}$ den **Positivbereich** von f.

Der Graph verläuft in diesem Bereich *oberhalb* der Achse a_I.

b) Jede Stelle x, zu der ein negativer Funktionswert gehört, muß die Ungleichung erfüllen:

$$\frac{1}{2x+1} < 0$$

$$\Leftrightarrow \quad 2x+1 < 0$$

$$\Leftrightarrow \quad x < -\frac{1}{2}$$

Wir nennen $\{x \in \mathbb{R} \mid x < -\frac{1}{2}\}$ den **Negativbereich** von f.

Der Graph verläuft in diesem Bereich *unterhalb* der Achse a_I.

Der Stelle $-\frac{1}{2}$ wird kein Funktionswert zugeordnet, weil der Nenner 0 wird. $-\frac{1}{2}$ gehört nicht zum Definitionsbereich. Man nennt $-\frac{1}{2}$ **Definitionslücke** der Funktion.

Zur Übung: **8** bis **11**

9. Stelle die Funktion f durch ein Pfeildiagramm (mit gleichgerichteten Skalen) dar. Welche Monotonie-Eigenschaft hat die Funktion? Wie erkennt man diese Eigenschaft am Pfeildiagramm?

a) $f = \left[x \mapsto \frac{x}{2} - 3;\ x \in \mathbb{R}\right]$

b) $f = \left[x \mapsto \frac{1}{x};\ x \in \mathbb{R}^+\right]$

c) $f = [x \mapsto \operatorname{sgn} x;\ x \in \mathbb{R}]$

d) $f = [x \mapsto x - \operatorname{sgn} x;\ x \in \mathbb{R}]$

10. Zeichne den Graphen der Funktion f mit dem maximalen Definitionsbereich. Notiere den Positivbereich und den Negativbereich der Funktion. Lies aus der Zeichnung ab.

a) $f(x) = \frac{x}{3} + 2$

b) $f(x) = 1 - 2x$

c) $f(x) = 2x - x^2$

d) $f(x) = x^3 + 3x^2$

e) $f(x) = x + \frac{1}{x} - \frac{5}{2}$

f) $f(x) = \frac{1}{2x - x^2}$

11. Welche reellen Zahlen darf man an Stelle von r einsetzen, damit die Funktion (bei maximalem Definitionsbereich) nur positive Funktionswerte hat?

a) $f(x) = \frac{r}{x^2}$

b) $f(x) = 1 + rx$

c) $f(x) = x^4 - r$

d) $f(x) = (x+r)^2 + 1$

e) $f(x) = x^2 + 2x + r$

f) $f(x) = |x| - r$

12. Der Graph stellt eine Funktion dar, die im Verlauf eines Wintertages jedem Zeitpunkt die Lufttemperatur eines bestimmten Ortes zuordnet.

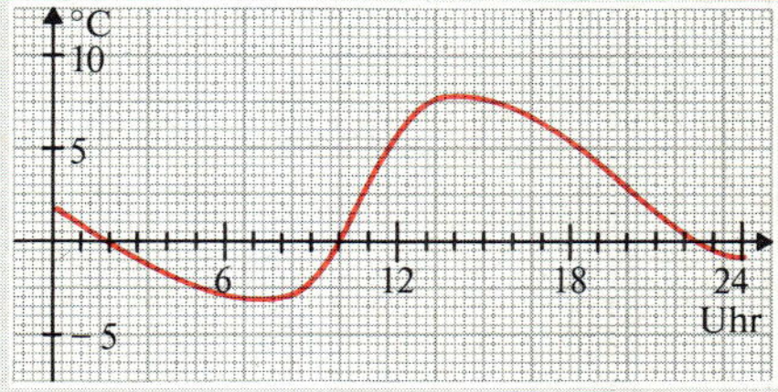

a) Gib das Maximum und das Minimum der Temperaturwerte an. Zu welchen Zeitpunkten gehören diese Werte?

b) Zu welchen Zeitpunkten hat die Temperatur den Wert 0° C?

c) Notiere den Wertebereich der Funktion.

13. Die Funktion f hat maximalen Definitionsbereich.
Welche Definitionslücke hat f?
An welchen Stellen nimmt f den Wert 2 an?

a) $f(x)=\frac{x^2}{3x-4}$ b) $f(x)=\frac{2x}{x+2}$

14. An welchen Stellen nimmt die Funktion f ein Maximum bzw. ein Minimum an? In welchen Intervallen ist f streng monoton wachsend bzw. streng monoton fallend? Wähle den Definitionsbereich maximal. Notiere auch den Wertebereich.

a) $f(x)=(x-1)^4$ c) $f(x)=(4-x^2)^2$

b) $f(x)=x-\frac{x^2}{2}$ d) $f(x)=16-x^2$

15. Gegeben ist $f=\left[x\mapsto a\cdot x+\frac{b}{x};\ x\in\mathbb{R}^+\right]$ mit $a, b\in\mathbb{R}^+$.

a) An welchen Stellen hat f den vorgegebenen Funktionswert c mit $c>0$?

b) Welches ist der kleinste Funktionswert?

c) Zu welcher Stelle gehört das Minimum?

Zur Wiederholung:

W 1. Bestimme die Erfüllungsmenge der Ungleichung ($G=\mathbb{R}$) und veranschauliche diese auf der Zahlengeraden.

a) $2x+5<0$
b) $\frac{x}{2}-1>0$
c) $7-2x<5$
d) $x\geq 6-5x$
e) $4-x\leq 9-x$
f) $x-8\geq x+8$
g) $\frac{7x+3}{19}<\frac{3x+7}{11}$
h) $\frac{13}{4x-6}>0$
i) $\frac{7}{6x+4}<0$

W 2. Verfahre wie in Aufgabe **W 1.**

a) $x(x-4)>0$
b) $x(x+3)<0$
c) $\frac{x}{2x-5}\geq 0$
d) $\frac{x}{3x+8}\leq 0$
e) $4x^2-20x>0$
f) $\frac{x^2}{12}+\frac{x}{3}<0$
g) $x^2-10x+25>0$
h) $x^2+8x+16\leq 0$
i) $(x-5)^2>16$
j) $x^2-6x+9<1$

Aufgabe 4: *Hochpunkt, Maximum*

Messungen ergeben: Die Dichte des Wassers hängt von der Temperatur ab.

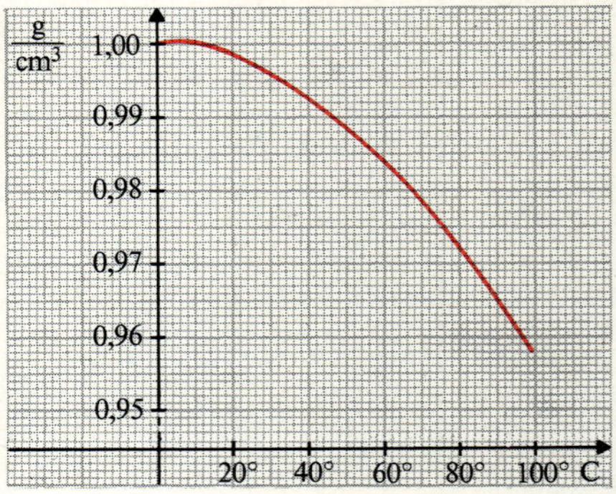

In dem Graphen ist die Funktion dargestellt, die jeder Wassertemperatur im Intervall von 0° C bis 100° C die zugehörige Dichte des Wassers zuordnet. Welche besondere Eigenschaft hat die Funktion?

Lösung: Um die Besonderheit dieser Funktion am Graphen zu erkennen, ist es zweckmäßig, in einem Teilintervall (von 0° C bis etwa 10° C) andere Maßstäbe bzw. Ausschnitte auf den Skalen (Koordinatenachsen) zu wählen.

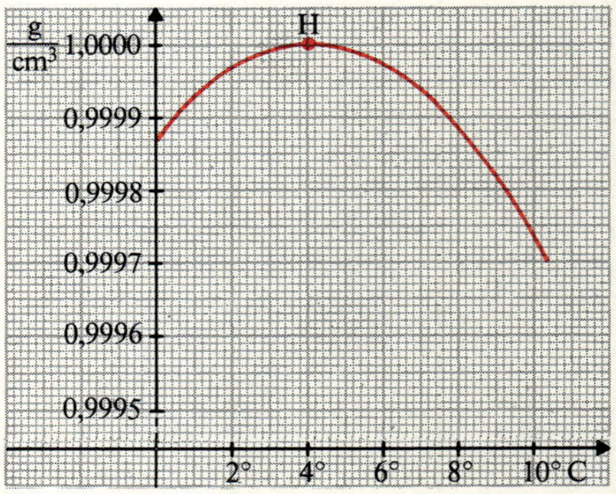

Damit wird deutlich gemacht: Bei 4° C ist die Dichte des Wassers am größten; d.h. die Funktion nimmt an der Stelle 4° C den *größten Funktionswert* an. Den größten Funktionswert nennt man auch **Maximum** der Funktion. Der entsprechende Punkt H des Graphen heißt **Hochpunkt.**

Wir erkennen weiter: Im Intervall von 0° C bis 4° C ist die Funktion *streng monoton wachsend*, im Bereich oberhalb 4° C *streng monoton fallend.*

Aufgabe 5: *Tiefpunkt, Minimum*

Bestimme den Wertebereich der Funktion

$f=\left[x\mapsto\frac{x^2}{5}-2x+\frac{1}{3};\ x\in\mathbb{R}\right].$

Lösung: Der Graph ist eine Parabel. Der Wertebereich umfaßt hier alle reellen Zahlen, die größer oder gleich dem kleinsten Funktionswert sind.

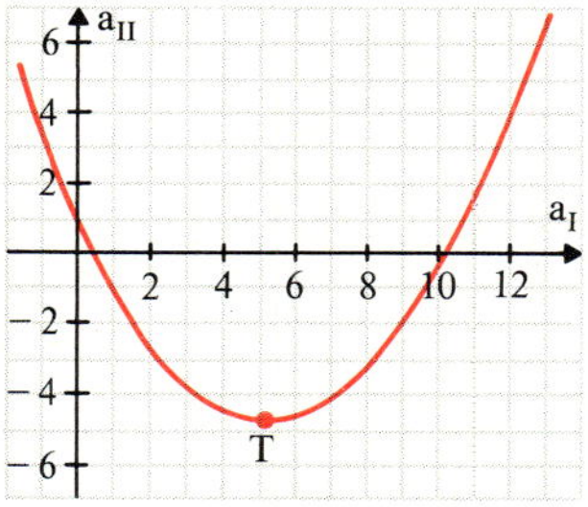

Dieses **Minimum** läßt sich mit Hilfe des Funktionsterms bestimmen:

$$f(x)=\frac{x^2}{5}-2x+\frac{1}{3}=\frac{1}{5}(x^2-10x+25)-\frac{14}{3}$$
$$=\frac{1}{5}(x-5)^2-\frac{14}{3}$$

Wir erkennen: $\frac{1}{5}(x-5)^2$ kann nicht negativ werden und nimmt nur bei 5 den Wert 0 an. Daraus folgt: $-\frac{14}{3}$ ist der *kleinste Funktionswert*, das Minimum; dieser gehört zu der Stelle 5. Der Punkt $p(5; -\frac{14}{3})$ ist **Tiefpunkt.** Der Wertebereich ist $\{y\in\mathbb{R}\,|\,y\geq -\frac{14}{3}\}$.

Zur Übung: **12** bis **15**

2.4. Lineare und stückweise lineare Funktionen

Beispiel 1: *Linear in einem Intervall*

Der Graph zeigt die „Kennlinie" einer Elektronenröhre. Hier wird jeder Spannung U (am Gitter) eine Stromstärke I (im Anodenstromkreis) zugeordnet.

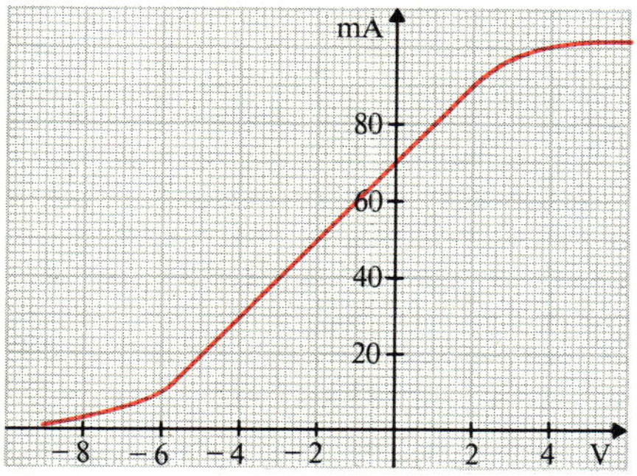

Diese Zuordnung ist eine Funktion. Im Intervall zwischen −6 V und 2 V ist der Graph *geradlinig*. In diesem Intervall kann man die Funktionswerte mit Hilfe einer Funktionsgleichung berechnen:

$$I=10\,\frac{\text{mA}}{\text{V}}\,U+70\,\text{mA}$$

W 3. Schreibe den gegebenen Term in der Form $a(x-b)^2+c$.

a) x^2-12x

b) $2x^2-8x$

c) $5x^2+40x+15$

d) $4x-x^2$

e) $x-2x^2$

f) $(x-2)(x-6)$

g) $\left(\frac{x}{3}+1\right)\left(1-\frac{x}{2}\right)$

W 4. Bestimme die Erfüllungsmenge ($G=\mathbb{R}$).

a) $|x+4|=1$

b) $|x-3|<4$

c) $|x+2|>3$

d) $x\cdot|x|=-9$

e) $x-|x|=0$

f) $\frac{x}{|x|}=-1$

Übungen 2.4

1. Der Graph stellt eine Funktion f dar, bei der die Länge eines Gummibandes der jeweiligen Belastung (Zugkraft) zugeordnet wird.

a) In welchem Intervall ist f linear?

b) Gib für dieses Intervall den Funktionsterm an.

2. Die Dichte einer Lösung von Alkohol in Wasser hängt von der Konzentration des Alkohols ab. Die Tabelle gibt die Alkohol-Konzentration in Prozenten (Massengehalt) an, die Dichte in Gramm pro cm^3.

Konzentration	10%	20%	30%	40%	50%
Dichte	0,983	0,972	0,957	0,939	0,915

Konzentration	60%	70%	80%	90%	
Dichte	0,891	0,867	0,843	0,819	

a) Zeichne den Graphen der Zuordnung Konzentration $\mapsto$ Dichte.

b) In welchem Intervall ist die Funktion linear?

c) Notiere für den linearen Teil den Funktionsterm.

3. Die Funktion f_1 hat als Graphen die Gerade $\overleftrightarrow{P_1P_2}$, die Funktion f_2 die Halbgerade $\overrightarrow{P_1P_2}$ und die Funktion f_3 die Strecke $\overline{P_1P_2}$. Notiere zu f_1, f_2 und f_3 jeweils die Funktionsgleichung, den Definitions- und den Wertebereich.

a) $P_1 = p(0; 0)$, $P_2 = p(5; 5)$

b) $P_1 = p(0; -1)$, $P_2 = p(3; 7)$

c) $P_1 = p(-4; 0)$, $P_2 = p(2; -3)$

d) $P_1 = p(1; -2)$, $P_2 = p(-7; -2)$

4. Notiere die Funktionsgleichung derjenigen linearen Funktion mit der Nullstelle a, deren Graph die Steigung m hat.

a) $a = 4$, $m = 1$ c) $a = 0$, $m = -1{,}5$

b) $a = -2$, $m = \frac{1}{2}$ d) $a = 7$, $m = 0$

5. Begründe: Eine lineare Funktion mit dem Funktionsterm $m \cdot x + n$ hat

a) genau eine Nullstelle, falls $m \neq 0$;

b) keine Nullstelle, falls $m = 0$ und $n \neq 0$;

c) jede reelle Zahl als Nullstelle, falls $m = n = 0$.

6. Begründe: Eine lineare Funktion mit dem Funktionsterm $m \cdot x + n$ ist

a) streng monoton wachsend, falls $m > 0$ ist;

b) streng monoton fallend, falls $m < 0$ ist.

7. Begründe: Eine lineare Funktion mit dem Funktionsterm $m \cdot x + n$ hat als Wertebereich

a) $\mathbb{R}$, falls $m \neq 0$ ist;

b) $\{n\}$, falls $m = 0$ ist.

Im Beispiel **1** hat der Funktionsterm die Form $m \cdot U + n$. An Stelle der Koeffizienten m und n stehen die Größen $10 \frac{mA}{V}$ bzw. 70 mA.

Eine Funktion, deren Term eine solche Form hat, heißt *linear;* die Punkte des Graphen liegen auf einer Geraden.

In unserem Beispiel gilt diese Eigenschaft der Funktion nur für ein Teilintervall des Definitionsbereichs.

Wir vereinbaren:

Eine Funktion f heißt **linear** in einem Intervall (Untermenge des Definitionsbereichs), wenn der Graph dort geradlinig ist.

Beispiel 2: *Lineare Funktion*

Der Graph der Funktion $[x \mapsto -\frac{x}{2} + 3;\ x \in \mathbb{R}]$ ist im gesamten Definitionsbereich geradlinig, d.h., der Graph ist eine *Gerade.*

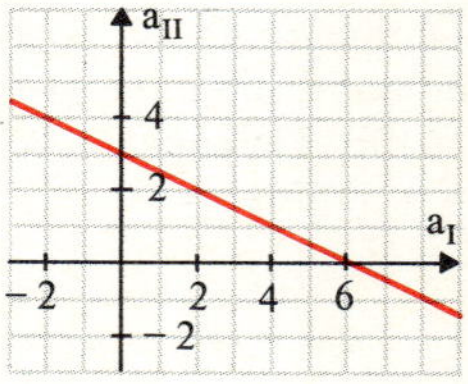

Eine solche Funktion nennt man kurz *lineare Funktion* (oder *affine Funktion*).

Definition 5: Eine Funktion auf der Menge $\mathbb{R}$, deren Term in der Form $m \cdot x + n$ geschrieben werden kann, heißt **lineare Funktion.**

Die *konstante Funktion* $x \mapsto n$ ist ein Sonderfall einer linearen Funktion.

Der Graph einer linearen Funktion ist eine Gerade.

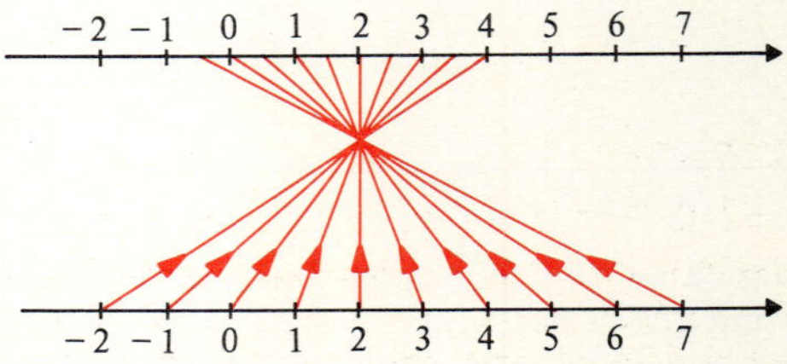

Die Darstellung der linearen Funktion im Beispiel **2** durch ein Pfeildiagramm zeigt eine Besonderheit:

Alle Pfeile schneiden sich in einem Punkt.

Man kann mit Hilfe der Strahlensätze zeigen, daß diese Eigenschaft für jede lineare Funktion zutrifft, wenn man bei monoton wachsenden Funktionen die Richtung einer der beiden Skalen im Pfeildiagramm verändert.

Zur Übung: **1** bis **8**

Beispiel 3: *Stückweise lineare Funktion*

Die Funktion f auf der Menge ℝ mit dem Term $f(x)=|2|x|-3|$ ist keine lineare Funktion, da die Punkte des Graphen nicht alle auf derselben Geraden liegen.

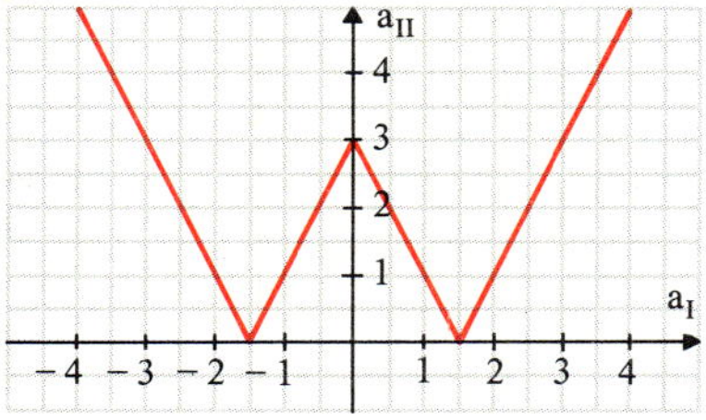

Man kann aber den Definitionsbereich ℝ so in Teilintervalle zerlegen, daß die Funktion in jedem solchen Teilintervall linear ist:

$$f(x)=\begin{cases} -2x-3 & \text{für } x<-1{,}5 \\ 2x+3 & \text{für } -1{,}5\leq x<0 \\ -2x+3 & \text{für } 0\leq x<1{,}5 \\ 2x-3 & \text{für } x\geq 1{,}5 \end{cases}$$

Der Graph ist innerhalb eines jeden dieser Teilintervalle geradlinig. Eine solche Funktion nennt man *stückweise linear.*

Auch die Funktion $[x\mapsto[x];\ x\in\mathbb{R}]$ von Seite 27 ist stückweise linear. Hier ist der Funktionsterm innerhalb eines jeden Teilintervalls, in dem die Funktion linear ist, eine Konstante.

Zur Übung: **9** bis **11**

Intervallschreibweise

Für das Intervall $\{x\in\mathbb{R}\,|\,0\leq x<1{,}5\}$ schreibt man kurz $[0;1{,}5[$; entsprechend schreibt man $]0;1{,}5]$ an Stelle von $\{x\in\mathbb{R}\,|\,0<x\leq 1{,}5\}$.
Sollen *beide* Endpunkte nicht zum Intervall gehören, so schreibt man $]0;1{,}5[$ an Stelle von $\{x\in\mathbb{R}\,|\,0<x<1{,}5\}$.

Zur Übung: **12** und **13**

8. Zeichne ein Pfeildiagramm der Funktion f. Wähle dabei die Richtung der zweiten Skala und die Maßeinheit auf dieser so, daß alle Pfeile zueinander parallel sind.

a) $f(x)=\frac{4}{5}x$ c) $f(x)=-\frac{3}{2}x+8$

b) $f(x)=\frac{4}{3}x-2$ d) $f(x)=-\frac{x}{5}-1$

9. Ist die Funktion f auf der Menge ℝ stückweise linear? Begründe die Antwort.

a) $f(x)=\left|\frac{x}{2}-3\right|$ e) $f(x)=|x|\cdot \mathbf{sgn\,x}$

b) $f(x)=x\cdot|x|$ f) $f(x)=x\cdot H(x)$

c) $f(x)=x-[x]$ g) $f(x)=|x+H(x)|$

d) $f(x)=\sqrt[4]{x^4}$ h) $f(x)=x^2\cdot H(-x)$

10. Welche reelle Zahl muß man an Stelle von a einsetzen, damit die Funktion f auf der Menge ℝ den Wertebereich W hat?

a) $f(x)=-|x|+a,\quad W=\{y\in\mathbb{R}\,|\,y\leq 2\}$

b) $f(x)=a(|x|-1),\ W=\{y\in\mathbb{R}\,|\,y\geq -1\}$

c) $f(x)=\sqrt{a}\cdot[x],\quad W=\mathbb{Z}$

11. Gib für die Funktion f den Definitionsbereich D so an, daß f den angegebenen Wertebereich W hat.

a) $f(x)=-\frac{2}{3}x+5,\quad W=[1;11]$

b) $f(x)=|x|+3x,\quad W=[-2;12]$

c) $f(x)=3|x|+x,\quad W=[0;4]$

12. Notiere in der Kurzschreibweise.

a) $\{x\in\mathbb{R}\,|\,-4<x<0\}$

b) $\{x\in\mathbb{R}\,|\,8<x\leq 9\}$

c) $\{x\in\mathbb{R}\,|\,-5\leq x<-2\}$

d) $\{x\in\mathbb{R}\,|\,1\leq x\leq 30\}$

13. Schreibe mit Mengenklammer.

a) $[6;11]$ c) $]9;17[$

b) $[8;25[$ d) $]-4;4]$

Übungen 3.1

1. Skizziere ohne Wertetabelle Graphen für die Funktionen mit den angegebenen Termen (Definitionsbereich $\mathbb{R}$).
Anleitung: Nenne jeweils die Grundfunktion und die betreffende Verschiebung.

a) $0{,}5(x-2)$; $0{,}5x-2$;
$0{,}5(x+3)$; $0{,}5x+3$

b) $(x+2)^2$; x^2+2;
$(x-1{,}5)^2$; $x^2-1{,}5$

c) $|x+3|$; $|x|-3$;
$|x-2{,}5|$; $|x|+2{,}5$

d) $[x+3]$; $[x]-1$;
$[x-1{,}5]$; $[x]+2{,}5$

e) $\operatorname{sgn}(x+1)$; $\operatorname{sgn}x+1$;
$\operatorname{sgn}(x-1{,}5)$; $\operatorname{sgn}x-1{,}5$

2. Bestimme jeweils den maximalen Definitionsbereich für die Funktionen mit den angegebenen Termen. Skizziere ohne Wertetabelle einen Graphen.

a) $\frac{1}{x+1}$; $\frac{1}{x-2}$; $\frac{1}{x}+1$; $\frac{1}{x}-2$

b) $\sqrt{x+9}$; $\sqrt{x-2}$; $\sqrt{x}-2$; $\sqrt{x}+1$

3. Bestimme die Funktionsterme für die Funktionen f_1 bis f_4 mit dem Definitionsbereich $\mathbb{R}$ (hier nur ausschnittsweise skizziert).

Anleitung: Nenne jeweils die Grundfunktion und die betreffende Verschiebung.

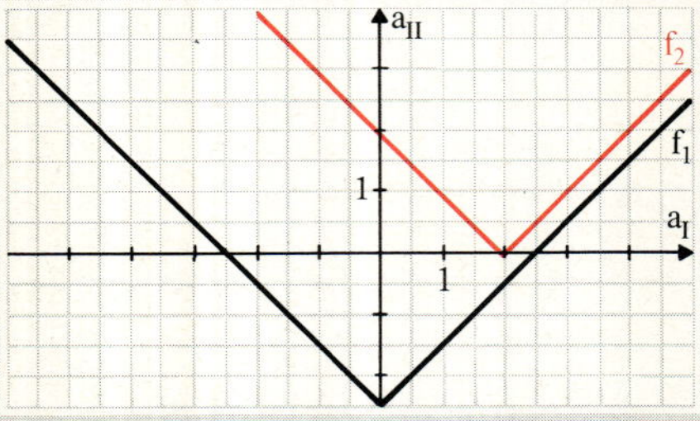

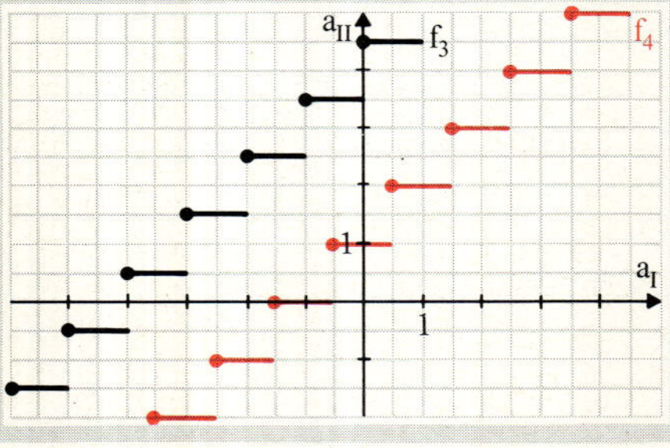

3. Geometrische Abbildungen von Funktionsgraphen und zugehörige Änderungen der Funktionsterme

3.1. Verschiebungen

Aufgabe 1: *Verschiebung parallel zur 2. Achse*
Die Funktion f (Bild) hat den Funktionsterm f(x). Er lautet $\sqrt{25-x^2}$. Wir *verschieben* den Graphen

a) um 2,5 *nach oben;* b) um 4 *nach unten.*

Wie lauten die Terme der neuen Funktionen f_1 und f_2?

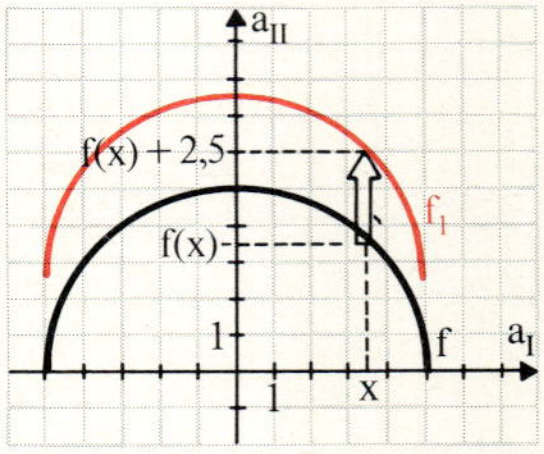

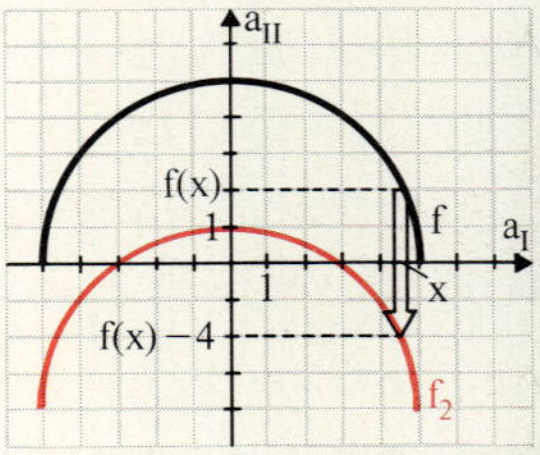

Lösung: An jeder Stelle x ist

der Wert von f_1 um 2,5 größer als der Wert von f.	der Wert von f_2 um 4 kleiner als der Wert von f.

Also lauten die Terme:

$f_1(x)=f(x)+2{,}5$ $=\sqrt{25-x^2}+2{,}5$	$f_2(x)=f(x)-4$ $=\sqrt{25-x^2}-4$

Der Definitionsbereich der Funktion f ist $D=[-5;\,5]$ (das Intervall mit den Endpunkten -5 und 5). Er ändert sich *nicht* bei Verschiebungen des Graphen nach oben oder nach unten.

Aufgabe 2: *Verschiebung parallel zur 1. Achse*
Jetzt verschieben wir denselben Funktionsgraphen

a) um 3 *nach rechts;* b) um 2 *nach links.*

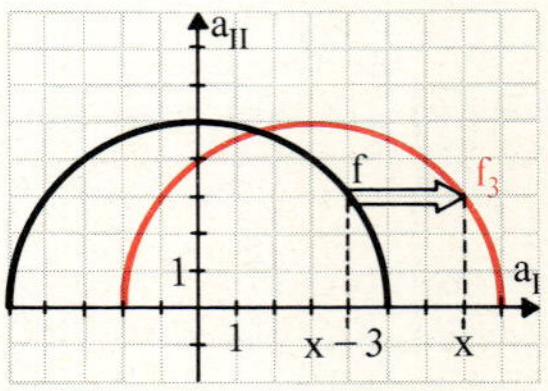

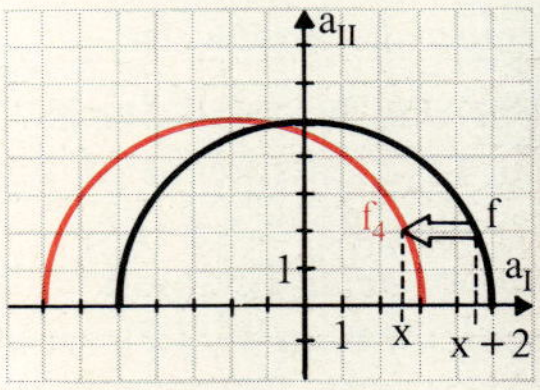

Wie lauten die Definitionsbereiche und die Terme der neuen Funktionen f_3 und f_4?

Lösung: Die Definitionsbereiche sind:

$D_3 = [-2; 8]$ = „D verschoben um 3 nach rechts“	$D_4 = [-7; 3]$ = „D verschoben um 2 nach links“

Wir vergleichen jeweils die Graphen und auch die Wertetabellen:

x	−7	−6	−5	−4	−3	−2	−1	0	1	2	3	4	5	6	7	8
f(x)			0	3	4	4,6	4,9	5	4,9	4,6	4	3	0			
$f_3(x)$						0	3	4	4,6	4,9	5	4,9	4,6	4	3	0
$f_4(x)$	0	3	4	4,6	4,9	5	4,9	4,6	4	3	0					

An jeder Stelle x des Definitionsbereichs ist der Wert

von f_3 gleich dem Wert von f an der Stelle $x-3$.	von f_4 gleich dem Wert von f an der Stelle $x+2$.

Also muß man im Term f(x) das x ersetzen

durch $x-3$ und erhält: $f_3(x) = f(x-3) = \sqrt{25-(x-3)^2}$	durch $x+2$ und erhält: $f_4(x) = f(x+2) = \sqrt{25-(x+2)^2}$

Ebenso wie in den Beispielen bestehen allgemein die unten in der Tabelle zusammengefaßten **Entsprechungen.** Dabei ist f eine beliebige Funktion; ferner sind a und b beliebige reelle Zahlen.

Beim Verschieben um a parallel zu a_I beachte man: Tritt das x im Term f(x) mehrmals auf, so hat man *überall* das x durch $x-a$ zu ersetzen.
Siehe hierzu Übungsaufgaben **4** und **5**.

Statt „Abbildung des Graphen von f“ sagen wir in Zukunft auch kurz „Abbildung von f“.

Zur Übung: **1** bis **5**

4. Zeichne *mit* Wertetabelle einen Graphen für die gegebene Funktion f.

a) $[x \mapsto x^2 - 4;\ -1 \le x \le 5]$

b) $[x \mapsto x^3 - x + 1;\ -2 \le x \le 2]$

c) $[x \mapsto x - \sqrt{x};\ 0 \le x \le 5]$

d) $[x \mapsto x + |x|;\ -3 \le x \le 2]$

e) $\left[x \mapsto x + \frac{1}{x};\ \frac{1}{5} \le x \le 5\right]$

f) $\left[x \mapsto \frac{2}{1+x^2};\ -3 \le x \le 3\right]$

Verschiebe den Graphen um 2 nach rechts, [um 2,5 nach unten; um a parallel zu a_I; um b parallel zu a_{II}].
Gib den neuen Definitionsbereich und den neuen Funktionsterm an.

5. Die Funktion f sei abschnittsweise erklärt:

$$f(x) = \begin{cases} 3, & \text{falls } x < -1 \\ 2-x, & \text{falls } -1 \le x < 1 \\ \frac{1}{x}, & \text{falls } 1 \le x \end{cases}$$

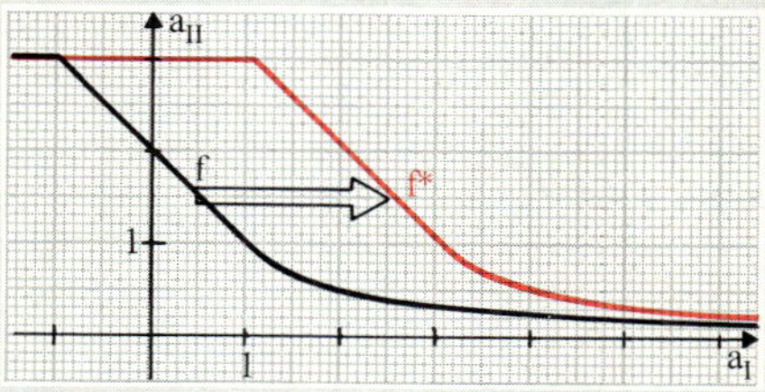

Sie wird um 2 nach rechts verschoben. Wie lautet die neue Funktion f*?

Anleitung: Ersetze in der Beschreibung von f überall das x durch $x-2$; vereinfache dann.

Abbildung des Graphen	Änderung des Terms	Änderung des Definitionsbereichs
Verschieben um a parallel zu a_I (nach rechts, wenn $a > 0$, nach links, wenn $a < 0$)	x ersetzen durch $x-a$: aus f(x) wird $f(x-a)$	Verschieben um a
Verschieben um b parallel zu a_{II} (nach oben, wenn $b > 0$, nach unten, wenn $b < 0$)	Summand b dahintersetzen: aus f(x) wird $f(x)+b$	keine

6. Bestimme die Funktionsterme für die Funktionen f_1 bis f_8.

Anleitung: Nenne jeweils die Grundfunktion und die betreffende Verschiebung.

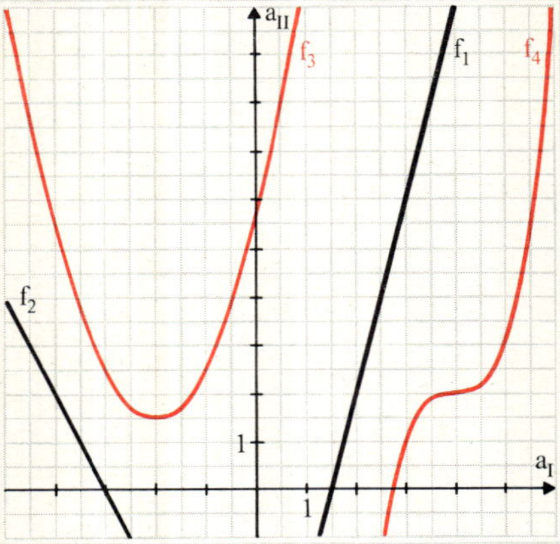

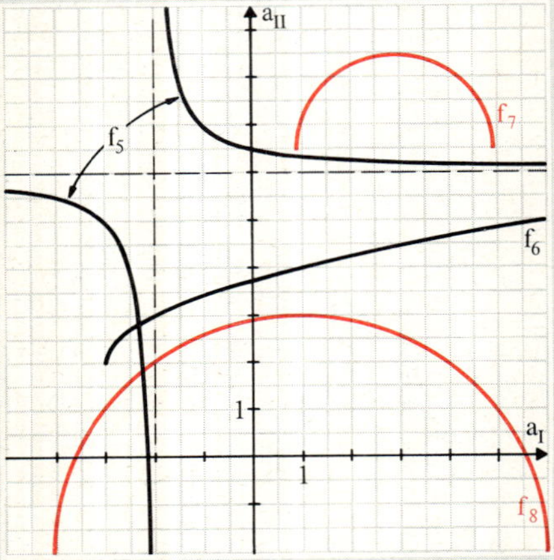

7. Bestimme jeweils den maximalen Definitionsbereich des Funktionsterms und skizziere ohne Wertetafel je einen Graphen.

a) $\sqrt{x+9}-3$; $\sqrt{x-1}-1$

△ b) $\frac{1-x}{x}\left(=\frac{1}{x}-1\right)$; $\frac{2-x}{x-1}$
△

8. Wende auf den Graphen aus Übungsaufgabe **4** jeweils die gegebene Verschiebung an.

$\begin{pmatrix}-1\\-1\end{pmatrix}$; $\begin{pmatrix}-2\\0\end{pmatrix}$; $\begin{pmatrix}0\\-2{,}5\end{pmatrix}$; $\begin{pmatrix}a\\0\end{pmatrix}$; $\begin{pmatrix}0\\b\end{pmatrix}$; $\begin{pmatrix}a\\b\end{pmatrix}$

Gib den neuen Funktionsterm und den neuen Definitionsbereich an.

Aufgabe 3: *Beliebige Verschiebungen*

Gegeben ist die Quadratfunktion: $f=[x\mapsto x^2;\ x\in\mathbb{R}]$. Wie heißt der Term der Funktion f* (Bild)?

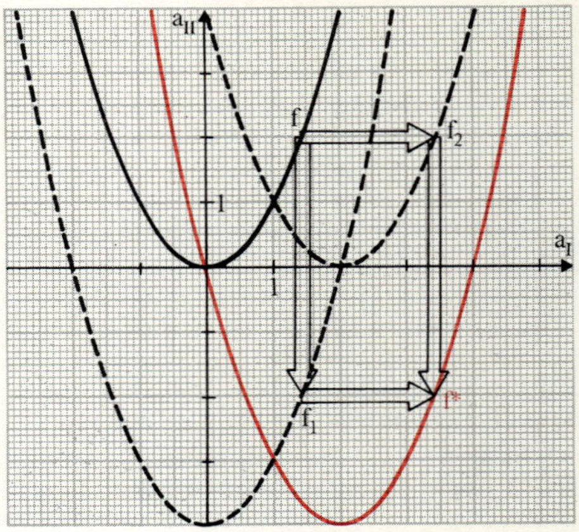

Lösung: Wir gelangen von f zu f* durch zwei Verschiebungen in Achsenrichtung.

Erster Weg zu f*:

$f(x)=x^2$

verschieben um 4 nach unten

$f_1(x)=x^2-4$

verschieben um 2 nach rechts

$f^*(x)=(x-2)^2-4$

Zweiter Weg zu f*:

$f(x)=x^2$

verschieben um 2 nach rechts

$f_2(x)=(x-2)^2$

verschieben um 4 nach unten

$f^*(x)=(x-2)^2-4$

Offensichtlich kommt es auf die *Reihenfolge der Verschiebungen* nicht an.

Man bestätige rechnerisch und anhand der Nullstellen, daß $f^*(x)=x^2-4x$.

Wir formulieren das Ergebnis unserer Überlegungen allgemein.

Definition 1: Die Verschiebung um a parallel zu a_I, um b parallel zu a_{II} heiße kurz *Verschiebung* $\begin{pmatrix}a\\b\end{pmatrix}$.
Sie hat die Zuordnungsvorschrift
$(x;y)\mapsto(x+a;y+b)$.

Jede Verschiebung $\begin{pmatrix}a\\b\end{pmatrix}$ ist eine Abbildung der Koordinatenebene auf sich. Sie ordnet dem Graphen einer Funktion f den Graphen einer neuen Funktion f* zu.

Satz 1: Für jede Funktion f und jede Verschiebung $\binom{a}{b}$ gilt:

$$f:\ \{(x;y)\,|\,y = f(x) \wedge x \in D\}$$

$$\Big\downarrow \text{Verschiebung } \binom{a}{b}$$

$$f^*:\ \{(x;y)\,|\,y = \underbrace{f(x-a)+b}_{f^*(x)} \wedge \underbrace{x-a \in D}_{x \in D^*}\}$$

Hierbei ist

$D^* = \{x\,|\,x-a \in D\} = \{x+a\,|\,x \in D\}$
$=$ „D verschoben um a"

△ *Beweis:*

$\{(x;y)\,|\,y = f(x) \wedge x \in D\}$

$\Big\downarrow$ Verschiebung $\binom{a}{b}$

$\{(x+a;y+b)\,|\,y = f(x) \wedge x \in D\}$

Wir schreiben u für $x+a$ und v für $y+b$, das heißt $u-a$ für x und $v-b$ für y:

$\{(u;v)\,|\,v-b = f(u-a) \wedge u-a \in D\}$.

Wir benennen die Variablen um (dadurch ändert sich die Menge nicht!):

$\{(x;y)\,|\,y-b = f(x-a) \wedge x-a \in D\}$.

Wir stellen y frei:

$\{(x;y)\,|\,y = f(x-a)+b \wedge x-a \in D\}$.

Aufgabe 4: *Ablesen der Verschiebung aus dem Term*

Gegeben seien die Funktionen:

a) $f_1 = [x \mapsto (x+1)^3 - 1;\ x \in \mathbb{R}]$,

b) $f_2 = \left[x \mapsto \dfrac{1}{(x-2)^2} - 4;\ x \in \mathbb{R} \setminus \{2\}\right]$.

Wie erkennt man ohne Wertetafel den Verlauf der Graphen?

Lösung: Die Graphen der Potenzfunktionen

$[x \mapsto x^3;\ x \in \mathbb{R}]$ und $[x \mapsto x^{-2};\ x \in \mathbb{R} \setminus \{0\}]$

sind bekannt.

a) Wir wenden auf die erste Potenzfunktion die Verschiebung $\binom{-1}{-1}$ an und erhalten f_1;

b) wir wenden auf die zweite Potenzfunktion die Verschiebung $\binom{2}{-4}$ an und erhalten f_2.

Damit ist der Verlauf der Graphen von f_1 und f_2 klar. Bilder stehen auf Seite 43.

9. Gegeben sei die Funktion f.

a) $\left[x \mapsto \dfrac{x}{2} + 2;\ x \in \mathbb{R}\right]$ c) $[x \mapsto mx + n;\ x \in \mathbb{R}]$

b) $[x \mapsto -x;\ x \in \mathbb{R}]$ d) $[x \mapsto [x];\ x \in \mathbb{R}]$

Sie werde verschoben um 2 nach links, [um 2,5 nach rechts; um 1 nach oben; um b parallel zu a_{II}].
Bestimme den neuen Funktionsterm $f^*(x)$ und untersuche, ob es noch eine andere Verschiebung gibt, die f auf f^* abbildet.

10. Bei welchen Verschiebungen $\binom{a}{b}$ bleibt der Graph der Funktion f (aus Übungsaufgabe **9**) ungeändert? Beschreibe jeweils *alle* solchen Verschiebungen.

Zur Wiederholung: *Graphen grundlegender Funktionen und Anwendung von Verschiebungen*

W 1. Zeichne den Graphen der Funktion. Ist es eine lineare Funktion? Begründe.

a) $\left[x \mapsto \dfrac{3}{2}x + 1;\ x \in \mathbb{R}\right]$ d) $[x \mapsto x^2 + 1;\ x \in \mathbb{R}]$

b) $[x \mapsto 3x;\ x \in \mathbb{R}]$ e) $\left[x \mapsto \dfrac{x}{2} - 4;\ x \in \mathbb{R}\right]$

c) $[x \mapsto 0{,}5 - x;\ x \in \mathbb{R}]$ f) $\left[x \mapsto \dfrac{1}{x};\ x \in \mathbb{R} \setminus \{0\}\right]$

W 2. Zeichne die Graphen der drei linearen Funktionen in dasselbe Koordinatensystem. Wie liegen die Graphen zueinander?

$f_1 = \left[x \mapsto \dfrac{x}{3} - 2;\ x \in \mathbb{R}\right]$ $f_3 = \left[x \mapsto \dfrac{x}{3} + 3{,}5;\ x \in \mathbb{R}\right]$

$f_2 = \left[x \mapsto \dfrac{x}{3};\ x \in \mathbb{R}\right]$

W 3. Zeichne mit einer Schablone der Normalparabel den Graphen der Funktion mit dem angegebenen Term.

a) $x^2 - 4$ d) $x^2 + 1{,}5$
b) $x^2 + 4$ e) $x^2 - 2{,}5$
c) $x^2 - 2{,}25$ f) $x^2 - 6{,}25$

Durch welche Abbildung geht der Graph aus der Normalparabel hervor?

W 4. In welchen Fällen entsteht der zugehörige Graph durch Verschiebung der Normalparabel parallel zu a_{II}?

a) $x^2 - 3$ d) $x^2 + 3$
b) $(x-3)^2$ e) $-6{,}25 + x^2$
c) $(x+3)^2$ f) $-(3 + x^2)$

W 5. Zeichne den Graphen der Funktion (auf $\mathbb{R}$) mit dem angegebenen Term.

a) x^3+1
b) x^4-2
c) $(x+1)^3$
d) $(x-2)^4$
e) $(x-1)^3-1$
f) $(x+2)^4-8$

W 6. Zeichne den Graphen der Funktion f mit der angegebenen Zuordnungsvorschrift ($D=\mathbb{R}\setminus\{0\}$).

a) $x\mapsto x^{-1}$
b) $x\mapsto x^{-2}$
c) $x\mapsto x^{-3}$
d) $x\mapsto x^{-4}$

W 7. Zeichne den Graphen der Funktion f mit der angegebenen Zuordnungsvorschrift ($D=\mathbb{R}\setminus\{0\}$).

a) $x\mapsto x^{-1}+1$
b) $x\mapsto x^{-1}-2$
c) $x\mapsto x^{-1}+5$
d) $x\mapsto x^{-2}-2$

Beschreibe, wie diese Graphen aus Graphen von Aufgabe **W 6** hervorgehen.

W 8. Zeichne den Graphen. Für welche Zahl ist die Funktion nicht definiert?

a) $x\mapsto(x-1)^{-1}$
b) $x\mapsto(x+2)^{-1}$
c) $x\mapsto(x-1)^{-2}$
d) $x\mapsto(x+3)^{-2}$

Beschreibe, wie diese Graphen aus Graphen von Aufgabe **W 6** hervorgehen.

W 9. Zeichne zu den Zuordnungsvorschriften aus Aufgabe **W 6** jeweils den Graphen, wenn der Definitionsbereich auf $\mathbb{R}^+$; $\mathbb{R}^-$; $\mathbb{N}$; $\mathbb{Z}\setminus\{0\}$ eingeschränkt ist.

Übungen 3.2

1. Bestimme die Funktionsterme für die skizzierten Funktionen f_1 bis f_3.

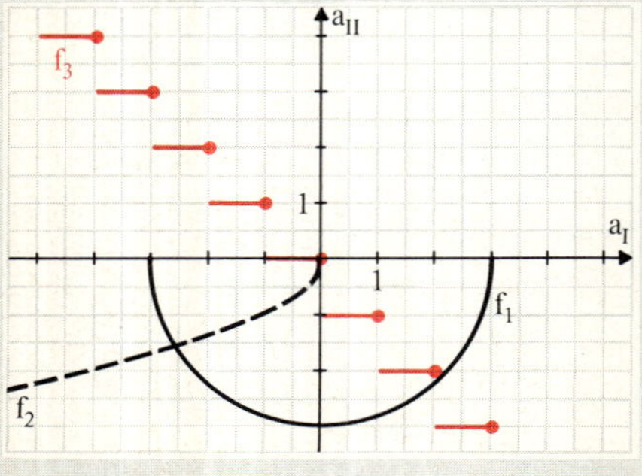

Aufgabe 5

Ein Stein wird zum Zeitpunkt $t=0$ aus der Höhe 30 m fallen gelassen. Er hat dann zum Zeitpunkt $t>0$ die Höhe $h_1(t)=30\,\text{m}-\frac{1}{2}gt^2$; dabei ist $g\approx 10\frac{\text{m}}{\text{s}^2}$ (Fallbeschleunigung).
Ein anderer Stein wird 2s später aus der Höhe 40 m fallen gelassen. Wie erhält man den Funktionsterm $h_2(t)$ und das Weg-Zeit-Diagramm für den zweiten Stein?

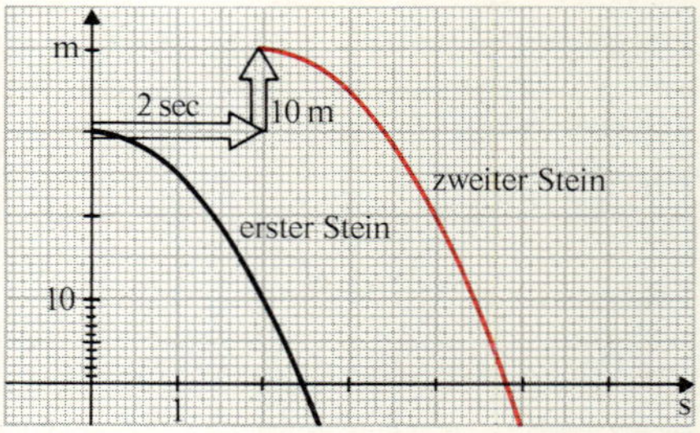

Lösung: Wir wenden auf den Fall des ersten Steins die „Verschiebung" $\binom{\text{2s später}}{\text{10 m höher}}$ an und erhalten:

$h_2(t)=h_1(t-2\,\text{s})+10\,\text{m} = 40\,\text{m}-\frac{1}{2}g(t-2\,\text{s})^2$.

Man erörtere sinnvolle Definitionsbereiche für die beiden Funktionen und die Brauchbarkeit der angegebenen Funktionsterme unter realen Bedingungen.

Das Beispiel zeigt auch: Beim Verschieben von Funktionsgraphen kommt es *nicht darauf an, welche Maßeinheiten auf den Achsen verwendet* werden. Natürlich muß man die Komponenten der Verschiebung in der jeweiligen Maßeinheit angeben.

3.2. Achsen- und Punktspiegelungen

Aufgabe

Gegeben sei die Funktion $f=[x\mapsto\sqrt{x+4};\ x\geq -4]$.
Wir spiegeln ihren Graphen

a) an a_I;   b) an a_{II};   c) am Ursprung.

Wie lauten die neuen Funktionen f_1, f_2, f_3?

Lösung: *a) Spiegelung an a_I:*

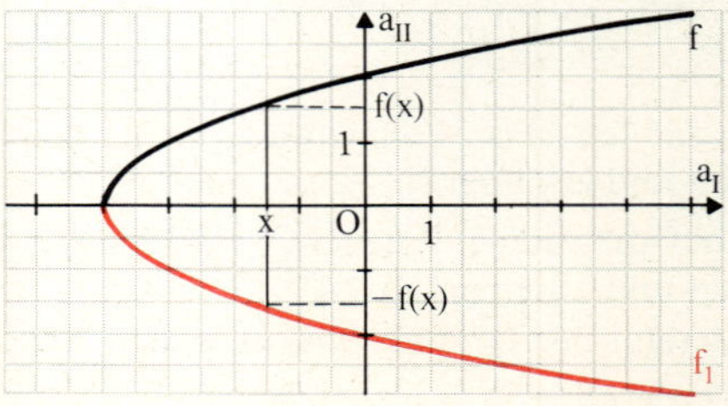

Der Definitionsbereich ist $D_1 = \{x \in \mathbb{R} \mid x \geq -4\} = D$ (Definitionsbereich von f). An jeder Stelle x von D_1 ist der Wert von f_1 entgegengesetzt zum Wert von f. Also muß man vor den Term f(x) ein „−" setzen:

$$f_1(x) = -f(x) = -\sqrt{x+4}$$

b) Spiegelung an a_{II}:

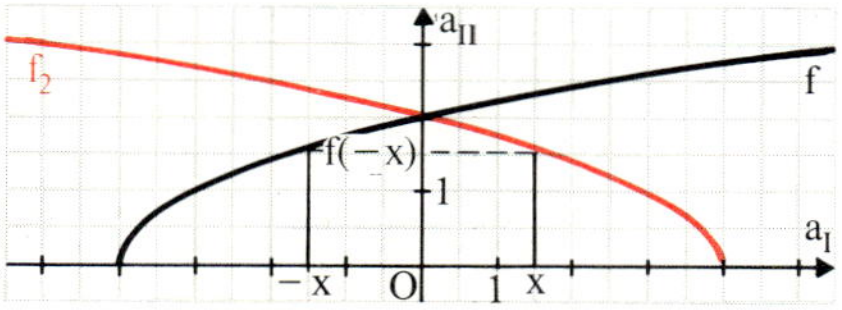

$D_2 = \{x \in \mathbb{R} \mid x \leq 4\}$ = „D gespiegelt an O".

An jeder Stelle x von D_2 ist der Wert von f_2 gleich dem Wert von f an der Stelle −x. Also muß man im Term f(x) das x durch −x ersetzen:

$$f_2(x) = f(-x) = \sqrt{-x+4} = \sqrt{4-x}$$

c) Spiegelung an O:

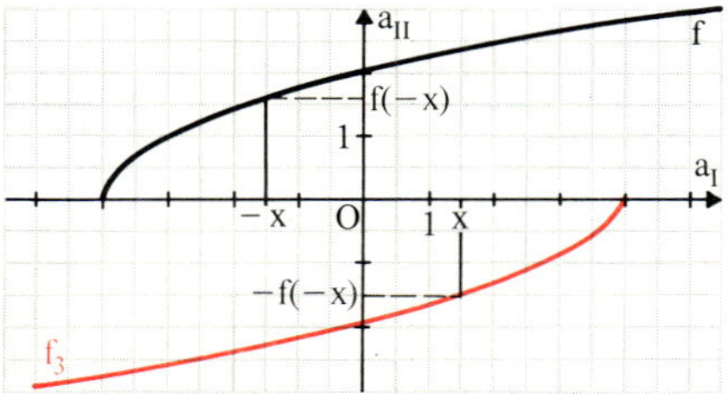

$D_3 = \{x \in \mathbb{R} \mid x \leq 4\} = D_2$.

An jeder Stelle x von D_3 ist der Wert von f_3 entgegengesetzt zum Wert von f an der Stelle −x. Also muß man vor den Term f(x) ein „−" setzen und das x durch −x ersetzen:

$$f_3(x) = -\sqrt{-x+4} = -\sqrt{4-x}$$

Ebenso wie in der Aufgabe bestehen allgemein die folgenden **Entsprechungen.** Wir werden sie später Satz **2** unterordnen (S. 47) und beweisen.

2. Skizziere ohne Wertetafel Graphen für die Funktionen mit den angegebenen Termen.

a) $-x^3$; $-\frac{1}{x^2}$; $\sqrt{-x}$; $-\sqrt{x}$; $-|x|$; $|-x|$

b) $[-x]$; $-[-x]$; $-\operatorname{sgn} x$; $\operatorname{sgn}(-x)$

3. Skizziere ohne Wertetafel Graphen für die Funktionen mit den angegebenen Termen.

a) $-(x-2)^3$; $2-x^3$; $\frac{-1}{(x+2)^2}$; $4-\frac{1}{x^2}$

b) $2-\sqrt{x}$; $9-\sqrt{9-x^2}$; $-|x+2|$; $|2-x|$

c) $-[x-2]$; $-[2-x]$; $1-\operatorname{sgn} x$; $\operatorname{sgn}(-x)-1$

4. △ Spiegele die Graphen von f_1 bis f_4 an der Achse g (siehe Bild) und bestimme die Terme der neuen Funktionen.

Anleitung: Führe nacheinander in passender Reihenfolge eine Verschiebung und eine Spiegelung an a_I aus.
Gibt es mehrere Lösungswege?

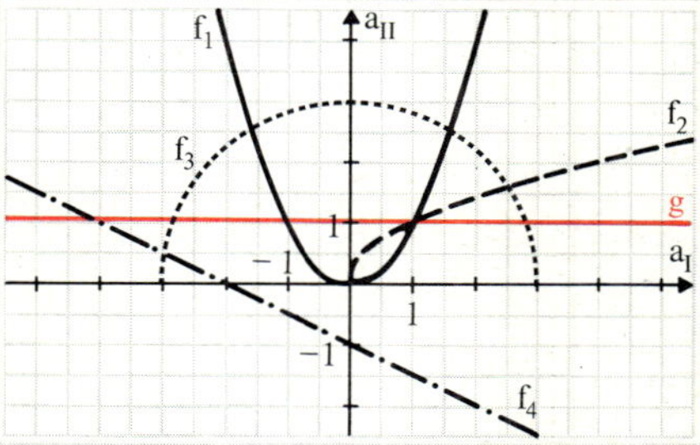

5. Beweise: Das Verketten von zwei der Spiegelungen an a_I, an a_{II}, am Ursprung ergibt jeweils die dritte Spiegelung.

6. Es sei eine monoton wachsende [monoton fallende] Funktion f gegeben. Untersuche, welche Monotonieeigenschaft die gespiegelte Funktion hat, und beweise die gefundene Eigenschaft.

a) $x \mapsto -f(x)$

b) $x \mapsto f(-x)$

c) $x \mapsto -f(-x)$

Abbildung des Graphen	Änderung des Terms	Änderung des Definitionsbereichs
Spiegeln an a_{II}	x ersetzen durch −x: aus f(x) wird f(−x)	Spiegeln an O
Spiegeln an a_I	ein „−" davorsetzen: aus f(x) wird −f(x)	keine
Spiegeln am Ursprung	beides tun: aus f(x) wird −f(−x)	Spiegeln an O

Übungen 3.3

1. Untersuche die Potenzfunktionen

$[x \mapsto x^n;\ x \in \mathbb{R}]$ $(n \in \mathbb{N}_0)$ und

$[x \mapsto x^{-n};\ x \in \mathbb{R} \setminus \{0\}]$ $(n \in \mathbb{N})$

auf Symmetrie zu a_{II} bzw. zum Ursprung.

2. Nenne jeweils alle (Punkt- oder Geraden-) Spiegelungen, durch die der Graph der angegebenen Funktion aus dem Graphen der betreffenden Potenzfunktion entsteht.

a) $x \mapsto -x^2$ d) $x \mapsto -x^{-2}$

b) $x \mapsto -x^{-1}$ e) $x \mapsto -x^n$ $(n \in \mathbb{N}_0)$

c) $x \mapsto -x^3$ f) $x \mapsto -x^{-n}$ $(n \in \mathbb{N})$

Begründe, warum jeweils mehrere solche Spiegelungen existieren.

3. Nenne die Symmetrieeigenschaft der Funktion mit dem gegebenen Term und maximalem Definitionsbereich. Skizziere mit Wertetafel einen Graphen.

a) $x+\frac{1}{x}$; $x-\frac{x^3}{4}$; $\frac{1}{x}+\frac{x^3}{4}$; $x^2+\frac{1}{x^2}$

b) $x^2-|x|$; $|x|+\frac{1}{x^2}$; $x \cdot |x|$; $\frac{|x|}{x}$

c) $x+\operatorname{sgn} x$; $x \cdot \operatorname{sgn} x$;

d) $\frac{x^3}{4}-\operatorname{sgn} x$; $\frac{x^3}{4} \cdot \operatorname{sgn} x$

Anleitung: Nutze bei der Anlage der Wertetafel die Symmetrieeigenschaft aus.

4. Untersuche ohne Skizze die Funktionen mit den folgenden Termen (und maximalem Definitionsbereich) auf Symmetrie zu a_{II} bzw. zum Ursprung.

a) x^4-2x^2; $3x^4+4x^3$; $x^{-1}-x^3$

b) $\frac{x}{4}+\frac{4}{x}$; $x^2-\frac{2}{x}$; $\frac{1}{1+x^2}$

c) $|x^3|$; $\left|\frac{1}{x}\right|$; $|x+1|$

d) $\sqrt{|x|}$; $x^2 \cdot \operatorname{sgn} x$; $\operatorname{sgn}(x^2)$

e) $mx+n$ (vollständige Fallunterscheidung für alle Werte $m, n \in \mathbb{R}$)

f) Ax^3+Bx^2+Cx+D (vollständige Fallunterscheidung für alle $A, B, C, D \in \mathbb{R}$)

5. Untersuche: Welche Funktionen sind *symmetrisch zu a_I*?

Anleitung: Bei einer solchen Funktion muß gelten: $f(x)=-f(x)$ für alle $x \in D$.

3.3. Achsen- und Punktsymmetrie

Aufgabe 1: *Symmetrie zur 2. Achse*

Gegeben sei die Funktion $f=[x \mapsto |x|-0{,}5;\ x \in \mathbb{R}]$. Wir spiegeln sie

a) an a_I; b) an a_{II}; c) am Ursprung.

Wie lauten die Terme der gespiegelten Funktionen?

Lösung:

f gegeben	$f(x) = \lvert x\rvert - 0{,}5$
a) gespiegelt an a_I	$f_1(x) = -f(x) = -(\lvert x\rvert-0{,}5) = 0{,}5-\lvert x\rvert$
b) gespiegelt an a_{II}	$f_2(x) = f(-x) = \lvert -x\rvert-0{,}5 = \lvert x\rvert-0{,}5$
c) gespiegelt am Ursprung	$f_3(x) = -f(-x) = -(\lvert -x\rvert-0{,}5) = 0{,}5-\lvert x\rvert$

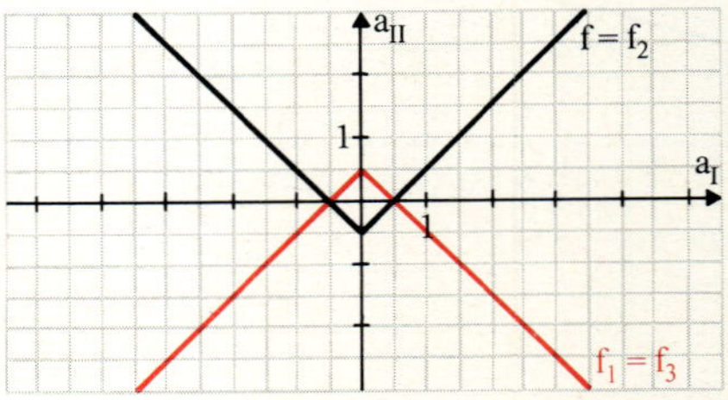

An der Lösung fällt auf, daß $f_2=f$:

f gespiegelt an der Achse a_{II} ist gleich f; das bedeutet: f ist *symmetrisch* zu a_{II}.

Man sagt auch: a_{II} ist *Symmetrieachse* von f.

Die Symmetrie von f zu a_{II} erklärt zugleich, warum $f_3=f_1$, d.h. f gespiegelt am Ursprung gleich f gespiegelt an a_I ist. Denn aus $f_2=f$ folgt durch Spiegelung beider Seiten an a_I, daß $f_3=f_1$.

Aufgabe 2: *Symmetrie zum Ursprung*

Gegeben sei die Funktion $f=[x \mapsto x^3-4x;\ x \in \mathbb{R}]$. (Prüfe den Graphen mittels einer Wertetafel für $x \in \{-2{,}5; -2{,}0; \ldots; 2{,}5\}$.)
Wir spiegeln die Funktion

a) an a_I; b) an a_{II}; c) am Ursprung.

Wie lauten die Terme der gespiegelten Funktionen?

Lösung:

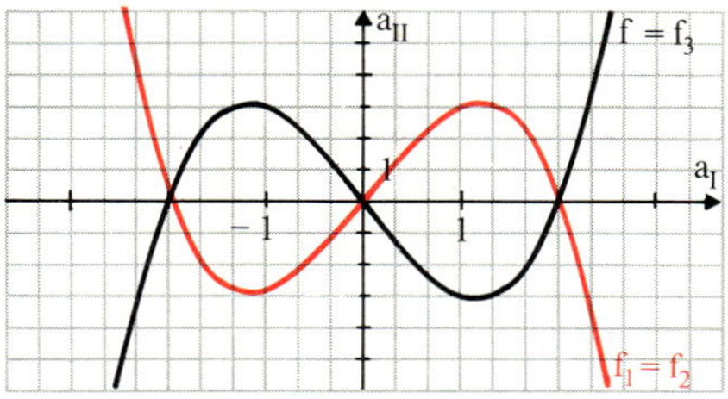

f gegeben	$f(x) = x^3 - 4x$
a) f gespiegelt an a_I	$f_1(x) = -f(x) = -(x^3 - 4x) = -x^3 + 4x$
b) f gespiegelt an a_{II}	$f_2(x) = f(-x) = (-x)^3 - 4(-x) = -x^3 + 4x$
c) f gespiegelt am Ursprung	$f_3(x) = -f(-x) = -(-x^3 + 4x) = x^3 - 4x$

An der Lösung fällt auf, daß $f_3 = f$:

f gespiegelt am Ursprung ist gleich f;
das bedeutet: f ist *symmetrisch zum Ursprung.*

Der Ursprung ist *Symmetriezentrum* von f.

Die Symmetrie von f zum Ursprung erklärt auch, warum $f_1 = f_2$ ist. Denn aus $f_3 = f$ folgt durch Spiegelung beider Seiten an a_{II}, daß $f_1 = f_2$.

Die Aufgabe **2** zeigt zugleich: Beim Spiegeln kommt es (ebenso wie beim Verschieben) *nicht darauf an, welche Maßeinheiten auf den Achsen verwendet werden.*

Wir prägen uns ein, wie man die Symmetrie einer Funktion an ihrem Term erkennt:

f symmetrisch zu a_{II}	$\Leftrightarrow$	$f(-x) = f(x)$
f symmetrisch zum Ursprung	$\Leftrightarrow$	$-f(-x) = f(x)$
	$\Leftrightarrow$	$f(-x) = -f(x)$

Natürlich muß dabei auch der Definitionsbereich symmetrisch zu O sein.

△ Ein Funktionsgraph kann auch *andere* Symmetrieachsen bzw. Symmetriezentren haben. Insbesondere gilt, wie man sich geometrisch klarmacht:

Bei jeder Verschiebung behält ein Funktionsgraph seine Symmetrieeigenschaft, aber die Symmetrieachse bzw. das Symmetriezentrum wird mit verschoben.

6. Untersuche: Welche Funktionen sind symmetrisch zu a_{II} *und* zum Ursprung?

7. △ Die Funktion f habe einen Definitionsbereich symmetrisch zu O. Wir setzen

$f_1(x) = -f(x)$; $f_2(x) = f(-x)$; $f_3(x) = -f(-x)$.

Beweise:

a) Ist f symmetrisch zu a_{II}, dann auch f_1, f_2, f_3.

b) Ist f symmetrisch zum Ursprung, dann auch f_1, f_2, f_3.

8. △ Untersuche ohne Skizze die Funktionen mit den folgenden Termen (und maximalem Definitionsbereich) auf Symmetrie zu anderen Achsen bzw. Zentren.

a) $(x+1)^2 + 2$; $(x+2)^3$; $\frac{4}{x+1}$

b) $|x - 2{,}5|$; $1 + \operatorname{sgn}(x-1)$; $\sqrt{16 - (x-4)^2}$

c) $mx + n$ (vollständige Fallunterscheidung für alle Werte m, $n \in \mathbb{R}$)

9. △ Bestimme die Funktionsterme der skizzierten Funktionen f_1 und f_2 (Definitionsbereich $\mathbb{R}$ bzw. $\mathbb{R} \setminus \{2\}$) und untersuche die Graphen auf Symmetrieeigenschaften.

Anleitung: Übungsaufgabe **1**.

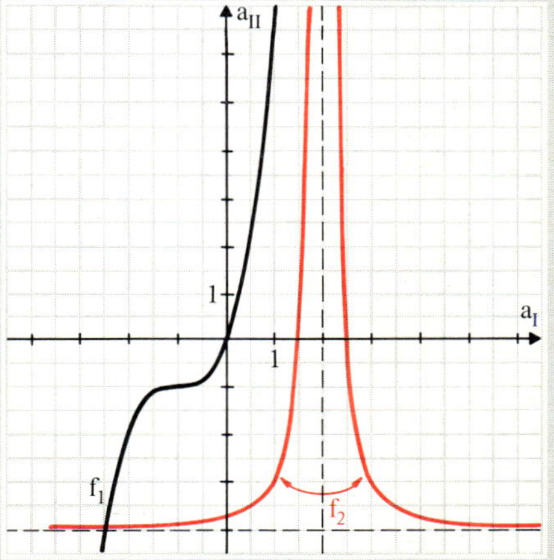

10. △ Bestimme *alle* Symmetrieachsen (parallel zu a_I oder zu a_{II}) und *alle* Symmetriezentren der gegebenen Funktion.

a) $[x \mapsto 3;\ x \in \mathbb{R}]$

b) $[x \mapsto 2x;\ x \in \mathbb{R}]$

Übungen 3.4

1. Die Funktion f mit $f(x)=\frac{2x}{x-2}$; $D=\mathbb{R}\setminus\{2\}$

$\left[f(x)=\sqrt{4-x^2};\ D=[-2;2]\right]$

soll gestreckt werden

a) parallel zu a_{II} mit dem Faktor 2 $[-0{,}5;\ k]$;
b) parallel zu a_I mit dem Faktor 2 $[-0{,}5;\ k(\neq 0)]$.

Wie lauten der neue Funktionsterm und der neue Definitionsbereich?

2. Aus der Funktion $f=[x\mapsto x^2-4x;\ 0\leq x\leq 4]$ (Bild) erhält man die skizzierten Funktionen f_1 bis f_8 durch Achsenstreckungen. Bestimme die Terme $f_1(x)$ bis $f_8(x)$.

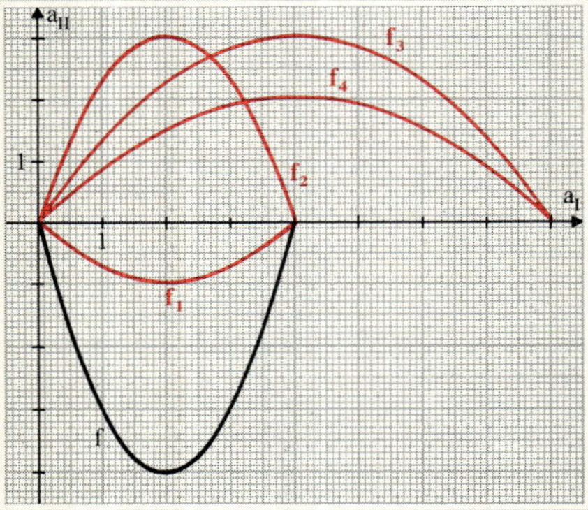

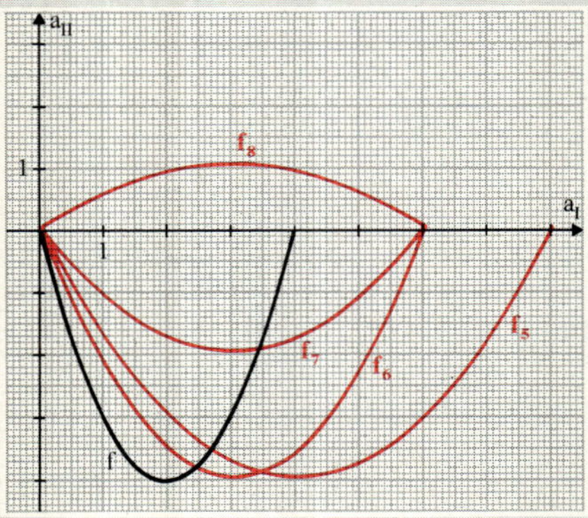

3.4. Achsenstreckungen

Aufgabe 1: *Streckung parallel zur 2. Achse*

Es sei $f(x)=[x]$ („größtes Ganzes von x"). Wie erhält man aus dem zugehörigen Graphen

a) den Graphen zu $f_1(x)=1{,}5[x]$;

b) den Graphen zu $f_2(x)=-0{,}5[x]$?

Lösung:

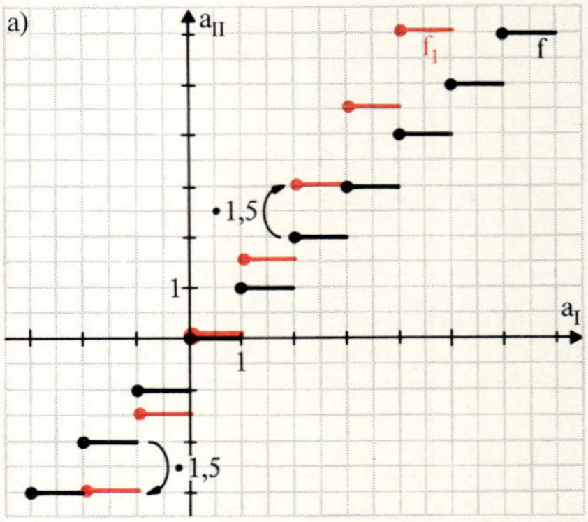

An jeder Stelle x ist der Wert von

f_1 das 1,5fache des Wertes von f.

Also muß man den Graphen von f

mit dem Faktor 1,5 *strecken* parallel zu a_{II}

mit der Streckachse a_I.

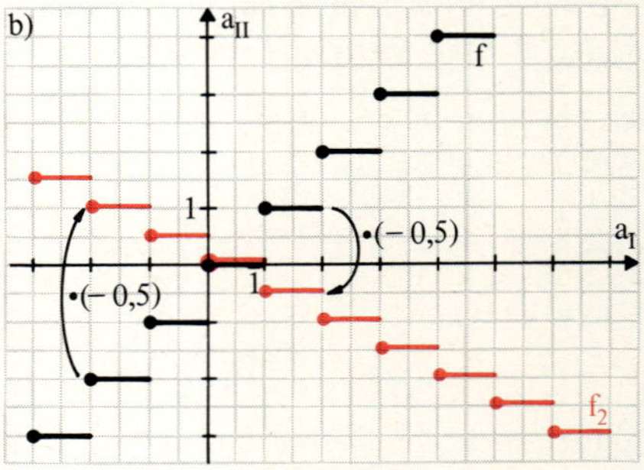

An jeder Stelle x ist der Wert von

f_2 das $-0{,}5$fache des Wertes von f.

Also muß man den Graphen von f

mit dem Faktor $-0{,}5$ *strecken* parallel zu a_{II}

mit der Streckachse a_I. (Das bedeutet in diesem Fall stauchen und dann spiegeln an a_I.)

Hinweis: Die **Achsenstreckung** parallel zu a_{II} mit der Streckachse a_I und dem Streckfaktor d läßt die ersten Koordinaten (x-Werte) aller Punkte des Graphen von f ungeändert und multipliziert alle zweiten Koordinaten (y-Werte) mit dem Faktor d. Sie heißt kurz: *Streckung mit d parallel zu* a_{II}. Im Falle $d = -1$ ist dies die Spiegelung an a_I.
Entsprechendes gilt bei Vertauschung der Richtungen I und II.

Aufgabe 2: *Streckung parallel zur 1. Achse*

Wie erhält man aus dem Graphen zu $f(x) = [x]$ den Graphen zu

a) $f_3(x) = \left[\frac{2}{3}x\right] = \left[\frac{x}{1,5}\right]$; b) $f_4(x) = [-2x] = \left[\frac{x}{-0,5}\right]$?

Lösung:

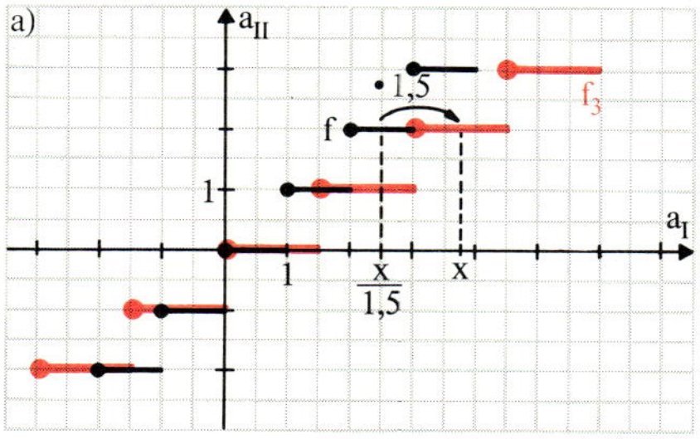

An jeder Stelle x ist der Wert von

f_3 gleich dem Wert von f an der Stelle $\frac{x}{1,5}$.

Also muß man den Graphen von f

mit dem Faktor 1,5 *strecken* parallel zu a_I

mit der Streckachse a_{II}.

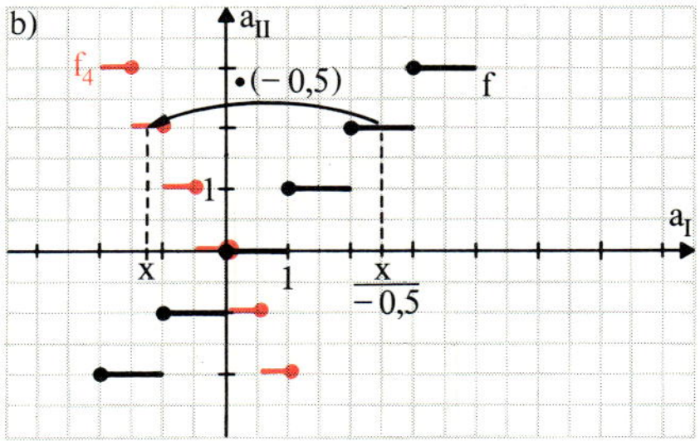

An jeder Stelle x ist der Wert von

f_4 gleich dem Wert von f an der Stelle $\frac{x}{-0,5}$.

Also muß man den Graphen von f

mit dem Faktor −0,5 *strecken* parallel zu a_I

mit der Streckachse a_{II}.

3. Im folgenden ist $f(x) = [x]$. Wie lauten die Terme der (ausschnittweise) skizzierten Funktionen f_1 bis f_6?

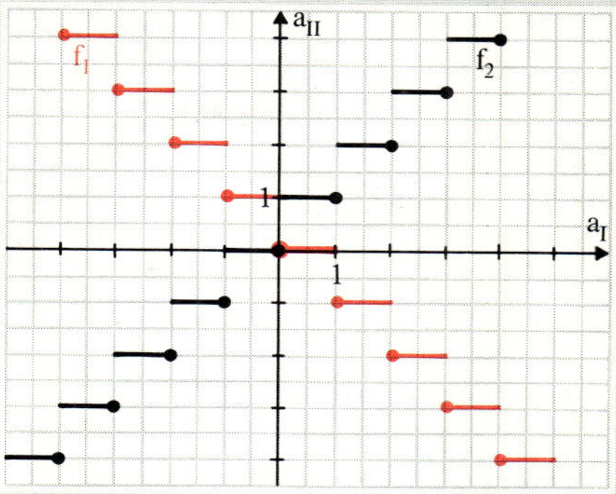

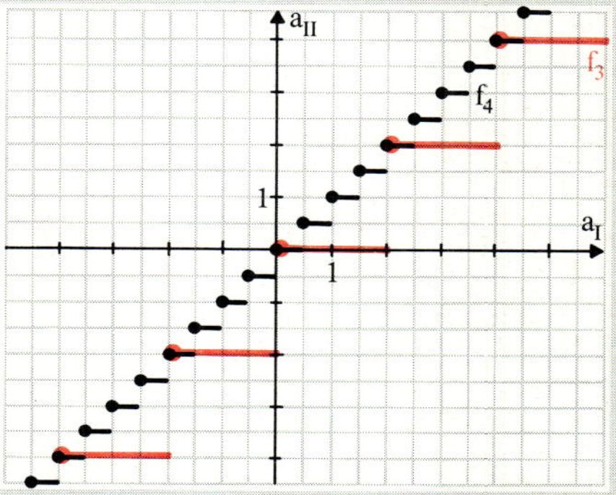

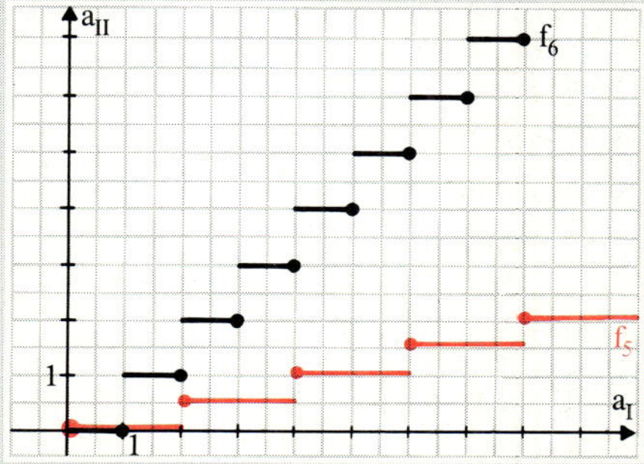

4. Es sei $f(x) = x^2 \left[x^3;\ x^4;\ x;\ 1;\ \frac{1}{x};\ \frac{1}{x^2};\ |x|\right]$ mit $D = \mathbb{R}$ bzw. $\mathbb{R} \setminus \{0\}$.
Strecke f parallel zu a_I mit dem Faktor 2 [0,5; −1,5; k(≠0)] und beschreibe das Ergebnis. Welche Streckung parallel zu a_{II} führt zu demselben Ergebnis?

5. Beweise: Eine Streckung der Funktion $x \mapsto x^n$ $(n \in \mathbb{N}_0)$ parallel zu a_I mit $c \neq 0$ bewirkt dasselbe wie eine Streckung parallel zu a_{II} mit $\frac{1}{c^n}$.

Abbildung des Graphen	Änderung des Terms	Änderung des Definitionsbereichs
Strecken mit c parallel zu a_I (gewöhnlich strecken, wenn $c>1$, stauchen, wenn $0<c<1$, spiegeln an a_{II}, wenn $c=-1$)	x ersetzen durch $\frac{x}{c}$: aus f(x) wird $f\left(\frac{x}{c}\right)$	Strecken mit c (Zentrum O)
Strecken mit d parallel zu a_{II} (gewöhnlich strecken, wenn $d>1$, stauchen, wenn $0<d<1$, spiegeln an a_I, wenn $d=-1$)	Faktor d davorsetzen: aus f(x) wird $d \cdot f(x)$	keine

6. Gilt die Behauptung von Übungsaufgabe **5** auch für die Funktion $x \mapsto x^n$ mit $n \in \mathbb{Z}^-$?

Beachte: Der Definitionsbereich einer Potenzfunktion ist $\mathbb{R}$ oder $\mathbb{R} \setminus \{0\}$. Er bleibt bei jeder Streckung mit $c \neq 0$ ungeändert.

7. Der Graph der Funktion f aus Übungsaufgabe **1** soll durch *zentrische Streckung* vom Ursprung aus mit dem Faktor $k=1{,}5$ [0,5] ähnlich vergrößert [verkleinert] werden. Wie lauten der neue Funktionsterm und der neue Definitionsbereich?

Hinweis: Die *zentrische Streckung* vom Ursprung aus mit dem Streckfaktor k multipliziert beide Koordinaten (sowohl die x-Werte als auch die y-Werte) mit dem Faktor k. Sie ist also die Doppelstreckung (k|k).

8. △ Der Graph einer beliebigen Funktion f mit $D=[x_1; x_2]$ soll zentrisch vom Ursprung aus mit dem Streckfaktor $k(>0)$ gestreckt werden. Wie lauten der Definitionsbereich und der Term der neuen Funktion f*?

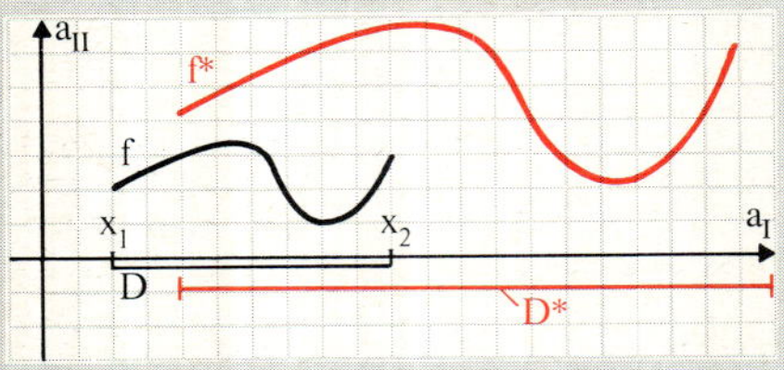

9. △ Die Funktion f aus Übungsaufgabe **4** werde zentrisch vom Ursprung aus gestreckt mit dem Faktor 2 [0,5; −1,5; $k(\neq 0)$]. Wie lautet die neue Funktion? Kann man diese auch durch *eine* Achsenstreckung aus f erhalten?

10. △ Beweise: Bei einer Achsenstreckung der Funktion $x \mapsto x^n$ $(n \in \mathbb{N} \setminus \{1\})$ parallel zu a_{II} mit dem Faktor $d>1$ wird der Graph ähnlich verkleinert mit dem Faktor $\sqrt[n-1]{\frac{1}{d}}$.

Wie auf S. 37 und S. 41 sind die **Entsprechungen** in der Tabelle zusammengefaßt. Dabei ist f eine beliebige Funktion, und c, d sind beliebige reelle Zahlen $(c \neq 0)$.

Aufgabe 3: *Doppelstreckung*

Gegeben ist die Funktion $f=[x \mapsto x^3-4x;\ -2 \leq x \leq 2]$ (vgl. Aufgabe **2** von Seite 42). Durch Achsenstreckungen entsteht aus f die Funktion f* mit $D^*=[-4;4]$ (s. Bild). Wie lautet der Term f*(x)?

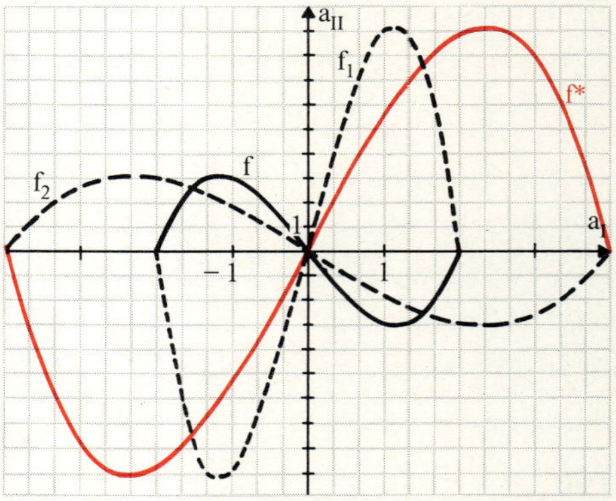

Lösung: Wir gehen wie folgt vor:

$f(x) = x^3-4x$ → strecken parallel zu a_{II} mit −3 → $f_1(x) = -3(x^3-4x) = 12x-3x^3$

$f_1(x) = 12x-3x^3$ → strecken parallel zu a_I mit 2 → $f^*(x) = 12 \cdot \frac{x}{2} - 3\left(\frac{x}{2}\right)^3 = 6x - \frac{3}{8}x^3$

Offenbar kann man *die beiden Streckungen auch in anderer Reihenfolge* vornehmen.

Die Aufgabe zeigt außerdem: Beim Strecken von Funktionsgraphen kommt es *nicht darauf an, welche Maßeinheiten auf den Achsen verwendet werden.*

Wir formulieren das Ergebnis unserer Überlegungen allgemein:

Definition 2: Die Streckung mit c parallel zu a_I, mit d parallel zu a_{II} heiße kurz: *Doppelstreckung* (c|d). Sie hat die Zuordnungsvorschrift $(x; y) \mapsto (cx; dy)$.

Die Doppelstreckung (c|d) mit $c \neq 0$ ordnet dem Graphen einer Funktion f den Graphen einer neuen Funktion f* zu.

Satz 2: Für jede Funktion f und jede Doppelstreckung (c|d) mit $c \neq 0$ gilt:

f: $\{(x; y) \mid y = f(x) \wedge x \in D\}$

↓ Doppelstreckung (c|d)

f*: $\left\{(x; y) \,\middle|\, y = \underbrace{d \cdot f\left(\frac{x}{c}\right)}_{f^*(x)} \wedge \underbrace{\frac{x}{c} \in D}_{x \in D^*}\right\}$

Hierbei ist

$D^* = \left\{x \,\middle|\, \frac{x}{c} \in D\right\} = \{cx \mid x \in D\} =$ „D gestreckt mit c"

Beweis: Im Fall $d = 0$ ist die Behauptung klar. Wir setzen also auch $d \neq 0$ voraus.

$\{(x; y) \mid y = f(x) \wedge x \in D\}$

↓ Doppelstreckung (c|d)

$\{(cx; dy) \mid y = f(x) \wedge x \in D\}$

Wir schreiben u für cx und v für dy, das heißt

$\frac{u}{c}$ für x und $\frac{v}{d}$ für y: $\left\{(u; v) \,\middle|\, \frac{v}{d} = f\left(\frac{u}{c}\right) \wedge \frac{u}{c} \in D\right\}$.

Wir benennen die Variablen um (dadurch ändert sich die Menge nicht!):

$\left\{(x; y) \,\middle|\, \frac{y}{d} = f\left(\frac{x}{c}\right) \wedge \frac{x}{c} \in D\right\}$.

Wir stellen y frei:

$\left\{(x; y) \,\middle|\, y = d \cdot f\left(\frac{x}{c}\right) \wedge \frac{x}{c} \in D\right\}$.

Beachte: Hiermit sind auch die Entsprechungen von S. 41 unten bewiesen.

11. Nenne jeweils *mehrere* Doppelstreckungen (c|d), insbesondere Streckungen (c|1) parallel zu a_I und Streckungen (1|d) parallel zu a_{II}, welche die Funktion f mit dem gegebenen Term aus einer Potenzfunktion herstellen.

Beispiel: Gegeben: Hierfür gilt:

$f(x) = \frac{1}{4}x^2$ $\qquad [x \mapsto x^2] \xrightarrow{(1|\frac{1}{4})} f$

$= \left(\frac{x}{2}\right)^2$ $\qquad \xrightarrow{(2|1)} f$

$= 4\left(\frac{x}{4}\right)^2$ $\qquad \xrightarrow{(4|4)} f$

$= \frac{9}{4}\left(\frac{x}{3}\right)^2$ $\qquad \xrightarrow{(3|\frac{9}{4})} f$

a) $\frac{4}{9}x^2$, $2x^2$, $-x^2$
b) $\frac{1}{2}x$, $5x$, $-x$
c) $\frac{1}{8}x^3$, $3x^3$, $-x^3$
d) $4x^{-1}$, $\frac{9}{4}x^{-1}$, $-x^{-1}$

Zur Wiederholung:

W 1. Welcher geometrischen Abbildung, d.h. welcher Verschiebung $\binom{a}{b}$ oder Doppelstreckung (c|d) entspricht die Wertetabelle?

a)

Punkt	Bildpunkt	Punkt	Bildpunkt
p(3; −2)	p(−3; −2)	p(3; −2)	p(−3; −2)
p(−4; 0)	p(4; 0)	p(−4; 0)	p(−10; 0)

b)

Punkt	Bildpunkt	Punkt	Bildpunkt
p(−2; 1)	p(−2; 3)	p(−2; 1)	p(−2; 3)
p(1; −2,5)	p(1; −0,5)	p(1; −2,5)	p(1; −7,5)

c)

Punkt	Bildpunkt	Punkt	Bildpunkt
p(1; 4)	p(3; 2)	p(1; 4)	p(3; 2)
p(0; 1)	p(0; 0,5)	p0; 1)	p(2; −1)

d)

Punkt	Bildpunkt	Punkt	Bildpunkt
p(2; 3)	p(5; 7,5)	p(2; 3)	p(5; 7,5)
p(−1; 4)	p(−2,5; 10)	p(−1; 4)	p(2; 8,5)

W 2. Welche Doppelstreckung (c|d) überführt die Funktion $[x \mapsto |x|; -2 \leq x \leq 2]$ in die gegebene Funktion?

a) $x \mapsto |2x|$; $-2 \leq x \leq 2$
b) $x \mapsto |2x|$; $-1 \leq x \leq 1$
c) $x \mapsto |0{,}5x|$; $-4 \leq x \leq 4$
d) $x \mapsto |0{,}5x|$; $-1 \leq x \leq 1$
e) $x \mapsto |x|$; $-4 \leq x \leq 4$
f) $x \mapsto |x|$ $-1{,}5 \leq x \leq 1{,}5$
g) $x \mapsto |2x|$; $-3 \leq x \leq 3$
h) $x \mapsto |0{,}5x|$; $-3 \leq x \leq 3$

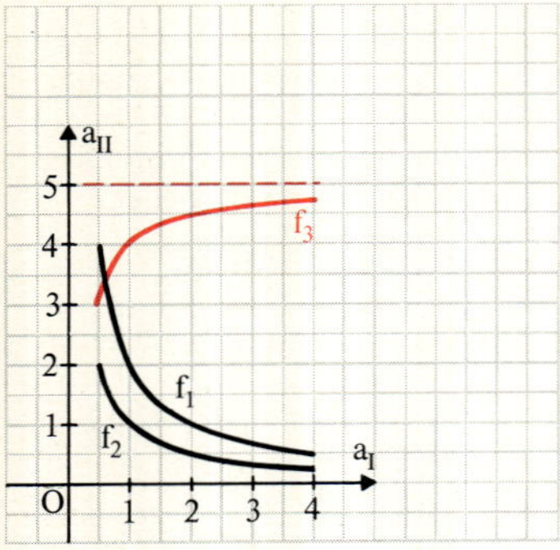

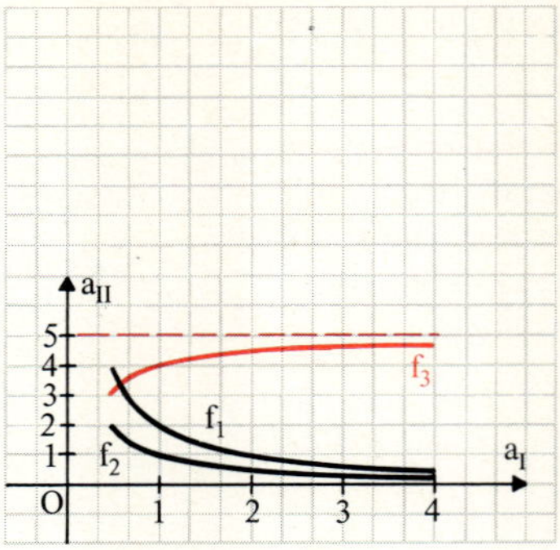

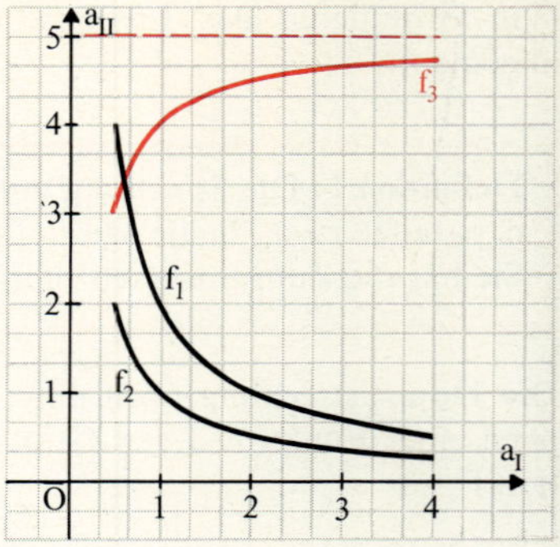

Übungen 3.5

1. Übertrage die obigen drei Achsenkreuze (ohne die Funktionen) auf Karopapier. Zeichne in jedes Achsenkreuz die vier Funktionen mit den gegebenen Termen ein.

a) $1+x;\ x-1;\ 6-x;\ 6-2x$

b) $(x-2)^2;\ 1{,}5(x-2)^2;\ 6-(x-2)^2;$
$3-\frac{1}{2}(x-2)^2$

c) $2\sqrt{x};\ 2\sqrt{4-x};\ \sqrt{4-x};\ 6-\sqrt{4-x}$

d) $\sqrt{16-x^2};$
$-\frac{1}{2}\sqrt{16-x^2};\ \sqrt{4-x^2};\ 3\sqrt{4-x^2}$

Erläutere jeweils der Verwandtschaft der vier Funktionen in demselben Achsenkreuz

2. Gegeben sei ein Blatt Millimeterpapier DIN A6 (ca. 14 cm breit und 10 cm hoch). Stelle darauf die Funktion möglichst günstig dar.

a) $x \mapsto [x];\ -3 \leq x \leq 3$

b) $x \mapsto \sqrt{x};\ 0 \leq x \leq 9$

c) $x \mapsto x^4;\ -2{,}5 \leq x \leq 2{,}5$

d) $x \mapsto \frac{1}{x^2};\ 1 \leq x \leq 7$

e) $x \mapsto 10\sqrt{x};\ 0 \leq x \leq 9$

f) $x \mapsto \frac{2}{x^2};\ 1 \leq x \leq 7$

3. Begründe: Jede lineare Funktion der Form $x \mapsto mx$ mit $m>0$ läßt sich durch die erste Winkelhalbierende des Achsenkreuzes graphisch darstellen.

a) Gib geeignete Maßeinheiten an für den Fall $m=0{,}01$ [$m=50$; $m=12{,}5$].

b) Beschreibe das Vorgehen für den allgemeinen Fall ($m>0$ beliebig).

3.5. Maßstabsänderungen

Beispiel 1

Was fällt an den obigen drei Bildern auf?

Jedesmal sind *dieselben* Funktionen f_1 bis f_3 dargestellt:

$$f_1(x)=\frac{2}{x};\quad f_2(x)=\frac{1}{x};\quad f_3(x)=5-\frac{1}{x}$$

mit $D=[0{,}5;\ 4]$.

Für jede der drei Darstellungen gilt:

$$f_1 \xrightarrow[\text{mit } 0{,}5]{\text{Streckung parallel zu } a_{II}} f_2$$

$$f_2 \xrightarrow[\text{an } a_I]{\text{Spiegelung}} \xrightarrow[\text{um } 5]{\text{Verschiebung nach oben}} f_3$$

Das Beispiel zeigt erneut:

a) Bei der Darstellung von Funktionen kommt es nicht darauf an, welche Maßeinheiten auf den beiden Achsen verwendet werden.

Aber nach wie vor ordnen wir dem Schnittpunkt der Achsen stets den Wert 0 zu, und wir verwenden nur gleichmäßig geteilte Skalen.

b) Die Regeln über das Verschieben, Spiegeln und Strecken von Funktionsgraphen gelten unabhängig von den gewählten Maßeinheiten.

Natürlich müssen bei jeder Abbildung die einmal gewählten Maßeinheiten festgehalten werden.

Man beachte: Wir diskutieren hier *nicht* etwa Abbildungen, die das erste der obigen drei Bilder in das zweite, das zweite in das dritte überführen usw. Wenn man wie oben ein *Achsenkreuz mitsamt eingezeichnetem Funktionsgraph* „streckt", so bleibt das Ganze ein Graph *derselben* Funktion.

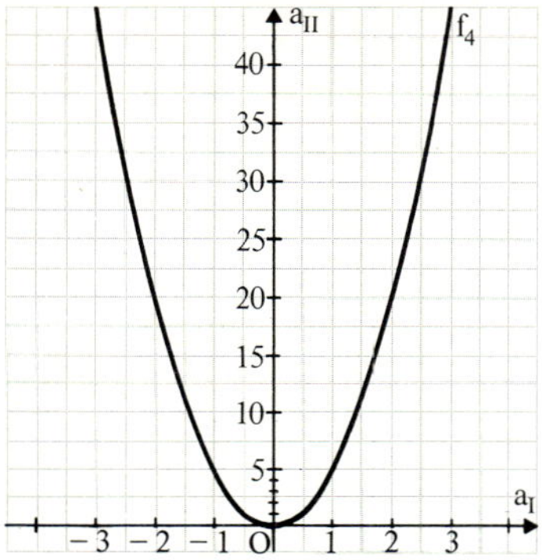

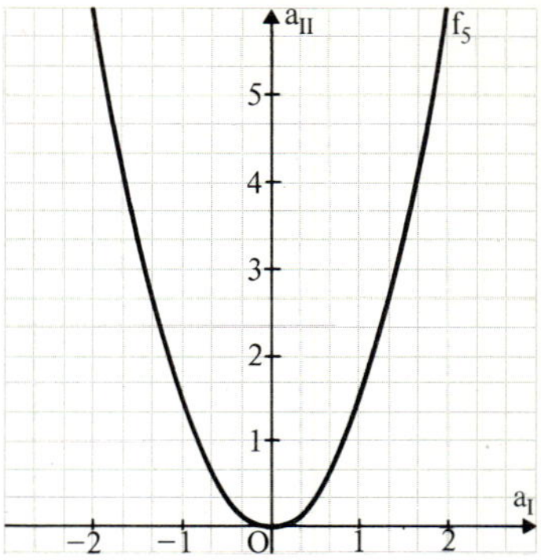

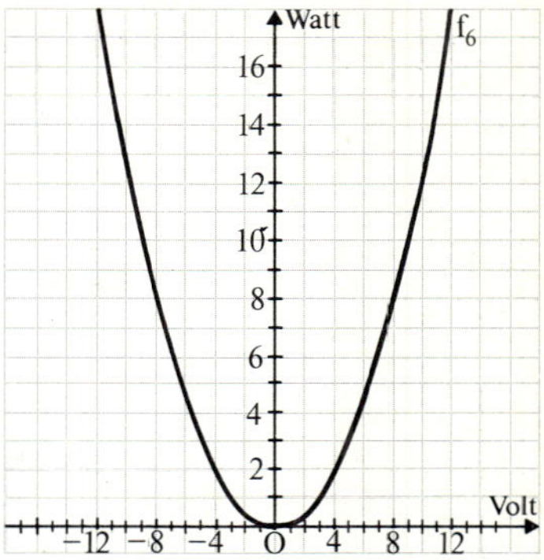

Beispiel 2

Für die Funktionen f_4 bis f_6 ist jeweils die gleiche *Normalparabel-Schablone* verwendet worden.

a) $f_4(x) = 5x^2$; $D = [-3; 3]$

b) $f_5(x) = \frac{3}{2} x^2$; $D = [-2; 2]$

c) $f_6(U) = \frac{1}{8\Omega} U^2$; $D = [-12\,V; 12\,V]$

Hinweis: f_6 beschreibt die elektrische Leistung in einem Stromkreis vom Widerstand $8\,\Omega$ in Abhängigkeit von der angelegten Spannung U.

Allgemein gilt:

> Ist eine Funktion f graphisch dargestellt, so kann man dieselbe Zeichnung auch zur Darstellung der folgenden Funktion f* verwenden:
>
> $f^*(x) = d \cdot f\left(\frac{x}{c}\right)$ (c und d positive Zahlen)
>
> Hierzu braucht man nur die Längen der Maßeinheiten auf den Achsen durch c bzw. d zu dividieren.

Hat f den Definitionsbereich D, so hat f* den Definitionsbereich $D^* = \{cx \mid x \in D\}$.

Im folgenden Bild ist $f^*(x) = 2 \cdot f\left(\frac{x}{5}\right)$ und $D^* = \{5x \mid -1 \leq x \leq 4\} = \{x \mid -5 \leq x \leq 20\}$.

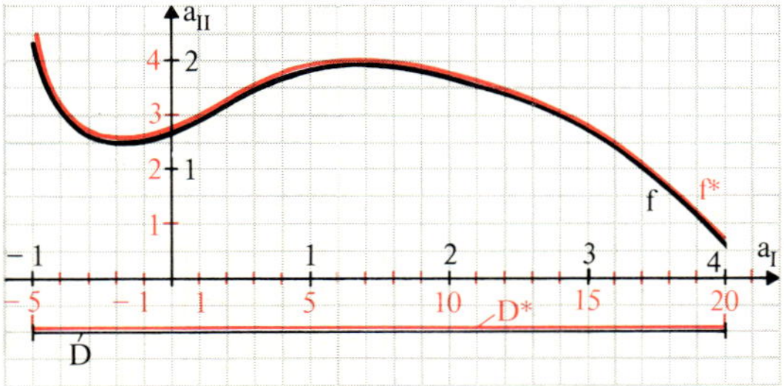

4. a) Nenne mehrere Funktionen, die durch den Graphen dargestellt werden können (Term und Definitionsbereich). Gib zugehörige Maßeinheiten für beide Achsen an.

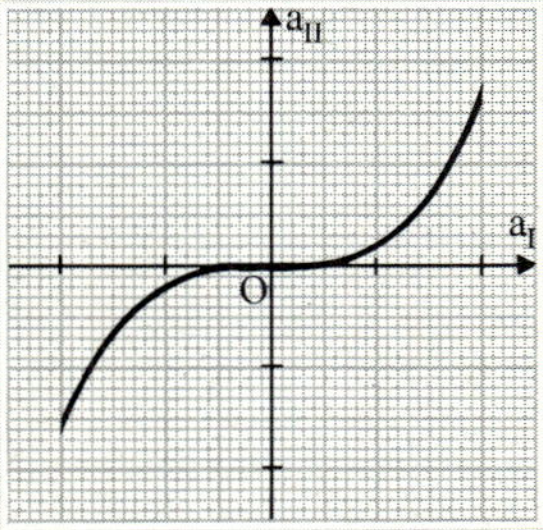

b) Wie lautet die allgemeinste Funktion, die durch den gegebenen Graphen dargestellt werden kann?

5. Die Funktion f liege in graphischer Darstellung vor. Ihr Term f(x) soll wie angegeben geändert werden. Entscheide jeweils, ob der Graph neu gezeichnet werden muß oder ob eine Änderung der Maßeinheiten genügt. Beschreibe gegebenenfalls eine geeignete Änderung der Maßeinheiten.

a) $f(x) = x^3 - x$, abzuändern wie folgt:

$8x^3 - 2x$; $2x^3 + 2x$; $\frac{1}{4}x^3 - x$; $x^3 - 4x$.

b) $f(x) = x + \frac{1}{x}$, abzuändern wie folgt:

$\frac{x}{2} + \frac{2}{x}$; $x + \frac{4}{x}$; $\frac{x+4}{x}$; $\frac{x^2+4}{x}$.

c) $f(x) = x + |x|$, abzuändern wie folgt:

$2|x| + 2x$; $|-2x| + 2x$; $2x - |2x|$; $2x + |x|$.

d) $f(x) = \frac{1}{1+x^2}$, abzuändern wie folgt:

$\frac{1}{4+4x^2}$; $\frac{1}{4+x^2}$; $\frac{1}{4-4x^2}$; $\frac{1}{2+4x^2}$.

3.6. Achsenstreckungen und Verschiebungen

Aufgabe 1

Gegeben ist die Betragsfunktion: $f(x)=|x|$. Wie lautet der Term der Funktion f^* (siehe Bild)?

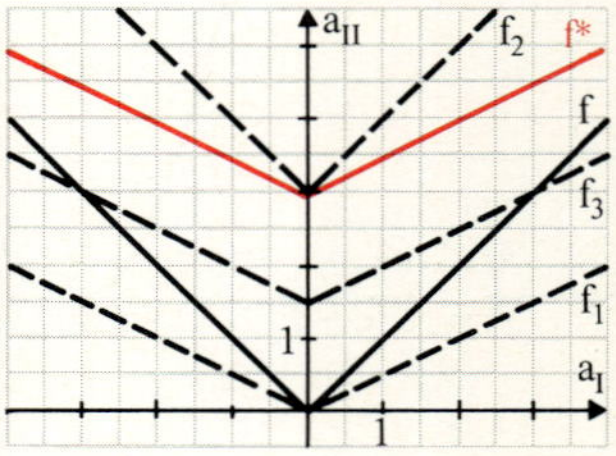

Lösung:

$f(x) = |x|$ → strecken parallel zu a_{II} mit 0,5 → $f_1(x)=0{,}5\,|x|$

$f_1(x)=0{,}5\,|x|$ → verschieben nach oben um 3 → $f^*(x)=0{,}5\,|x|+3$

Diese Schritte sind *nicht vertauschbar:*

$f(x) = |x|$ → verschieben nach oben um 3 → $f_2(x)=|x|+3$

$f_2(x)=|x|+3$ → strecken parallel zu a_{II} mit 0,5 → $f_3(x)=0{,}5(|x|+3)$
$=0{,}5\,|x|+1{,}5$

Offenbar ist $f_3 \neq f^*$.
Um von f_3 zu f^* zu kommen, benötigt man noch einen dritten Schritt: Verschiebung nach oben um 1,5.

Aufgabe 2

Um mit einem Computer das *Würfeln zu simulieren*, suchen wir eine Funktion, die jeden der sechs Würfelwerte 1 bis 6 mit der Wahrscheinlichkeit $\frac{1}{6}$ annimmt, wenn $x \in [0;\,1]$ zufällig gewählt wird (Zufallsgenerator).

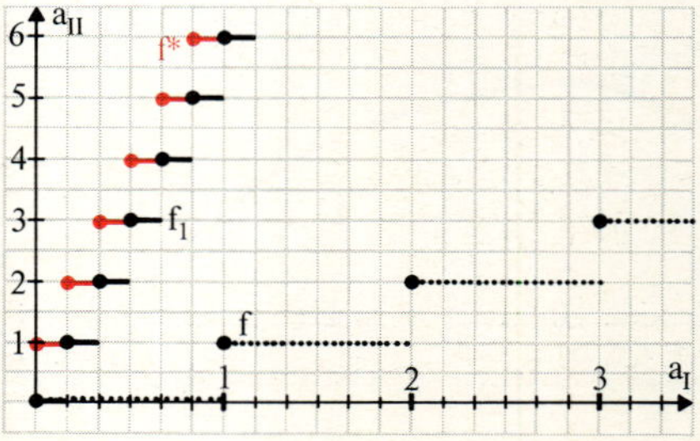

Übungen 3.6

1. Löse Aufgabe **1** von dieser Seite in zwei Schritten, deren *erster* eine passende *Verschiebung* ist.

2. Die skizzierten Funktionen f_1 bis f_6 gehen aus der Funktion f mit $f(x)=\sqrt{4-x^2}$ durch Verschiebungen und Achsenstreckungen hervor.

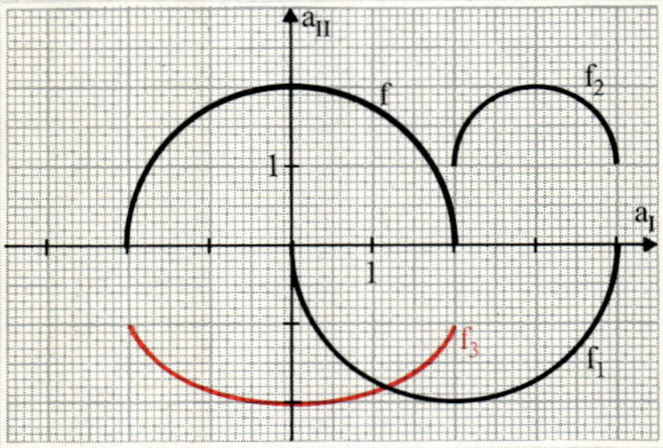

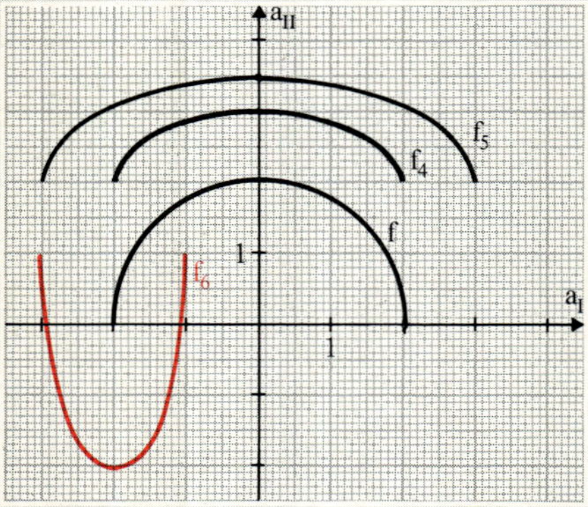

Bestimme die Funktionsterme $f_1(x)$ bis $f_6(x)$.

3. Beschreibe für Aufgabe **3** andere Wege, die von $[x \mapsto \frac{1}{x};\ x>0]$ zu der Funktion b führen.
Anleitung: Führe zuerst eine passende zentrische Streckung vom Ursprung aus.

Lösung: Wir gehen aus von $f(x)=[x]$ und wenden auf den Graphen von f passende Abbildungen an:

$f(x)=[x]$, $D=[0; 6]$ → strecken parallel zu a_I mit $\frac{1}{6}$ → $f_1(x)=[6x]$, $D_1=[0; 1]$

$f_1(x)=[6x]$, $D_1=[0; 1]$ → verschieben nach oben um 1 → $f^*(x)=[6x]+1$, $D^*=[0; 1]$

Man bestätige, daß diese beiden Schritte *vertauschbar* sind. Die Abbildungen *in verschiedenen Richtungen* „stören" einander nicht.

Aufgabe 3

Die Funktion $\left[x \mapsto 5+\frac{25}{x-5};\ x>5\right]$ heiße b.

Dann ist b(x) die Maßzahl der *Bildweite*, die bei einer Sammellinse der Brennweite 5 cm zur Gegenstandsweite x cm gehört.

(Es gilt: $b(x)=\frac{5(x-5)+25}{x-5}=\frac{5x-25+25}{x-5}=\frac{5x}{x-5}$; siehe S. 64.)

Man beschreibe ohne Wertetafel, wie der Graph von b aussieht.

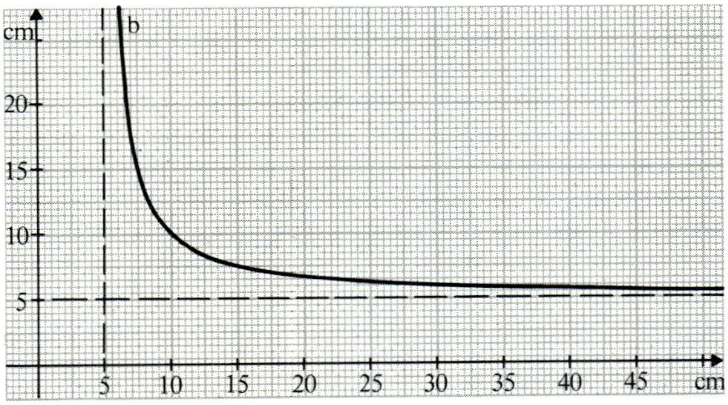

Lösung:

$\left[x \mapsto \frac{1}{x};\ x>0\right]$ → strecken parallel zu a_{II} mit 25 → $\left[x \mapsto \frac{25}{x};\ x>0\right]$

$\left[x \mapsto \frac{25}{x};\ x>0\right]$ → verschieben nach oben um 5 → $\left[x \mapsto 5+\frac{25}{x};\ x>0\right]$

$\left[x \mapsto 5+\frac{25}{x};\ x>0\right]$ → verschieben nach rechts um 5 → $\left[x \mapsto 5+\frac{25}{x-5};\ x>5\right]$

Es handelt sich also um den Hyperbelast $x \mapsto \frac{1}{x}$; $x>0$, gestreckt mit 25 parallel zur Achse a_{II} und dann verschoben um $\binom{5}{5}$.

4. Gegeben sei die skizzierte Funktion f mit $D=[0;4]$.

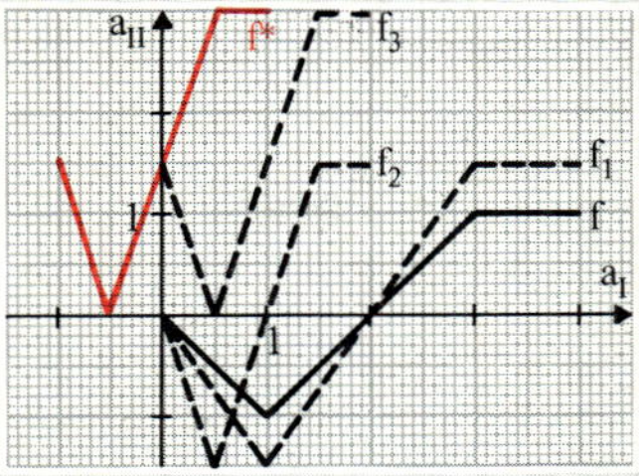

a) Wie erhält man aus ihrem Term f(x) (den wir gar nicht zu kennen brauchen) die Terme der skizzierten Funktionen f_1, f_2, f_3, f*?

b) Prüfe das Ergebnis durch abschnittsweise Bestimmung der betreffenden Funktionsterme.

5. Bestimme durch Abänderung von $x \mapsto [x]$ passende Funktionen, um mit einem Zufallsgenerator die folgenden Zufallsexperimente zu simulieren ($D=[0;1]$):

a) Symmetrische Münze

Wert	W'keit
1	0,5
0	0,5

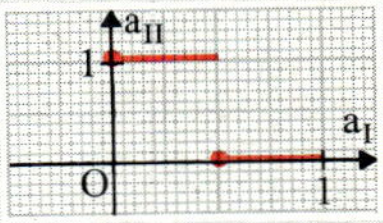

b) Unsymmetrische Münze

Wert	W'keit
1	p
0	1 − p

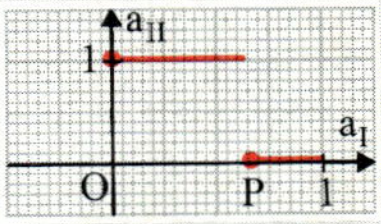

Gibt es außer den skizzierten Funktionen noch andere, die zur Simulation desselben Zufallsexperiments geeignet sind?

6. Wie entsteht aus dem Graphen einer gegebenen Funktion f (Definitionsbereich $\mathbb{R}$) der Graph der angegebenen Funktion?

a) $x \mapsto f(0{,}5x+3)+3$

b) $x \mapsto -3\cdot f(x+1{,}5)+2$

c) $x \mapsto 4\cdot f(3x)-10$

d) $x \mapsto f(qx+r)$, $(q \neq 0)$

e) $x \mapsto p\cdot f(qx+r)+s$, $(q \neq 0)$

f) $x \mapsto a\cdot f(bx+c)+d$, $(b \neq 0)$

7. Welcher Term entsteht aus f(x), wenn man auf
△ den Graphen *zuerst* die Verschiebung $\binom{a}{b}$,
△ dann die Doppelstreckung (c|d) anwendet?

8. Gib eine Verkettung von Abbildungen an, durch die der zum Term gehörende Graph aus der „Normalhyperbel“ $[x \mapsto \frac{1}{x}]$ hervorgeht.

Anleitung:

$$\frac{x}{x-5} = \frac{x-5+5}{x-5} = \frac{x-5}{x-5} + \frac{5}{x-5} = 1 + \frac{5}{x-5}$$

Also gilt:

$$\left[x \mapsto \frac{1}{x}\right] \xrightarrow[(1|5)]{\text{Streckung}} \xrightarrow[\binom{5}{1}]{\text{Verschiebung}} \left[x \mapsto \frac{x}{x-5}\right]$$

a) $\frac{x}{x+2}$; $\frac{x}{x-3}$; $\frac{x}{x-a}$ $(a \in \mathbb{R})$

b) $\frac{x-2}{x+2}$; $\frac{x+5}{x-2}$; $\frac{x+h}{x-a}$ $(a, h \in \mathbb{R})$

c) $\frac{5x}{x-5}$; $\frac{3x}{x+2}$; $\frac{kx}{x-a}$ $(a, k \in \mathbb{R})$

d) $\frac{5x+10}{x-5}$; $\frac{3x+7}{x+2}$; $\frac{kx+h}{x-a}$ $(a, h, k \in \mathbb{R})$

Zur Wiederholung:

W 1. Gib an, durch welche Verkettung von Abbildungen der Graph aus der Normalparabel hervorgeht. Notiere jeweils auch den zugehörigen Funktionsterm.

a) $-3(x+5)^2$

b) $\frac{2}{3}((x-4)^2-9)$

c) $-\frac{1}{2}((x+10)^2-36)$

d) $-2((x-3)^2-25)$

W 2. Bringe den Term auf die Form $t(x-s)^2+r)$. Zeichne dann mit einer Schablone der Normalparabel den Graphen der Funktion.

a) x^2+4x-5

b) $\frac{1}{2}x^2-4x+8$

c) $2x^2-4x-10{,}5$

d) $-5x^2-30x-25$

W 3. Überprüfe an Beispielen, ob man die Reihenfolge der Abbildungen vertauschen darf.

a) Verschiebung parallel zu a_{II}; Achsenstreckung parallel zu a_{II}

b) Verschiebung parallel zu a_I; Spiegelung an a_I

c) Achsenstreckung parallel zu a_{II}; Spiegelung an a_I

Die Aufgaben und Beispiele haben gezeigt:

Streckungen sind mit Verschiebungen in *derselben Achsenrichtung* im allgemeinen *nicht vertauschbar.* Abbildungen in *verschiedenen Achsenrichtungen* sind *stets vertauschbar.*

Bei der Herstellung der gewünschten Funktion aus einer gegebenen Grundfunktion verfährt man zweckmäßig wie folgt:

Zuerst die gewünschte **Gestalt** des Graphen durch Achsenstreckungen herstellen;
dann den gewünschten **Platz** des Graphen durch Verschiebungen herstellen.

Wir überblicken nun vollständig, wie sich ein *gegebener Funktionsterm* f(x) und Definitionsbereich D ändert, wenn man auf den zugehörigen Graphen alle behandelten Abbildungen anwendet.

Satz 3: Für jede Funktion f, jede Doppelstreckung $(c|d)$ mit $c \neq 0$ und jede Verschiebung $\binom{a}{b}$ gilt:

f: $\{(x; y) \mid y = f(x) \wedge x \in D\}$

↓ Doppelstreckung $(c|d)$

↓ Verschiebung $\binom{a}{b}$

f*: $\left\{(x; y) \,\middle|\, y = d \cdot f\left(\frac{x-a}{c}\right) + b \wedge \frac{x-a}{c} \in D\right\}$

$f^*(x)$

Hierbei ist:

$$D^* = \left\{x \,\middle|\, \frac{x-a}{c} \in D\right\} = \{cx+a \mid x \in D\}$$

Beweis: Die Doppelstreckung $(c|d)$ überführt die Funktion f in

$$\left\{(x; y) \,\middle|\, y = d \cdot f\left(\frac{x}{c}\right) \wedge \frac{x}{c} \in D\right\}$$

(Satz **2**, Seite 39). Hierauf wenden wir die Verschiebung $\binom{a}{b}$ an (Satz **1**, Seite 39) und erhalten das behauptete Ergebnis.

Ebenso überblicken wir, wie sich ein *gegebener Funktionsgraph* ändert, wenn man von dem zugehörigen Term f(x) zum neuen Term $d \cdot f(\frac{x-a}{c}) + b$ übergeht.

3.7. Überlagerung zweier Funktionsgraphen

Aufgabe

Wie verläuft der Graph der Funktion f mit

$f(x)=1-\frac{x}{4}+\frac{1}{x^2}$?

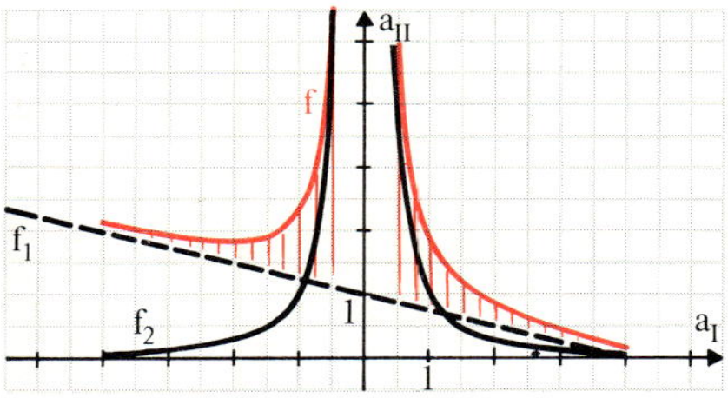

Lösung: Wir kennen die Graphen zu

$f_1(x)=1-\frac{x}{4}$ und $f_2(x)=\frac{1}{x^2}$.

An jeder Stelle x ist der Wert von f

die Summe der Werte von f_1 und von f_2.

Also muß man in der graphischen Darstellung

die betreffenden Ordinaten addieren.

Im Bild wurden die Ordinaten von f_2 auf den Graphen von f_1 gesetzt. Wir sagen: Die Funktionsgraphen sind *überlagert* worden.

Beispiel 1

Hier ist die Funktion f durch ihren Graphen vorgegeben. Man kann f leicht abschnittweise durch Funktionsterme beschreiben. Wir wünschen aber für f im ganzen Definitionsbereich einen einzigen Term, der aus bekannten Termen durch Überlagerung entsteht.

Dazu setzen wir $f_1(x)=\frac{1}{2}x$; $f_2(x)=\frac{1}{2}|x|$. Dann gilt

$$f(x)=f_1(x)+f_2(x)=\frac{1}{2}x+\frac{1}{2}|x|=\frac{x+|x|}{2}$$

Damit ist der gesuchte Term f(x) gefunden.

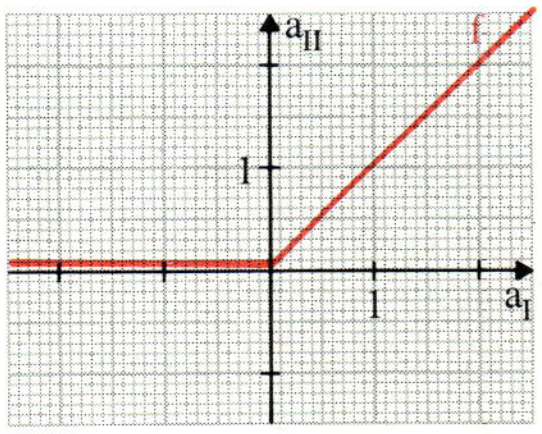

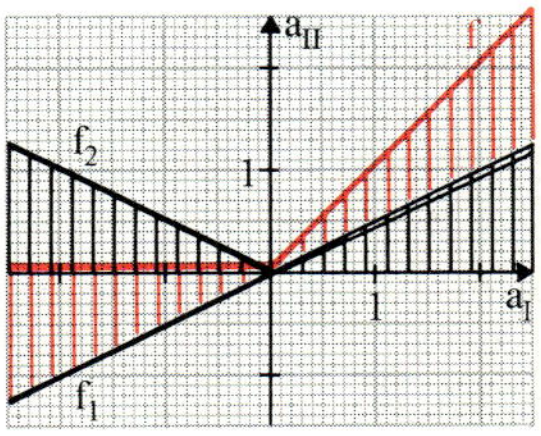

Übungen 3.7

1. Bestimme den maximalen Definitionsbereich der Funktion f mit dem gegebenen Term.

a) $\sqrt{4+x}+\sqrt{4-x}$ b) $\sqrt{4+x}-\sqrt{4-x}$

c) $-x+\sqrt{x}$ d) $\sqrt{-x}+x$

e) $\frac{1}{x+2}+\frac{1}{x-2}$ f) $\frac{1}{x+2}-\frac{1}{x-2}$

g) $\sqrt{25-(x-3)^2}+\sqrt{25-(x+3)^2}$

h) $\sqrt{25-(x-3)^2}-\sqrt{25-(x+3)^2}$

Zu g) und h) siehe Aufgabe **2**, S. 36.

Anleitung: Man kann die Ordinaten nur an solchen Stellen addieren, wo *beide* Teilfunktionen definiert sind: Der maximale Definitionsbereich von f ist die *Schnittmenge* der Definitionsbereiche der Teilfunktionen.

2. Untersuche die Funktionen aus Übungsaufgabe **1** auf Symmetrieeigenschaften. Beschreibe den ungefähren Verlauf der Graphen.

3. Schreibe den Term f(x) als Summe zweier bekannter Funktionsterme $f_1(x)$ und $f_2(x)$. Skizziere f_1, f_2 und f für $D=\mathbb{R}^+$. Begründe anschaulich, daß der Graph von f einen Hochpunkt bzw. einen Tiefpunkt besitzt.

a) $f(x)=\frac{x^2+4}{x}$ c) $f(x)=\frac{4-x+2\sqrt{x}}{2}$

b) $f(x)=\frac{8x-4x^2-8}{2x}$ d) $f(x)=\frac{x^3+4}{4x}$

4. Die „Knickfunktion" f aus Beispiel **1** hat den Term

$f(x)=\frac{x+|x|}{2}$.

Bestimme mittels Achsenstreckung, Verschiebung und Überlagerung von Knickfunktionen Terme für die skizzierten Funktionen f_1, f_2, f* (vgl. Übungsaufgabe **4** von S. 51). Vereinfache die Terme so weit wie möglich.

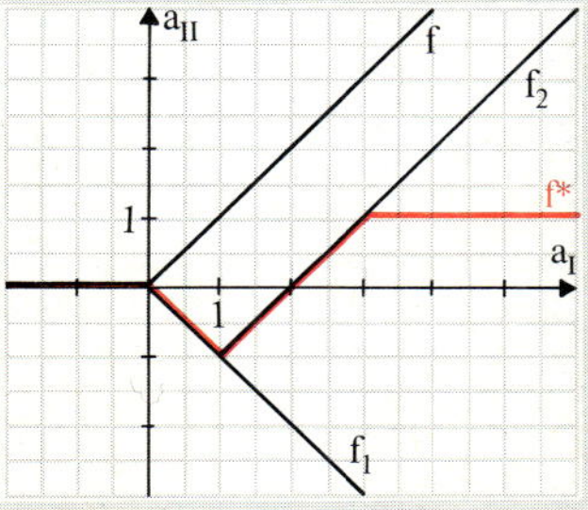

5. Bestimme zu den Funktionen f_1 bis f_5 jeweils einen für alle $x \in \mathbb{R}$ zutreffenden Term.

Anleitung: Verwende geeignete Überlagerungen und Abbildungen bekannter Funktionen.

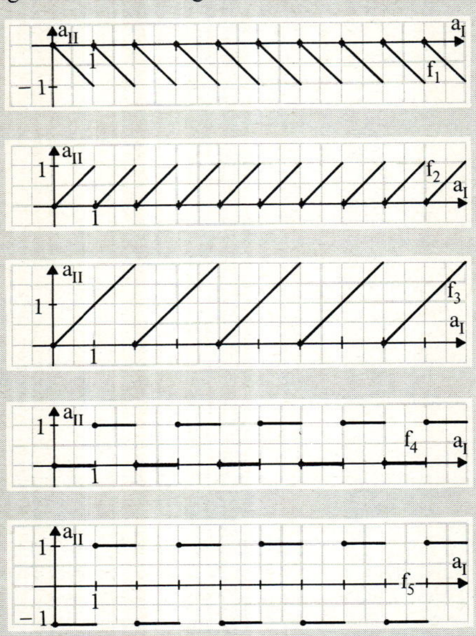

6. Die Funktionen f_1 und f_2 seien beide

a) streng monoton wachsend;
b) streng monoton fallend;
c) streng monoton (wachsend oder fallend).

Untersuche: Gilt dasselbe dann auch für die Funktion f mit $f(x) = f_1(x) + f_2(x)$?

7. △ Es ist anschaulich klar, daß die Normalparabel $x \mapsto x^2$ im Punkt $p(0;0)$ die Achse a_I als *Tangente* hat. Begründe anschaulich anhand von Beispiel **3**:

a) Die Parabel $x \mapsto \left(x + \frac{m}{2}\right)^2 - \frac{m^2}{4}$ (verschobene Normalparabel) hat im Punkt $p(0;0)$ eine Tangente mit der Steigung m.

b) Die Normalparabel $x \mapsto x^2$ hat im Punkt $p\left(\frac{m}{2}; \frac{m^2}{4}\right) = p(x_0; x_0^2)$ eine Tangente mit der Steigung $m = 2x_0$.

c) In welchem Punkt hat die Normalparabel eine Tangente mit der Steigung $m = 1$ (entspricht 45°)?

Beispiel 2

Der Graph der Funktion f mit $f(x) = x^4 - 2x^2$ entsteht durch Überlagerung der bekannten Graphen zu $f_1(x) = x^4$ und $f_2(x) = -2x^2$.

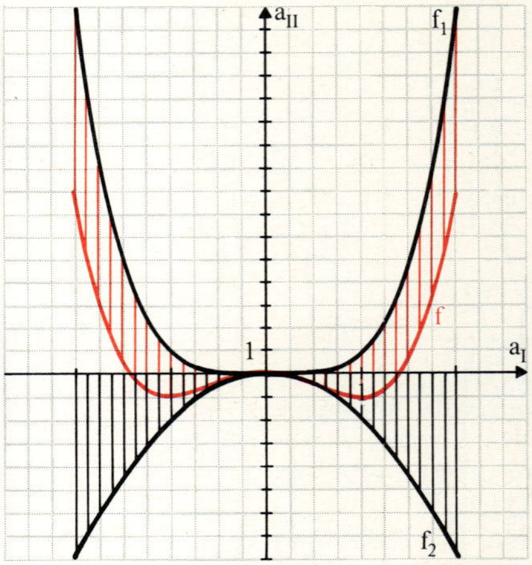

Im Bild wurden die (negativen) Ordinaten von f_2 an den Graphen von f_1 angesetzt. Wir hätten auch die Ordinaten von f_1 auf den Graphen von f_2 setzen können.

Beispiel 3

Wie sieht die Funktion f aus, die durch Überlagerung der Normalparabel $[x \mapsto x^2;\ x \in \mathbb{R}]$ und der Geraden $[x \mapsto mx;\ x \in \mathbb{R}]$ entsteht?
Wir formen den Term von f in bekannter Weise um (quadratische Ergänzung):

$$f(x) = x^2 + mx = x^2 + 2 \cdot \frac{m}{2}\, x + \left(\frac{m}{2}\right)^2 - \left(\frac{m}{2}\right)^2$$
$$= \left(x + \frac{m}{2}\right)^2 - \frac{m^2}{4}$$

Nach S. 37 unten erkennen wir: Die Funktion f entsteht aus der Normalparabel auch durch Verschiebung um $-\frac{m}{2}$ parallel zu a_I und um $-\frac{m^2}{4}$ parallel zu a_{II}.

Man bestätige dies durch eine Zeichnung mit $m = 2$, und beachte dabei, daß f den Definitionsbereich $\mathbb{R}$ hat.

Wie in den Beispielen bestehen allgemein die folgenden **Entsprechungen.** Dabei sind f_1 und f_2 beliebige Funktionen mit den Definitionsbereichen D_1 bzw. D_2.

Änderung der Graphen	Änderung der Terme	Änderung der Definitionsbereiche
Graphen überlagern: die Ordinaten des einen Graphen auf den anderen setzen	Terme addieren: aus $f_1(x)$ und $f_2(x)$ wird $f_1(x) + f_2(x)$	Schnittmenge bilden: $D_1 \cap D_2$

4. Rationale Funktionen

4.1. Polynome und ganzrationale Funktionen

Definition einer ganzrationalen Funktion

Wir wissen (Abschnitte 3.4 und 3.7):
Durch Strecken und Überlagern von Funktionsgraphen erhält man Graphen neuer Funktionen.

Beispiel 1

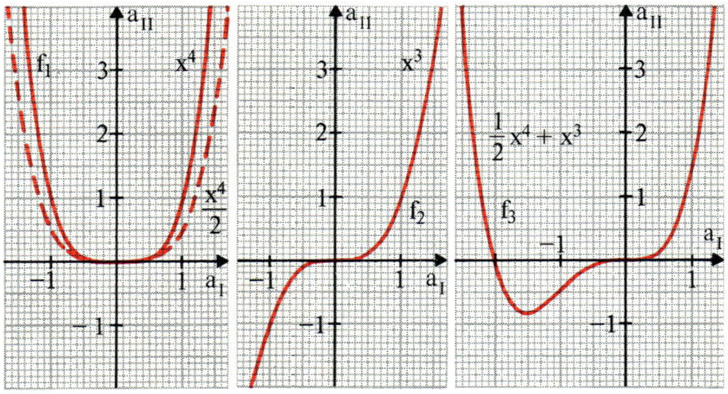

$f_1(x)=x^4$	$f_2(x)=x^3$	$f_3(x)=\frac{1}{2}\cdot f_1(x)+f_2(x)$

Der Graph von f_3 ist hier durch Strecken und Überlagern von Graphen von *Potenzfunktionen* entstanden.
f_3 hat den Term $\frac{1}{2}x^4+x^3$, ein solcher Term ist ein **Polynom.**

Wir vereinbaren:

Definition 1: Ein Funktionsterm f(x) der Form

$a_n x^n + a_{n-1} x^{n-1} + a_{n-2} x^{n-2} + \ldots + a_2 x^2 + a_1 x + a_0$,

wobei $n \in \mathbb{N}$, ferner $a_0, a_1, a_2, \ldots, a_n \in \mathbb{R}$ und $a_n \neq 0$, heißt **Polynom** in x.
n heißt der **Grad** des Polynoms.
Die Zahlen $a_0, a_1, a_2, \ldots, a_n$ heißen die **Koeffizienten** des Polynoms.

Ist eine reelle Zahl $a_0 \neq 0$ allein Funktionsterm, so heißt a_0 auch Polynom *nullten* Grades; man kann dann auch schreiben $a_0 x^0$.

Sind alle Koeffizienten gleich 0, so heißt das spezielle Polynom **Nullpolynom.**

Beachte: Die Exponenten bei den Potenzen der Variablen x sind stets Elemente von $\mathbb{N}_0$.

Übungen 4.1

1. Welche der Funktionsterme kann man als Polynom schreiben? Gib zu jedem dieser Polynome den Grad an.

$f_1(x)=2\cdot x\cdot x-5x^2+\frac{1}{4}$

$f_2(x)=4x^{-2}+3x^{-1}+11$

$f_3(x)=\sqrt{3}\cdot x^3\cdot(1-x^2)$

$f_4(x)=\left(6x-\frac{1}{x}\right)^2$

$f_5(x)=\left(\frac{x^2}{7}+5x-1\right)\cdot\left(\frac{x^3}{2}-x\right)$

$f_6(x)=8x^3+\sqrt{x}$

$f_7(x)=|x^2-2x|$

$f_8(x)=15^2$

2. Notiere die Terme $f_1(x)+f_2(x)$, $f_1(x)-f_2(x)$ und $f_1(x)\cdot f_2(x)$ jeweils als Polynom, gib auch den Grad an.

a) $f_1(x)=3x-5$, $\quad f_2(x)=-x+9$

b) $f_1(x)=x^3+x^2$, $\quad f_2(x)=-4$

c) $f_1(x)=\frac{x}{2}+4$, $\quad f_2(x)=x^2+4x-6$

d) $f_1(x)=2x^2-x$, $\quad f_2(x)=-x^2+5x-1$

3. Ist f eine ganzrationale Funktion? Gib den Grad von f an, wenn das zutrifft. Gib eine Begründung an, wenn das nicht zutrifft.

a) $f=\left[x\mapsto\frac{x^4+1}{7};\ x\in\mathbb{R}\right]$

b) $f=\left[x\mapsto\frac{7}{x^4+1};\ x\in\mathbb{R}\right]$

c) $f=[x\mapsto\sqrt{x^{12}};\ x\in\mathbb{R}]$

d) $f=[x\mapsto x(x-\frac{1}{2})(\frac{1}{2}x+\sqrt{8});\ x\in\mathbb{R}]$

e) $f=[x\mapsto x+\sqrt{x^2};\ x\in\mathbb{R}]$

4. a) Zeichne die Graphen der Potenzfunktionen ersten, zweiten, dritten, vierten, fünften und sechsten Grades.

b) Welche gemeinsamen Punkte haben alle diese Graphen?

c) Welche gemeinsamen Punkte haben die Graphen der Potenzfunktionen mit geradem [ungeradem] Grad?

d) Gib die Wertebereiche der Funktionen an.

5. Lege für die ganzrationale Funktion f mit $f(x)=3x^4-5x^3+2x^2-8x+4$ eine Wertetabelle an. Fülle dazu die Tabelle aus:

x	·3	−5	·x	+2	·x	−8	·x	+4 → f(x)
−3	−9	−14	42	44	−132	−140	420	424
−2								
−1								
0								
1								
2								
3								

6. Berechne mit dem Horner-Schema die Funktionswerte $f(-4)$, $f(-3)$, $f(2)$, $f(3)$, $f(8)$ und $f(10)$.

a) $f(x)=5x^3+3x^2-4x+11$

b) $f(x)=2x^4-x^3+3x^2+2x-9$

c) $f(x)=x^5-8x^3+20x^2+15$

d) $f(x)=\frac{x^4}{10}+\frac{x^3}{5}+\frac{x^2}{5}+\frac{x}{2}+\frac{4}{5}$

e) $f(x)=0{,}2x^5-0{,}8x^4+2{,}1x^2+4{,}5x$

7. Lege eine geeignete Wertetabelle für die ganzrationale Funktion f an und zeichne den Graphen.

a) $f(x)=\frac{x^3}{2}+\frac{x^2}{4}-1$

c) $f(x)=-\frac{x^3}{3}+2x^2$

b) $f(x)=\frac{x^3}{5}-2x+\frac{3}{2}$

d) $f(x)=\frac{x^5}{5}-x^3+3x$

8. Welche der Zahlen −2, 2, 7, 10 sind Nullstellen der ganzrationalen Funktion f?

a) $f(x)=4x^3+2x^2+5x-1505$

b) $f(x)=x^4-6x^3+2x^2-3x-78$

c) $f(x)=\frac{x^4}{10}+\frac{x^3}{5}+x-315{,}7$

d) $f(x)=\frac{x^3}{2}+3x^2-2x-12$

9. Bestimme die Nullstellen von f mit Hilfe des Graphen.

a) $f(x)=x^3-2{,}5x^2-x+2{,}5$

b) $f(x)=x^4-9$

c) $f(x)=\frac{x^3}{3}-\frac{x^2}{3}+x-1$

d) $f(x)=\frac{x^4}{4}-x-2$

e) $f(x)=0{,}2x^3-0{,}3x^2-1{,}2x-0{,}7$

Beispiele:

$2x^4-12x^3+28x^2-30x+9$	Polynom vierten Grades
$\frac{x^3}{5}-7x$	Polynom dritten Grades
$\frac{x^2}{2}+\frac{3}{5}x-\sqrt{7}$	Polynom zweiten Grades
$4x+1{,}8$	Polynom ersten Grades
-35	Polynom nullten Grades
0	Nullpolynom

Die Terme $mx+n$ *linearer* Funktionen sind also Polynome *ersten* oder, falls $m=0$, Polynome *nullten* Grades oder das Nullpolynom.

Wenn man in ein Polynom eine beliebige reelle Zahl für x einsetzt, erhält man stets eine reelle Zahl als Wert des Terms.

Das bedeutet: Jedes Polynom kann Funktionsterm einer auf $\mathbb{R}$ definierten Funktion sein.

> **Definition 2:** Eine Funktion auf der Menge $\mathbb{R}$, deren Funktionsterm als Polynom geschrieben werden kann, heißt **ganzrationale Funktion.**
>
> Der Grad des Polynoms heißt auch *Grad* der ganzrationalen Funktion.

Lineare Funktionen sind also ganzrationale Funktionen *ersten* oder *nullten* Grades oder haben als Term das Nullpolynom; *quadratische Funktionen* sind ganzrationale Funktionen *zweiten* Grades.

Potenzfunktionen sind spezielle ganzrationale Funktionen.

Der Term x^n (mit $n \in \mathbb{N}$) einer Potenzfunktion n-ten Grades ist ein spezielles Polynom n-ten Grades. Hier ist $a_n=1$ und $a_{n-1}=a_{n-2}=\dots=a_0=0$.

Zur Übung: **1** bis **4**

Das Horner-Schema zur Berechnung von Funktionswerten

Der Term einer ganzrationalen Funktion läßt sich durch Addition und Multiplikation aus der Variablen x und reellen Zahlen (den Koeffizienten) aufbauen.

Beispiel 2

$$f(x)=0{,}2x^3-0{,}3x^2-1{,}2x+2$$
$$=0{,}2\cdot x\cdot x\cdot x+(-0{,}3)\cdot x\cdot x+(-1{,}2)\cdot x+2$$

oder

$$f(x)=((0{,}2\cdot x-0{,}3)\cdot x-1{,}2)\cdot x+2$$

Die letzte Form des Terms ist besonders günstig für die Berechnung der Funktionswerte, wenn mehrere Koeffizienten von 0 verschieden sind, z. B. für die Berechnung von f(3):

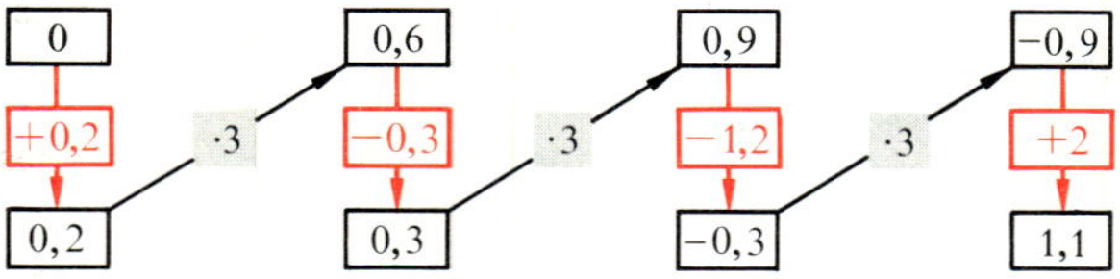

$f(3) = 1{,}1$

Diese Darstellung heißt **Horner-Schema.**
Man kann nach diesem Verfahren mit Hilfe einer Kette von Additionen und Multiplikationen Funktionswerte bei ganzrationalen Funktionen berechnen.

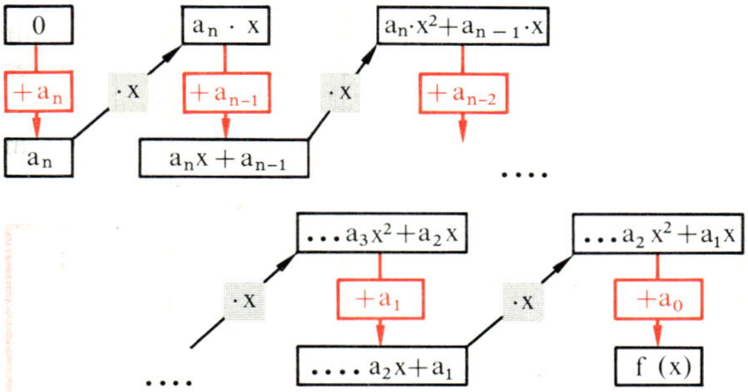

$$f(x) = (\dots((a_n \cdot x + a_{n-1}) \cdot x + a_{n-2}) \cdot x + \dots + a_1) \cdot x + a_0$$
$$= a_n x^n + a_{n-1} x^{n-1} + a_{n-2} x^{n-2} + \dots + a_1 x + a_0$$

Für unser Beispiel $f(x) = 0{,}2\,x^3 - 0{,}3\,x^2 - 1{,}2\,x + 2$ läßt sich mit Hilfe des Horner-Schemas eine Wertetabelle anlegen:

x	f(x)
−3	−2,5
−2	1,6
−1	2,7
0	2
1	0,7
2	0
3	1,1

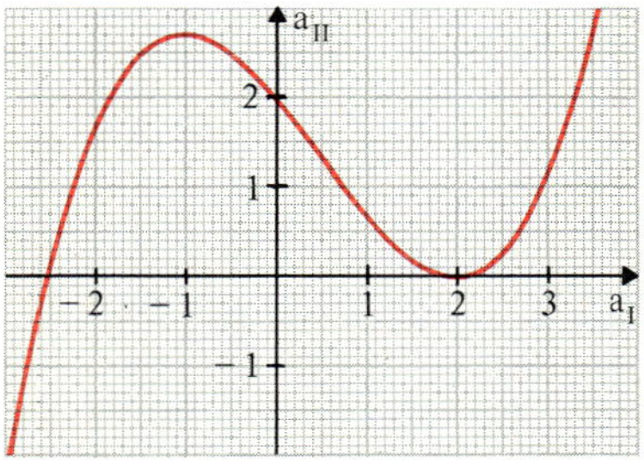

Man erkennt aus der Wertetabelle:

2 ist *Nullstelle* der Funktion. Das bedeutet:

2 ist *Lösung der Gleichung dritten Grades*

$0{,}2\,x^3 - 0{,}3\,x^2 - 1{,}2\,x + 2 = 0$

Aus dem Graphen erkennt man, daß f eine weitere Nullstelle hat: −2,5.

Zur Übung: **5** bis **13**

10. Gib den Wertebereich der ganzrationalen Funktion f an. Was sagt der Wertebereich über die Existenz einer Nullstelle aus?

a) $f(x) = \frac{x^5}{10} + 1$

b) $f(x) = \frac{x^3}{2} + x - 3$

c) $f(x) = \frac{x^7}{100} - \frac{x^4}{10} + 5$

d) $f(x) = \frac{x^6}{10} + 2$

e) $f(x) = -\frac{x^4}{8} + x^2 - 3$

f) $f(x) = 3x^4 - 4x^3$

11. An welchen Stellen nimmt die Funktion f den Wert a an?

a) $f(x) = 2x^5 - 8x^3$, $a = 0$

b) $f(x) = \frac{1}{9}x^2 - \frac{1}{6}x + 2$, $a = 1$

c) $f(x) = x^5 + 35$ $a = 3$

d) $f(x) = x^4 - 9x^2$, $a = -20$

12. Zeichne den Graphen von f auf $\mathbb{R}$ mit $f(x) = \frac{1}{2}x^3 + x^2$.

a) Verschiebe den Graphen um 3 nach oben [nach unten].

b) Verschiebe den Graphen um 1 nach rechts [nach links].

c) Spiegele den Graphen an a_I [a_{II}].

d) Strecke den Graphen in Richtung a_{II} [a_I] mit 1,5.

Zu welcher Funktion gehört der neue Graph? Notiere den Funktionsterm.

13. Begründe:

a) Ist $f_1(x)$ ein Polynom n-ten Grades und $f_2(x)$ ein Polynom m-ten Grades mit $n > m$, so ist $f_1(x) + f_2(x)$ ein Polynom n-ten Grades.

b) Sind $f_1(x)$ und $f_2(x)$ Polynome n-ten Grades, so ist $f_1(x) + f_2(x)$ ein Polynom, das höchstens den Grad n hat.

c) Ist $f_1(x)$ ein Polynom n-ten Grades und $f_2(x)$ ein Polynom m-ten Grades, so ist $f_1(x) \cdot f_2(x)$ ein Polynom mit dem Grad $n + m$.

d) Ist f(x) ein Polynom n-ten Grades, so ist $a \cdot f(x) + b$ mit $a, b \in \mathbb{R}$ und $a \neq 0$ ein Polynom n-ten Grades.

e) Ist f(x) ein Polynom n-ten Grades, so ist $(f(x))^2$ ein Polynom mit dem Grad 2n.

Übungen 4.2

1. Zeichne den Graphen der ganzrationalen Funktion f.

a) $f(x) = -\frac{x^4}{5} + 2x^2$

b) $f(x) = \frac{x^6}{10} + \frac{x^2}{5} - 7{,}2$

c) $f(x) = \frac{x^3}{5} - 2x$

d) $f(x) = \frac{x^7}{100} + \frac{x^3}{10}$

Welche Symmetrieeigenschaft besitzt der Graph?

2. Entscheide, ob der Graph der ganzrationalen Funktion f symmetrisch zu a_{II} ist.

a) $f(x) = x^4 - 7x^2 + 3$

b) $f(x) = x^6 + 4x^3 - 1$

c) $f(x) = x^2(x-3)(x+3)$

d) $f(x) = x^8 + x^2$

e) $f(x) = (x-1)^4$

f) $f(x) = (x^2+2)^3$

Falls der Graph nicht symmetrisch zu a_{II} ist: Gib einen Punkt des Graphen an, dessen Spiegelpunkt an a_{II} nicht zum Graphen gehört.

3. Entscheide, ob der Graph der ganzrationalen Funktion f punktsymmetrisch zum Ursprung ist.

a) $f(x) = x^3 + 6x$

b) $f(x) = 3x^5 - 1$

c) $f(x) = x^2(x^3 - 2x)$

d) $f(x) = (x+1)^3$

e) $f(x) = x(x-2)(x+2)$

Falls der Graph nicht punktsymmetrisch zu $p(0;0)$ ist: Gib einen Punkt des Graphen an, dessen Spiegelpunkt an $p(0;0)$ nicht zum Graphen gehört.

4.2. Symmetrieeigenschaften bei Graphen ganzrationaler Funktionen

Aufgabe 1

$f = [x \mapsto x^4 - 2x^2 + \frac{1}{2}; x \in \mathbb{R}]$

Begründe mit Hilfe des Funktionsterms: Der Graph ist symmetrisch zur Achse a_{II}.

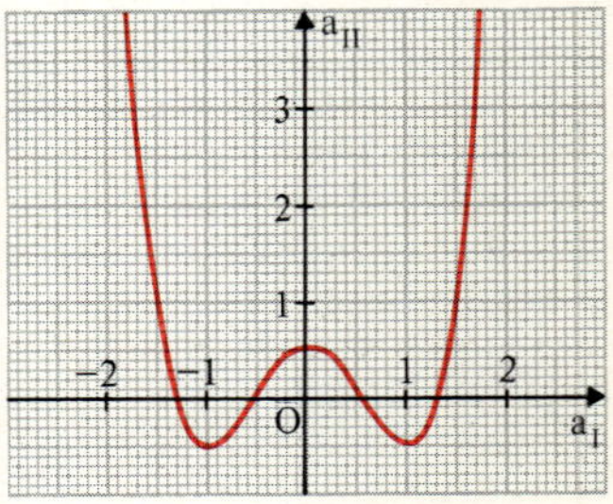

Lösung: Wir wissen (Abschnitt 3.3): Der Graph einer Funktion f mit $D = \mathbb{R}$ ist genau dann symmetrisch zu a_{II}, wenn für alle x aus dem Definitionsbereich gilt:

$$f(-x) = f(x)$$

Wegen $f(-x) = (-x)^4 - 2 \cdot (-x)^2 + \frac{1}{2}$
$= x^4 - 2 \cdot x^2 + \frac{1}{2} \qquad = f(x)$

für alle $x \in \mathbb{R}$ ist diese Bedingung hier erfüllt.

Für einen jeden *geraden* Exponenten r gilt für alle $x \in \mathbb{R}$: $(-x)^r = x^r$. Folglich ist die Bedingung $f(-x) = f(x)$ für alle $x \in \mathbb{R}$ bei einer ganzrationalen Funktion f immer dann erfüllt, wenn in dem Polynom f(x) nur *gerade* Exponenten bei den Potenzen von x auftreten.

Aufgabe 2

$f = \left[x \mapsto \frac{1}{10}x^5 - \frac{1}{2}x^3; x \in \mathbb{R}\right]$

Begründe mit Hilfe des Funktionsterms: Der Graph ist *punktsymmetrisch* zum Ursprung.

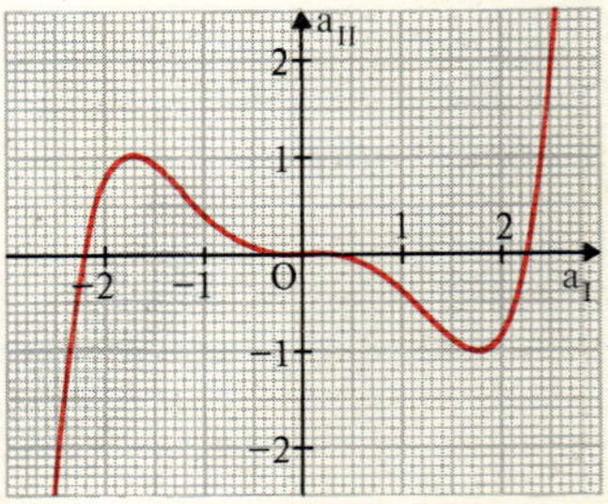

Lösung: Der Graph einer Funktion f mit $D = \mathbb{R}$ ist genau dann punktsymmetrisch zum Ursprung, wenn für alle x aus dem Definitionsbereich gilt:

$f(-x) = -f(x)$

Wegen $f(-x) = \frac{(-x)^5}{10} - \frac{(-x)^3}{2} = \frac{-x^5}{10} + \frac{x^3}{2} = -f(x)$

für alle $x \in \mathbb{R}$ ist diese Bedingung hier erfüllt.

Für einen jeden ungeraden Exponenten r gilt für alle $x \in \mathbb{R}$: $(-x)^r = -x^r$. Folglich ist bei einer ganzrationalen Funktion f die Bedingung $f(-x) = -f(x)$ für alle $x \in \mathbb{R}$ immer dann erfüllt, wenn in dem Polynom f(x) nur *ungerade* Exponenten bei den Potenzen von x auftreten. *Beachte:* Der Exponent 0 in $a_0 x^0 = a_0$ ist gerade.

Können wir eine Aussage über den Term einer ganzrationalen Funktion f machen, wenn der Graph von f achsensymmetrisch zu a_{II} ist?

$f(x) = a_n x^n + a_{n-1} x^{n-1} + a_{n-2} x^{n-2} + \ldots + a_1 x + a_0$

sei der Term einer ganzrationalen Funktion, deren Graph achsensymmetrisch zu a_{II} ist.

Wir ordnen die Glieder des Terms f(x) so um, daß wir zwei Teilsummen g(x) und u(x) erhalten: In der Teilsumme g(x) sollen nur Glieder mit *geradem* Exponenten von x auftreten, in der Teilsumme u(x) nur Glieder mit *ungeradem* Exponenten von x.

$f(x) = g(x) + u(x)$

Dann sind g(x) und u(x) Polynome mit:

$g(-x) = g(x), \quad u(-x) = -u(x) \quad$ für alle $x \in \mathbb{R}$.

Daraus folgt: $f(-x) = g(-x) + u(-x) = g(x) - u(x)$ für alle $x \in \mathbb{R}$.

Da der Graph von f symmetrisch zu a_{II} ist, gilt für alle $x \in \mathbb{R}$:

$$\begin{aligned} f(-x) &= f(x) \\ g(x) - u(x) &= g(x) + u(x) \\ -u(x) &= u(x) \\ 0 &= 2 \cdot u(x) \\ u(x) &= 0 \end{aligned}$$

also: $f(x) = g(x)$

Das bedeutet: In dem Polynom f(x) treten nur gerade Exponenten bei den Potenzen von x auf.

Satz 1: Der Graph einer ganzrationalen Funktion f ist genau dann achsensymmetrisch zu a_{II}, wenn in dem Polynom f(x) nur gerade Exponenten bei den Potenzen von x auftreten.

4. Schreibe f(x) als Summe zweier Polynome g(x) und u(x), so daß der Graph von g achsensymmetrisch zu a_{II} und der Graph von u punktsymmetrisch zu p(0; 0) ist.
Zeichne in dasselbe Koordinatensystem die Graphen von g, u und f.

a) $f(x) = x^2 - 2x$
b) $f(x) = \frac{1}{10}(x-2)^4$
c) $f(x) = \frac{x^3}{5} + \frac{x^2}{2} - x + 2$
d) $f(x) = \frac{1}{10}(x^2 + 3x)^2$

5. Zeichne den Graphen der Funktion f. Verschiebe ihn längs a_I so, daß der neue Graph symmetrisch zu a_{II} ist. Welches Polynom ist Funktionsterm der neuen Funktion?

a) $f(x) = x^2 - 10x + 1$
b) $f(x) = x^2(x-2)^2$

6. *Begründe:* Der Graph einer ganzrationalen Funktion f ist genau dann punktsymmetrisch zum Ursprung, wenn in dem Polynom f(x) nur ungerade Exponenten bei den Potenzen von x auftreten.

Zur Wiederholung:

W 1. Notiere zu jedem Punkt die Koordinaten des Bildpunktes

a) bei der Spiegelung an der Achse a_{II};

b) bei der Spiegelung am Koordinatenursprung.

$P_1 = p(5; 2)$
$P_2 = p(-4; 3)$
$P_3 = p(-1; -6)$
$P_4 = p(3; -2)$
$P_5 = p(6; 0)$
$P_6 = p(0; -7)$
$P_7 = p(-5; 0)$
$P_8 = p(0; 0)$

W 2. Stelle eine entsprechende Tabelle auf und fülle sie aus.

x	x^2	x^3	x^4	x^5	x^6
2					
1					
0,5					
0					
−0,5					
−1					
−2					

W 3. Notiere die Erfüllungsmenge ($G = \mathbb{R}$).

a) $x^4 = 625$
b) $x^6 = 8$
c) $x^5 = 32$
d) $x^5 = 5$
e) $x^4 = -16$
f) $x^6 = 0$
g) $|x|^3 = 125$
h) $|x|^4 = -81$

4.3. Linearfaktoren, Polynomzerlegung

Aufgabe 1

Bestimme die Menge aller Nullstellen der Funktion

$f = [x \mapsto x^3 - 2x^2 - 2x + 4;\ x \in \mathbb{R}]$.

Lösung: Wir suchen die Lösungen der Gleichung

$x^3 - 2x^2 - 2x + 4 = 0$

x	f(x)
−1,5	−0,88
−1	3
−0,5	4,38
0	4
0,5	2,63
1	1
1,5	−0,13
2	0
2,5	2,13

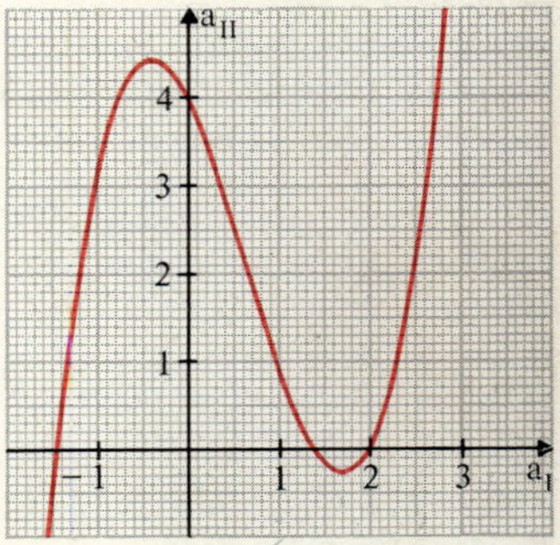

Die Wertetabelle zeigt: 2 ist Nullstelle von f.
Das kann man hier auch durch geeignetes Umformen des Funktionsterms in ein *Produkt* erkennen:

$$f(x) = x^3 - 2x^2 - 2x + 4$$
$$= x^2(x-2) - 2(x-2)$$
$$= (x^2-2)(x-2)$$

Da der Faktor $x-2$ an der Stelle 2 den Wert 0 annimmt, ist $f(2)=0$.

Man nennt $x-2$ den zur Nullstelle 2 gehörenden **Linearfaktor.**

Der Funktionsterm läßt sich hier als Produkt zweier Polynome schreiben, von denen eines ein Linearfaktor ist. Man sagt auch: Der Linearfaktor $x-2$ wird aus dem Funktionsterm *abgespalten.*

$$x^3 - 2x^2 - 2x + 4 = (x^2-2)\cdot(x-2)$$

Der Grad des anderen Faktors (x^2-2) ist um 1 kleiner als der Grad von f(x).

Ist 2 die einzige Nullstelle der Funktion f?
Der Graph hat außer p(2; 0) noch zwei weitere gemeinsame Punkte mit der Achse a_I, d.h. f hat zwei weitere Nullstellen.

Auch an den weiteren Nullstellen muß der Term

$(x^2-2)\cdot(x-2)$

den Wert 0 annehmen.

Übungen 4.3

1. Bestimme die Nullstellen der ganzrationalen Funktion f durch geeignetes Umformen des Funktionsterms.

a) $f(x) = x^5 - 5x^4 + 2x - 10$

b) $f(x) = x^4 + x^3 + 7x^2$

c) $f(x) = x^3 + x^2 - x - 1$

d) $f(x) = x^7 + 2x^6 - 64x - 128$

2. Wähle den Faktor a so, daß der Grad der Differenz um 1 kleiner ist als der Grad des Minuenden.

a) $(4x^3 + 7x^2 - 20) - ax^2(x-2)$

b) $(-x^3 + 8x + 7) - ax^2(x+1)$

c) $(2x^4 - x^3 + 12x - 6) - ax^3(6x-3)$

d) $(7x^5 + 7) - ax^4(5x+5)$

Wir wissen: Wenn ein Produkt 0 ist, muß mindestens ein Faktor 0 sein. Die weiteren Nullstellen müssen also Lösungen der Gleichung

$x^2-2=0$

sein. Die Lösungen sind $\sqrt{2}$ und $-\sqrt{2}$.

$\{-\sqrt{2}, \sqrt{2}, 2\}$ ist die Menge *aller* Nullstellen von f.

Das Polynom f(x) läßt sich vollständig in Linearfaktoren zerlegen:

$f(x)=(x+\sqrt{2})\cdot(x-\sqrt{2})\cdot(x-2).$

Aufgabe 2

$f=[x\mapsto 2x^4-3x^3-10x^2+5x-6;\ x\in\mathbb{R}]$

Bestimme die Menge aller Nullstellen von f.

Lösung: Wir suchen die Lösungen der Gleichung

$2x^4-3x^3-10x^2+5x-6=0$

x	f(x)
−3	132
−2	0
−1	−16
0	− 6
1	−12
2	−28
3	0
4	174

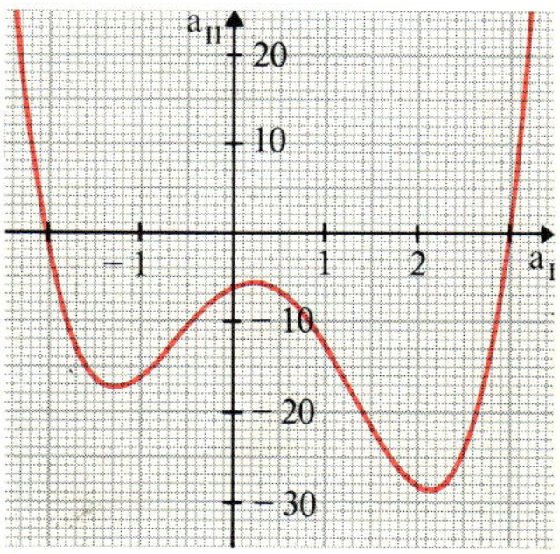

Die Wertetabelle läßt erkennen: −2 und 3 sind Nullstellen von f. Gibt es weitere Nullstellen?

Wir versuchen – wie in Aufgabe **1** – den zur Nullstelle 3 gehörenden Linearfaktor $x-3$ aus dem Funktionsterm $2x^4-3x^3-10x^2+5x-6$ abzuspalten. Wenn das möglich ist, muß sich der Funktionsterm wie folgt als *Produkt* schreiben lassen:

$$2x^4-3x^3-10x^2+5x-6=(a_3x^3+a_2x^2+a_1x+a_0)(x-3)$$

wobei der Grad von $a_3x^3+a_2x^2+a_1x+a_0$ *um 1 kleiner* ist als der Grad von f(x).

Das bedeutet: Die Differenz

$$2x^4-3x^3-10x^2+5x-6-(a_3x^3+a_2x^2+a_1x+a_0)(x-3)$$

muß dann für jede reelle Zahl an Stelle von x den Wert 0 annehmen.

3. Welche der Zahlen −2, 2, 7, 10 sind Nullstellen der ganzrationalen Funktion f?
Spalte jeweils den zugehörigen Linearfaktor aus f(x) ab.

a) $f(x)=4x^3+2x^2+5x-1505$

b) $f(x)=x^4-6x^3+2x^2-3x-78$

c) $f(x)=\frac{x^4}{10}+\frac{x^3}{5}+x-315{,}7$

d) $f(x)=\frac{x^3}{2}+3x^2-2x-12$

4. Suche mit Hilfe einer Wertetabelle eine Nullstelle der ganzrationalen Funktion f. Spalte den zugehörigen Linearfaktor ab und bestimme die weiteren Nullstellen.

a) $f(x)=x^3-3x^2-2x+6$

b) $f(x)=x^3-\frac{7}{4}x-\frac{3}{4}$

c) $f(x)=\frac{x^5}{2}-\frac{x^4}{3}-8x+\frac{16}{3}$

d) $f(x)=x^5+2x^4+2x^3+4x^2+3x+6$

5. Schreibe den Funktionsterm als Produkt von Linearfaktoren.

a) $f(x)=x^5+x^4-5x^3-5x^2+6x+6$

b) $f(x)=x^4-x^3-11x^2+5x+30$

c) $f(x)=x^4+4x^3-6x^2-24x$

d) $f(x)=x^4-x^3-3x^2+5x-2$

6. Bestimme die Menge aller Nullstellen der ganzrationalen Funktion f. Schreibe f(x) auch als Polynom.

a) $f(x)=(x^2-3x+2)(x^2+5)$

b) $f(x)=(3x-7)(5x^2+x-186)$

c) $f(x)=(x-2)(x^3-5x^2-49x+245)$

d) $f(x)=x(x+7)(2x-3)(x^2+2)$

7. Gib eine ganzrationale Funktion dritten Grades an, die die Nullstellen x_1, x_2, x_3 hat und deren Graph durch den Punkt p(0; 1) geht. Notiere den Funktionsterm als Polynom.

a) $x_1=-1,\quad x_2=1,\quad x_3=4$

b) $x_1=3,\quad x_2=5,\quad x_3=6$

c) $x_1=-4,\quad x_2=-2,\quad x_3=2$

d) $x_1=\frac{1}{2},\quad x_2=3,\quad x_3=-3$

8. Der Graph gehört zu einer ganzrationalen Funktion f. Welchen Grad muß f mindestens haben? Begründe die Antwort.

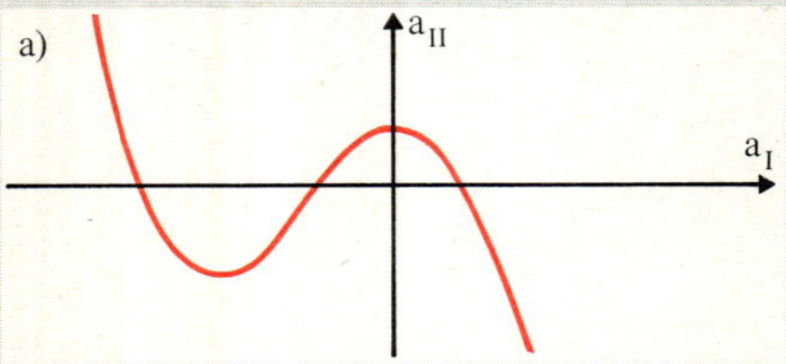

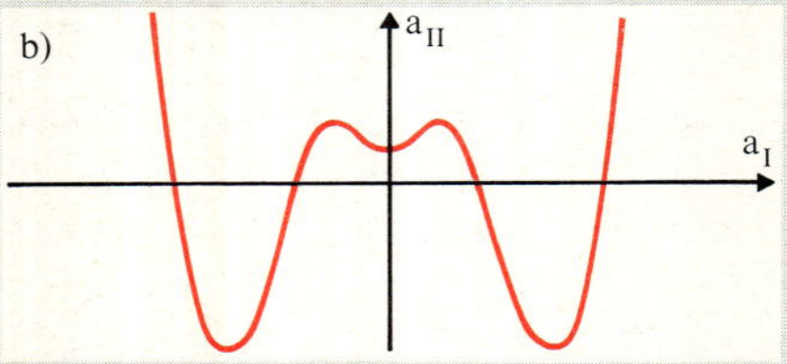

9. Begründe:

a) Eine Gleichung n-ten Grades der Form $a_n x^n + a_{n-1} x^{n-1} + \cdots + a_1 x + a_0 = 0$ mit $a_n \neq 0$ hat höchstens n Lösungen.

b) Hat eine ganzrationale Funktion f unendlich viele Nullstellen, so ist f(x) das Nullpolynom.

Zur Wiederholung: *Terme und Gleichungen*

W 1. Löse die Klammern auf und fasse zusammen.

a) $3(7x^2+4x-2)+x(8x-15)$

b) $5x(6x-12)-4x(x+1)$

c) $\frac{x}{6}(18x+24)-\frac{x}{8}(24x-16)$

d) $(9x-11)(2x+17)$

e) $18(2x-5)(\frac{1}{6}x-\frac{4}{9})$

f) $20x^2-(\frac{1}{4}x-1)(12x+8)$

g) $(x-4)(x^2+1)+(x-4)(1-x^2)$

h) $3(x+5)(2x^2-\frac{1}{3}x+1)$

i) $48(x-\frac{3}{4})^2-27$

j) $(2x+0{,}5)^2-(2x-0{,}5)^2$

k) $(6x^2-1)(6x^2+1)+1$

l) $(x^2-4x+3)(2x^2+x-5)$

Wir subtrahieren schrittweise:

$2x^4-3x^3-10x^2+5x-6-a_3x^3(x-3)$ (1. Schritt)
$-a_2x^2(x-3)$ (2. Schritt)
$-a_1x(x-3)$ (3. Schritt)
$-a_0(x-3)$ (4. Schritt)

Die Koeffizienten a_3, a_2, a_1, a_0 wählen wir dabei so, daß bei jedem Subtraktionsschritt der *Grad verringert* wird.

1. Schritt: $2x^4-3x^3-10x^2+5x-6-(a_3x^4-3a_3x^3)$

Wir wählen: $a_3=2$; dann ist

$2x^4-3x^3-10x^2+5x-6-(2x^4-6x^3)$
$=3x^3-10x^2+5x-6$

2. Schritt: $3x^3-10x^2+5x-6-(a_2x^3-3a_2x^2)$

Wir wählen: $a_2=3$; dann ist

$3x^3-10x^2+5x-6-(3x^3-9x^2)$
$=-x^2+5x-6$

3. Schritt: $-x^2+5x-6-(a_1x^2-3a_1x)$

Wir wählen: $a_1=-1$; dann ist

$-x^2+5x-6-(-x^2+3x)=2x-6$

4. Schritt: $2x-6-(a_0x-3a_0)$

Wir wählen: $a_0=2$; dann ist

$2x-6-(2x-6)=0$

Wir stellen fest: Die gesamte Differenz ist 0 bei jeder Einsetzung für x; d.h. die Gleichung

$2x^4-3x^3-10x^2+5x-6-(2x^3+3x^2-1x+2)(x-3)=0$

ist allgemeingültig. Der Linearfaktor $x-3$ läßt sich also aus dem Funktionsterm abspalten:

$f(x)=(2x^3+3x^2-1x+2)(x-3)$

Das (schrittweise durchgeführte) Verfahren der **Polynomzerlegung** läßt sich schematisieren:

$$
\begin{array}{l}
2x^4-3x^3-10x^2+5x-6=(x-3)(2x^3+3x^2-x+2)\\
\underline{-(2x^4-6x^3)}\\
\qquad\quad 3x^3-10x^2+5x-6\\
\qquad\ \underline{-(3x^3-\ 9x^2)}\\
\qquad\qquad\quad -x^2+5x-6\\
\qquad\qquad \underline{-(-x^2+3x)}\\
\qquad\qquad\qquad\quad 2x-6\\
\qquad\qquad\qquad \underline{-(2x-6)}\\
\qquad\qquad\qquad\qquad 0
\end{array}
$$

Die Wertetabelle der Funktion f läßt erkennen, daß auch -2 Nullstelle ist. Da $x-3$ an der Stelle -2 nicht den Wert 0 hat, muß das Polynom $2x^3+3x^2-x+2$ an dieser Stelle den Wert 0 annehmen.

Der zugehörige Linearfaktor $x+2$ muß sich von diesem Polynom abspalten lassen:

$$2x^3+3x^2-x+2=(x+2)\cdot(2x^2-x+1)$$

Wir dürfen also schreiben:

$$f(x)=(x-3)(x+2)(2x^2-x+1)$$

Lassen sich weitere Linearfaktoren abspalten?

Wir untersuchen, ob auch der dritte Faktor, das Polynom $2x^2-x+1$, den Wert 0 annehmen kann.

Die Gleichung $2x^2-x+1=0$ hat *keine* Lösung. Folglich hat f außer 3 und -2 keine weiteren Nullstellen.

$\{-2, 3\}$ ist die Menge aller Nullstellen von f.

Läßt sich der Linearfaktor $x-a$ *immer* vom Funktionsterm f(x) abspalten, wenn a Nullstelle der ganzrationalen Funktion f ist?

Wir nehmen an, beim Zerlegungsverfahren bliebe ein „Rest" r. Dann ist r eine Konstante.

$$f(x)-(x-a)(a_{n-1}x^{n-1}+\cdots+a_0)=r$$

Dann ist $f(x)=(x-a)(a_{n-1}x^{n-1}+\cdots+a_0)+r$

also $f(a)=(a-a)(a_{n-1}a^{n-1}+\cdots+a_0)+r$

$$f(a)=r$$

Da $f(a)=0$ ist, muß der „Rest" r die Zahl 0 sein.

Satz 2: Ist a Nullstelle einer ganzrationalen Funktion f vom Grade n (mit $n>0$), so läßt sich der zugehörige Linearfaktor $x-a$ aus dem Funktionsterm f(x) abspalten:

$$f(x)=(x-a)\cdot g(x)$$

Dabei ist g(x) ein Polynom vom Grade $n-1$.

Zu jeder Nullstelle einer ganzrationalen Funktion gehört ein Linearfaktor, der sich abspalten läßt. Es können aber nicht mehr Linearfaktoren abgespalten werden, als der Grad des Polynoms angibt.

Das bedeutet:

Satz 3: Eine ganzrationale Funktion n-ten Grades (mit $n>0$) hat höchstens n Nullstellen.

W 2. Schreibe als Produkt. (Klammere soweit aus, daß der Term in der neuen Klammer möglichst einfach wird.)

a) $4x^3-6x^2+40x$

b) $24x^6+15x^5-25x^4+20x^2$

c) $-42x^5-63x^4+35x^3$

d) $12x^6-20x^5+x^2$

e) $15(x+1)-x(x+1)$

f) $60(x-4)+40x(x-4)$

g) $x^3(x+7)-(x+7)x^2$

W 3. Schreibe als Produkt bzw. als Quadratterm.

a) $25x^4-16$

b) $x^2-24x+144$

c) x^6+6x^3+9

d) $5x^2+70x+245$

e) x^5-81x

f) $8x^4-50$

g) $\frac{x^3}{8}-\frac{x^2}{4}+\frac{x}{8}$

W 4. Notiere die quadratische Gleichung in der „Normalform" $x^2+ax+b=0$, zu der die angegebene Menge Erfüllungsmenge ist.

a) $\{2;6\}$ d) $\{0;3\}$

b) $\{-1;9\}$ e) $\{15\}$

c) $\{2{,}4;0{,}6\}$ f) $\{-1\}$

W 5. Welche reellen Zahlen darf man für r einsetzen, damit die quadratische Gleichung genau eine [genau zwei; keine] Lösung hat? Notiere die Menge der möglichen Einsetzungen für r.

a) $x^2+6x+r=0$

b) $x^2+rx+49=0$

c) $x^2-x=r$

d) $rx^2+4=0$

W 6. Welche der folgenden Terme sind gleichwertig zu dem Term $x^3-5x^2-4x+20$?

$(x-5)(x^2+4)$, $(x-2)(x^2-3x-10)$,
$(x-2)(x^2-10)$, $(x+2)(x^2-7x-10)$,
$(x-5)(x^2-4)$, $(x+2)(x^2-7x+10)$

Übungen 4.4

1. Das Bild zeigt das Geradenbüschel durch den Punkt $p(-2;1)$.

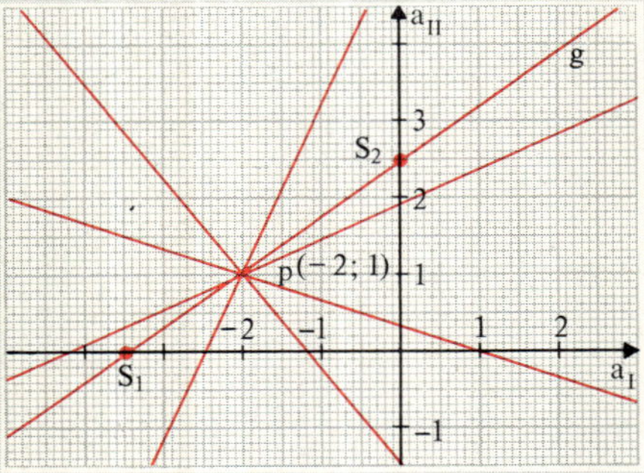

Betrachte für jede Gerade g des Büschels den Schnittpunkt S_1 mit der Achse a_I und den Schnittpunkt S_2 mit der Achse a_{II}. Notiere die Zuordnungsvorschrift, die jeweils der ersten Koordinate von S_1 die zweite Koordinate von S_2 zuordnet.
Welcher Koordinate läßt sich dabei kein Funktionswert zuordnen?

2. Zeichne den Graphen der gebrochen rationalen Funktion f. Gib die Definitionslücken und die Nullstellen an.

a) $f(x)=\frac{6}{x}$

b) $f(x)=-\frac{2x}{x^3}$

c) $f(x)=\frac{x}{x-3}$

d) $f(x)=\frac{x^2-1}{x-1}$

e) $f(x)=\frac{x+2}{x^2-4}$

f) $f(x)=\frac{10}{x^2+5}$

Bestimme den Positivbereich und den Negativbereich von f.

4.4. Gebrochen rationale Funktionen

Beispiel 1

Eine Projektionslinse mit 5 cm Brennweite erzeugt von einer Kerze in der „Gegenstandsweite" x cm ein Bild auf einem Schirm in der „Bildweite" y cm.

Zwischen der Gegenstandsweite und der Bildweite besteht die Beziehung:

$$\frac{1}{x}+\frac{1}{y}=\frac{1}{5}$$

Diese Gleichung kann man folgendermaßen als Funktionsgleichung schreiben:

$$y=\frac{5x}{x-5}$$

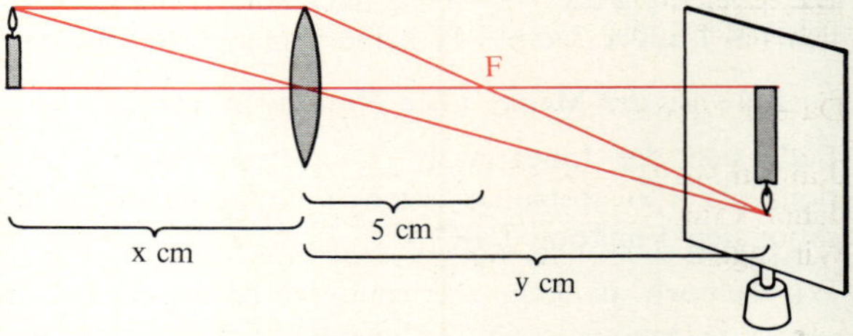

Die Funktion mit der Zuordnungsvorschrift

$$x \mapsto \frac{5x}{x-5}; \quad x>5$$

ordnet einer (Maßzahl der) Gegenstandsweite die entsprechende (Maßzahl der) Bildweite zu:

x	y
6	30
7	17,5
8	13,33
9	11,25
10	10
12	8,57
15	7,5
18	6,92
20	6,67

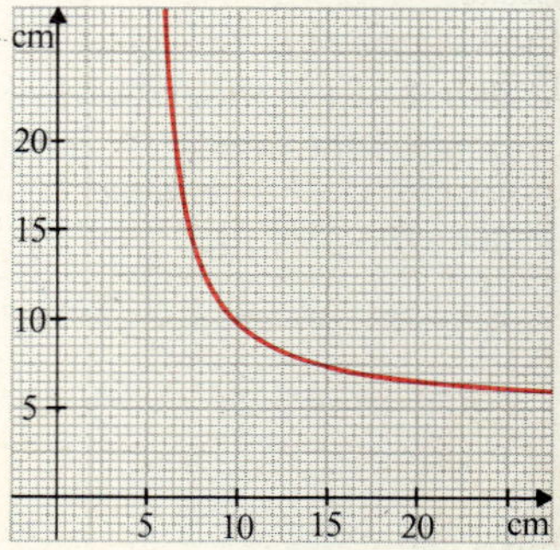

Der Term $\frac{5x}{x-5}$ läßt sich nicht als Polynom schreiben, er ist der *Quotient zweier Polynome.* Eine Funktion f mit $f(x)=\frac{5x}{x-5}$ ist daher *nicht* ganzrational.

Wir sagen: $\frac{5x}{x-5}$ ist Term einer **gebrochen rationalen Funktion.**

Beispiel 2

$f=\left[x\mapsto\frac{4}{(x+1)^2};\ x\in\mathbb{R}\setminus\{-1\}\right]$

Der Funktionsterm ist der Quotient der Polynome 4 und x^2+2x+1. f ist eine *gebrochen rationale Funktion.*

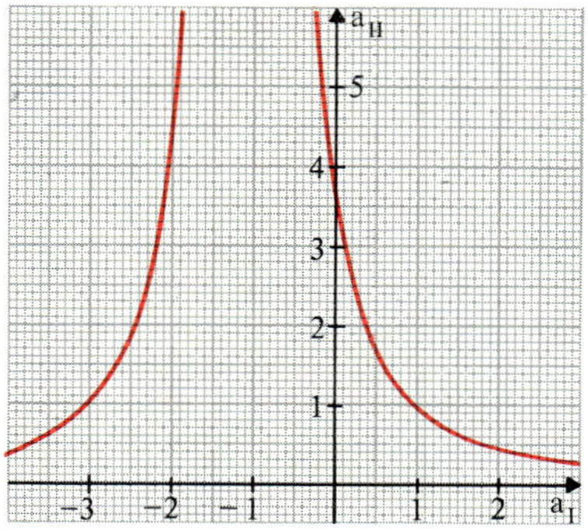

Da der Nenner von $\frac{4}{(x+1)^2}$ an der Stelle -1 den Wert 0 annimmt, gibt es zu -1 keinen Funktionswert von f, daher kann -1 nicht zum Definitionsbereich gehören. Wir sagen: -1 ist **Definitionslücke** von f.

Aufgabe 1

Der Definitionsbereich der Funktion f mit

$f(x)=\frac{x^2+2x}{x}$

sei maximal. Welche Definitionslücken hat f?

Lösung: Nur an der Stelle 0 nimmt der Nenner des Funktionsterms den Wert 0 an. Also ist 0 einzige Definitionslücke von f.

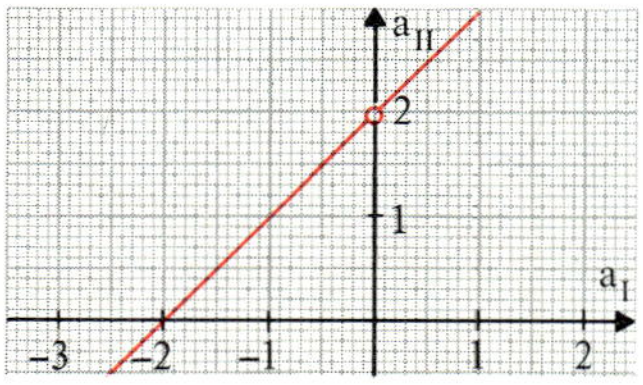

Für $x\in\mathbb{R}\setminus\{0\}$ kann man vereinfachen:

$\frac{x^2+2x}{x}=\frac{x(x+2)}{x}=x+2$

Man beachte: Die ganzrationale Funktion $\bar{f}$ mit $\bar{f}(x)=x+2$ und dem Definitionsbereich $\mathbb{R}$ hat zwar für $x\neq 0$ jeweils denselben Funktionswert wie f, aber $\bar{f}$ ist von f verschieden, da sich die Definitionsbereiche von f und $\bar{f}$ unterscheiden: $0\notin D_f$, aber $0\in D_{\bar{f}}$.

3. Schreibe den Term als Quotienten zweier Polynome.

a) $1+\frac{5}{x}$ c) $\frac{4}{x^2}-\frac{3}{x}$

b) $3-\frac{1}{x+2}$ d) $\left(1+\frac{1}{x}\right)\cdot x$

4. Welche Terme sind Funktionsterme einer gebrochen rationalen Funktion?

$\frac{x^3-1}{5x}$; $\frac{6}{3x+8}$; $\frac{3x+8}{6}$;

$\frac{x}{x+1}$; $\frac{1}{x}$; $\frac{x^3}{x^2}$; $\frac{x+2}{x}$

5. Ist die rationale Funktion f mit dem Funktionsterm f(x) ganzrational oder gebrochen rational? Schreibe f(x) als Polynom, falls f ganzrational ist.

a) $f(x)=\frac{x^2+4x}{x+4}$ c) $f(x)=\frac{4x^2+4}{x^2+2}$

b) $f(x)=\frac{x^3-5}{20}$ d) $f(x)=\frac{x^3+1}{x^3}$

6. Entscheide, ob $f_1=f_2$ ist. Zeichne auch die Graphen.

a) $f_1=\left[x\mapsto\frac{x^3}{4x^2};\ x\in\mathbb{R}\setminus\{0\}\right]$

$f_2=\left[x\mapsto\frac{3x^2}{12x};\ x\in\mathbb{R}\setminus\{0\}\right]$

b) $f_1=\left[x\mapsto\frac{x}{x-3};\ x\in\mathbb{R}\setminus\{3\}\right]$

$f_2=\left[x\mapsto\frac{x}{(x-3)^2};\ x\in\mathbb{R}\setminus\{3\}\right]$

c) $f_1=\left[x\mapsto\frac{5x}{5x+5};\ x\in\mathbb{R}\setminus\{-1\}\right]$

$f_2=\left[x\mapsto\frac{x^2+x}{x^2+2x+1};\ x\in\mathbb{R}\setminus\{-1\}\right]$

Zur Wiederholung: *Bruchterme*

W 1. Fasse den Term zu einem Bruch zusammen.

a) $\frac{1}{x}+\frac{1}{x+1}$ d) $\frac{6}{x-4}\cdot\frac{x}{x+4}$

b) $\frac{4x-7}{x}-\frac{3}{x^2}$ e) $\frac{x}{x+3}:\frac{x^2}{7}$

c) $6x-\frac{4}{x+1}$ f) $\left(1-\frac{1}{x}\right)^2$

W 2. Vereinfache den Bruchterm durch Kürzen, so daß ein gleichwertiger Term entsteht.

a) $\frac{4x^2}{8x+12}$ d) $\frac{x^2+2x}{(x+2)^2}$

b) $\frac{6x^2-x}{x^3}$ e) $\frac{x^2-49}{(x-7)^2}$

c) $\frac{9x^2+6x}{3x^4-6x^2}$ f) $\frac{2(x-3)^2}{2x^2-18}$

W 3. Haben die beiden Terme denselben Definitionsbereich?
Gib eine Begründung an, falls das nicht zutrifft.

a) $3x+\frac{4}{x}$; $\frac{3x^2+4}{x}$

b) $\frac{10x-35}{15x}$; $\frac{8x-28}{12x}$

c) $\frac{x^2+x}{5x}$; $\frac{6x+6}{30}$

d) $\frac{3x-3}{(x-1)^2}$; $\frac{3x+3}{x^2-1}$

e) $\frac{x^4-1}{x^3+x}$; $\frac{x^3-x}{x^2}$

Aufgabe 2

Der Definitionsbereich der Funktion f mit $f(x)=\frac{3x}{x^2+1}$ sei maximal. Der Funktionsterm ist der Quotient zweier Polynome. Hat f eine Definitionslücke?

Lösung: Da der Nenner des Funktionsterms an keiner Stelle den Wert 0 annimmt, hat diese gebrochen rationale Funktion *keine Definitionslücke.* f ist auf der ganzen Menge $\mathbb{R}$ definiert.

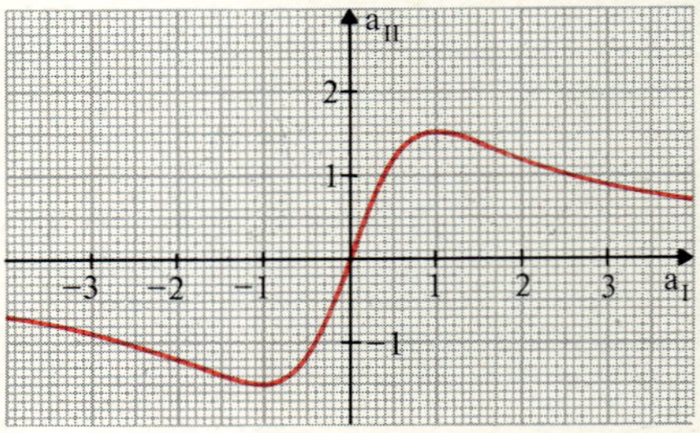

Definition 3: Eine Funktion f (mit maximalem Definitionsbereich), die nicht ganzrational ist, deren Term sich aber als Quotient zweier Polynome schreiben läßt, nennt man **gebrochen rationale Funktion.**

Die Nullstellen des Nennerpolynoms sind Definitionslücken der gebrochen rationalen Funktion.

Unter einer **rationalen Funktion** versteht man eine Funktion, die *ganzrational oder gebrochen rational* ist.

5. Umkehrung und Verkettung von Funktionen

5.1. Umkehrbarkeit einer Funktion

Aufgabe 1: *Umkehrbarkeit und Pfeildiagramm*

Das folgende Pfeildiagramm gehört zu der Funktion:

$f_1 = [x \mapsto -\frac{3}{2}x + 3; x \in [-2; 3]]$

$f_2 = [x \mapsto x^2 - 1; x \in [-2; 3]]$

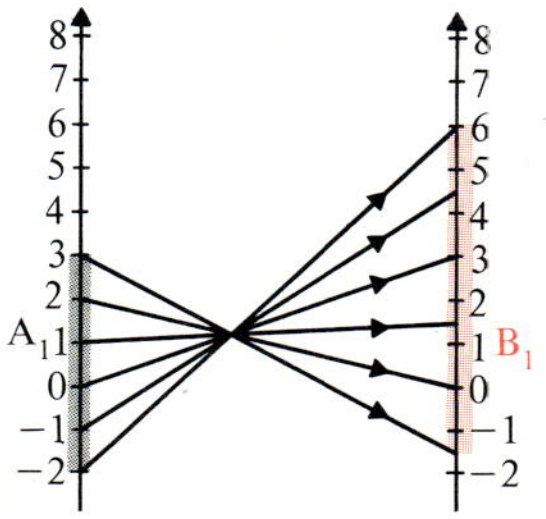

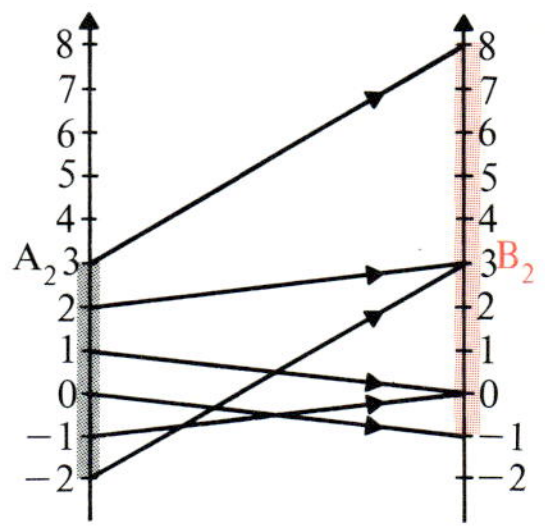

$A_1 = \{x \in \mathbb{R} \mid -2 \leq x \leq 3\}$ ist der Definitionsbereich von f_1,

$A_2 = \{x \in \mathbb{R} \mid -2 \leq x \leq 3\}$ ist der Definitionsbereich von f_2,

$B_1 = \{y \in \mathbb{R} \mid -\frac{3}{2} \leq y \leq 6\}$ der Wertebereich.

$B_2 = \{y \in \mathbb{R} \mid -1 \leq y \leq 8\}$ der Wertebereich.

Zeichne das Pfeildiagramm, das man durch Umkehren aller Pfeile aus dem gegebenen erhält. Gehört das neue Pfeildiagramm zu einer Funktion?

Lösung:

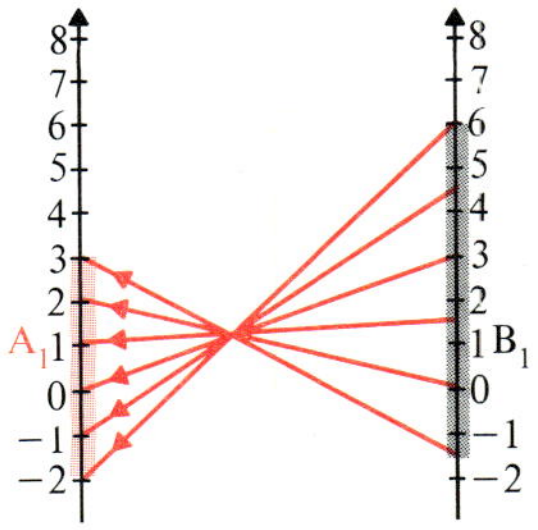

Dieses Pfeildiagramm gehört zu einer Funktion mit dem Definitionsbereich B_1 und dem Wertebereich A_1, denn von *jedem* Element von B_1 geht *genau ein* Pfeil aus.

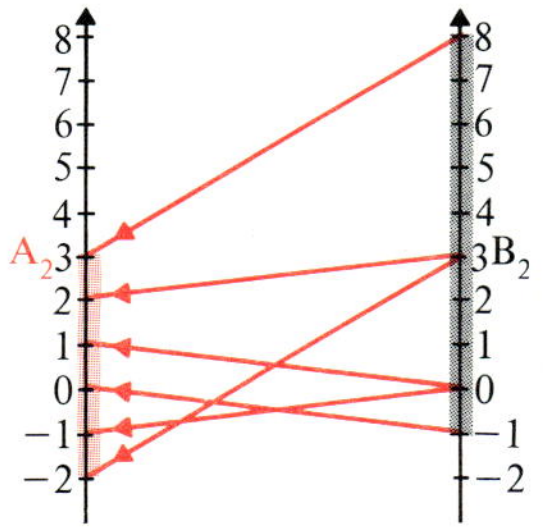

Dieses Pfeildiagramm gehört *nicht* zu einer Funktion, denn es gibt *mindestens ein* Element aus B_2 (z.B. 3), von dem *mehr als ein* Pfeil ausgeht.

Übungen 5.1

1. Zeichne das Pfeildiagramm der gegebenen Funktion und der umgekehrten Zuordnung. Entscheide, ob die Funktion umkehrbar ist; begründe die Antwort.

a) [x$\mapsto$Dreifaches von x; $x \in \{1, 2, 3, 4, 5, 6, 7, 8, 9, 10\}$]

b) [x$\mapsto$Hälfte von x; $x \in \{2, 4, 6, 8, 10, 12, 14, 16, 18, 20\}$]

c) [x$\mapsto$Rest bei Division durch 5; $x \in \{0, 1, 2, 3, 4, 5, \ldots, 14, 15\}$]

d) [x$\mapsto$multiplikative Gegenzahl von x; $x \in \{-4, -3, -2, -1, 1, 2, 3, 4\}$]

e) [x$\mapsto$additive Gegenzahl von x; $x \in \{-4, -3, -2, -1, 0, 1, 2, 3, 4\}$]

f) [x$\mapsto$Anzahl der Teiler von x; $x \in \{1, 2, 3, 4, \ldots, 19, 20\}$]

g) [x$\mapsto$Summe der Teiler von x; $x \in \{1, 2, 3, 4, \ldots, 12\}$]

h) [x$\mapsto$Nachfolger von x; $x \in \{1, 2, 3, 4, \ldots, 14, 15\}$]

2. Die Zuordnungen
(1) Benzinvolumen $\mapsto$ Preis und
(2) Hubraum $\mapsto$ Kfz-Jahressteuer (für PKW)
sind Funktionen auf der Menge der Volumina. Während bei der Funktion (1) Umkehrfragen (gegeben: Preis, gefragt: Benzinvolumen) eindeutig beantwortbar sind, ist dies bei (2) nicht der Fall.
(1) ist umkehrbar, (2) dagegen nicht.

Gib Funktionen aus der Umwelt an, die
a) umkehrbar sind;
b) nicht umkehrbar sind.

3. Entscheide anhand des Graphen, ob die zugehörige Funktion umkehrbar ist. Begründe dies.

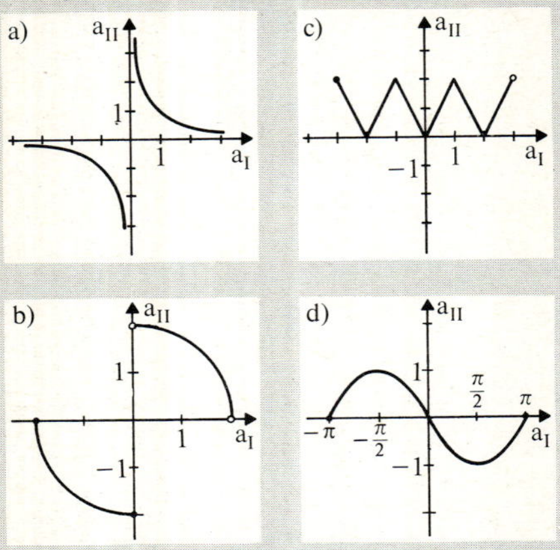

4. Gib für jede Funktion in Übungsaufgabe **1** [Übungsaufgabe **3**] den Wertebereich an. Notiere bei den umkehrbaren Funktionen jeweils auch den Definitions- und Wertebereich der Umkehrfunktion.

5. Zeichne den Graphen der Funktion. Entscheide, ob die Funktion umkehrbar ist.

a) $[x \mapsto x^3; x \in \mathbb{R}]$

b) $[x \mapsto 4 - x^2; x \in \mathbb{R}]$

c) $[x \mapsto 1 - x; x \in \mathbb{R}]$

d) $[x \mapsto x - [x]; x \in \mathbb{R}]$

e) $[x \mapsto (x - [x])^2; x \in \mathbb{R}_0^+]$

f) $[x \mapsto |x|; x \in \mathbb{R}]$

g) $[x \mapsto 1 - |x|; x \in \mathbb{R}]$

h) $\left[x \mapsto 1 - \frac{1}{x}; x \in \mathbb{R} \setminus \{0\}\right]$

i) $\left[x \mapsto x - \frac{1}{x}; x \in \mathbb{R} \setminus \{0\}\right]$

j) $[x \mapsto x^2 \cdot \operatorname{sgn} x; x \in \mathbb{R}]$

k) $\left[x \mapsto \frac{4}{x^2}; x \in \mathbb{R} \setminus \{0\}\right]$

l) $[x \mapsto (x-4)^2 \cdot H(x-4); x \in \mathbb{R}]$

m) $\left[x \mapsto \begin{cases} x-1 & \text{für } x \in \mathbb{Q} \\ x+1 & \text{für } x \in \mathbb{R} \setminus \mathbb{Q} \end{cases}\right]$

n) $\left[x \mapsto \begin{cases} x^2 & \text{für } x \in \mathbb{R}_0^- \\ x & \text{für } x \in \mathbb{R}^+ \end{cases}\right]$

o) $\left[x \mapsto \begin{cases} \frac{1}{2}x & \text{für } x \in [0;4] \\ -\frac{1}{2}x + 4 & \text{für } x \in]4;8] \end{cases}\right]$

p) $[x \mapsto \sqrt{x} + 1; x \in \mathbb{R}_0^+]$

q) $[x \mapsto -2; x \in \mathbb{R}]$

Definition 1: Eine Funktion f heißt umkehrbar, wenn das Pfeildiagramm, das man durch Umkehren aller Pfeile im Pfeildiagramm von f erhält, wieder zu einer Funktion gehört.
Die neue Funktion heißt **Umkehrfunktion** zu f; wir bezeichnen sie mit f^I (gelesen: *f invers*).
Der Definitionsbereich von f^I ist der Wertebereich von f, der Wertebereich von f^I ist der Definitionsbereich von f..

Die Umkehrbarkeit einer Funktion können wir am Pfeildiagramm wie folgt erkennen:

Eine Funktion f ist genau dann umkehrbar, wenn im Pfeildiagramm von f niemals mehrere Pfeile in demselben Punkt enden.

Aus Definition **1** folgt unmittelbar:

Satz 1: Ist eine Funktion f umkehrbar, so ist auch ihre Umkehrfunktion f^I umkehrbar.
Die Umkehrfunktion von f^I ist wieder f,
d.h. es gilt: $(f^I)^I = f$.

Zur Übung: **1** und **2**

Aufgabe 2: *Umkehrbarkeit und Graph*

Der folgende Graph gehört zu der Funktion:

$f_1 = [x \mapsto -\frac{3}{2}x + 3; x \in [-2;3]]$

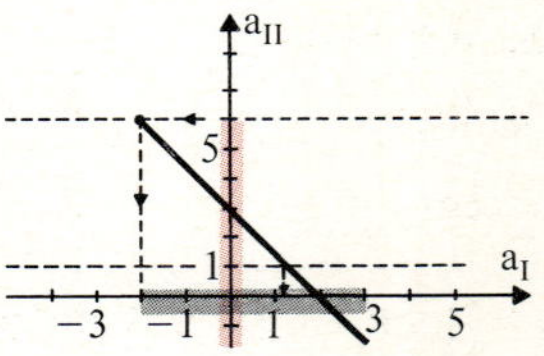

$f_2 = [x \mapsto x^2 - 1; x \in [-2;3]]$

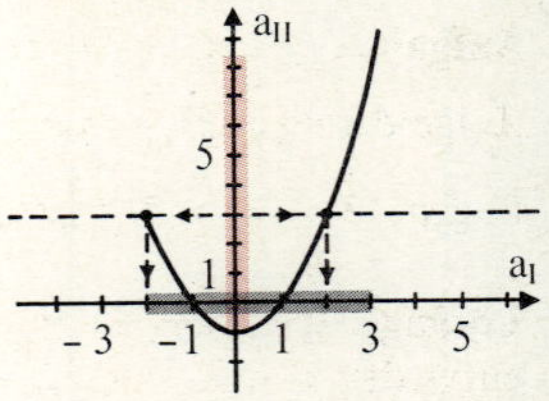

Wie erkennt man am Graphen der Funktion, ob sie umkehrbar ist?

Lösung:

Es kommt *niemals* vor, daß auf einer Parallelen zur Achse a_I *mehrere* Punkte des Graphen von f liegen.
f_1 ist umkehrbar.

Es kommt vor, daß auf einer Parallelen zur Achse a_I *mehrere* Punkte des Graphen von f liegen.
f_2 ist nicht umkehrbar.

Am Graphen können wir die Umkehrbarkeit folgendermaßen erkennen:

Eine Funktion f ist genau dann umkehrbar, wenn im Koordinatensystem auf einer Parallelen zur 1. Achse niemals mehrere Punkte des Graphen von f liegen.

Zur Übung: **3** bis **5**

Bei der Formulierung der charakteristischen Bedingung für die Umkehrbarkeit einer Funktion haben wir bisher auf die Anschauung (Pfeildiagramm, Graph) zurückgegriffen. Im folgenden lösen wir uns hiervon:

Eine Funktion f ist *nicht umkehrbar*, wenn es vorkommt, daß zu verschiedenen Stellen derselbe Funktionswert gehört. f ist *umkehrbar*, wenn es niemals vorkommt, daß zu verschiedenen Stellen derselbe Funktionswert gehört oder, was dasselbe bedeutet:

Definition 1*: Eine Funktion f heißt umkehrbar, wenn zu verschiedenen Stellen der Funktion stets auch verschiedene Funktionswerte gehören.

In Zeichen:
Wenn $x_1, x_2 \in D_f$ und $x_1 \neq x_2$, dann $f(x_1) \neq f(x_2)$.

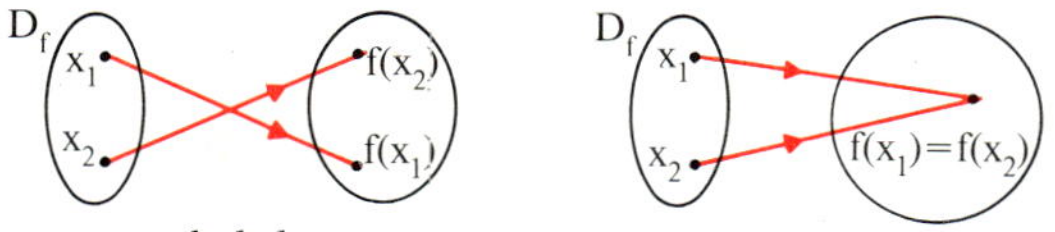

umkehrbar *nicht umkehrbar*

Wir wenden nun diese Definition zum Nachweis der Umkehrbarkeit an.

Aufgabe 3: *Nachweis der Umkehrbarkeit*

Zeige durch Rechnung: Die Funktion

$f = [x \mapsto 3x - 4; x \in \mathbb{R}]$ ist umkehrbar.

Lösung: Es seien $x_1, x_2 \in \mathbb{R}$ mit $x_1 \neq x_2$. Es gilt dann entweder $x_1 < x_2$ oder $x_2 < x_1$.

(1) $x_1 < x_2 \Rightarrow 3x_1 < 3x_2 \Rightarrow 3x_1 - 4 < 3x_2 - 4$,

d.h. $f(x_1) < f(x_2)$, also $f(x_1) \neq f(x_2)$.

(2) $x_2 < x_1 \Rightarrow 3x_2 - 4 < 3x_1 - 4$,

d.h. $f(x_2) < f(x_1)$, also $f(x_2) \neq f(x_1)$.

Insgesamt: Wenn $x_1 \neq x_2$, dann $f(x_1) \neq f(x_2)$.

Zur Übung: **6** bis **9**

6. Durch die Wertetabelle ist eine Funktion gegeben. Ist die Funktion umkehrbar?

a)

−2	−8
−1	1
0	0
1	1
2	8
3	27

b)

0	0
1	1
2	0
3	1
4	0
5	1

c)

−1	2
0	1
1	0
2	1
3	2
4	3

d)

0	1
1	2
2	4
3	8
4	16
5	32

e)

2	2
4	3
6	3
8	4
10	5
12	6

7. Zu einer Funktion gehört eine Menge geordneter Paare.

a) Gib für die Funktionen in Übungsaufgabe **1**a) bis h) jeweils die zugehörige Menge der geordneten Paare an.

b) Wie erkennt man bei dieser Menge, ob die Funktion umkehrbar ist?

8. Zeige durch Anwenden der Definition **1*** die Umkehrbarkeit bzw. die Nicht-Umkehrbarkeit der angegebenen Funktion.

a) $\left[x \mapsto \frac{2}{3}x + 5; x \in \mathbb{R}\right]$

b) $[x \mapsto -2x + 3; x \in \mathbb{R}]$

c) $\left[x \mapsto -\frac{5}{4}x - \frac{1}{2}; x \in \mathbb{R}\right]$

d) $[x \mapsto x^2; x \in \mathbb{R}]$

e) $[x \mapsto x^2; x \in \mathbb{R}_0^+]$

f) $[x \mapsto x^2 + 5; x \in \mathbb{R}_0^+]$

g) $\left[x \mapsto \frac{1}{2}x^2 - 4; x \in \mathbb{R}_0^+\right]$

h) $\left[x \mapsto \frac{1}{2}x^2 - 4; x \in \mathbb{R}\right]$

i) $[x \mapsto |x|; x \in \mathbb{R}]$

9. a) Es sei $A_3 = \{1, 2, 3\}$. Gib alle umkehrbaren
▲ Funktionen auf A_3 mit Werten in A_3 an.
▲
▲ b) Wie viele umkehrbare Funktionen auf
▲ $A_n = \{1, 2, \ldots, n\}$ mit Werten in A_n gibt es?
▲ c) Gibt es darunter eine Funktion, deren Werte-
▲ bereich eine echte Untermenge von A_n ist?
▲ Begründe die Antwort.

5.2. Graph, Funktionsgleichung und Zuordnungsvorschrift der Umkehrfunktion

Aufgabe 1

Die Funktion $f = [x \mapsto \frac{5}{2}x + \frac{1}{2}; x \in \mathbb{R}]$ ist umkehrbar.

a) Zeichne (in dasselbe Koordinatensystem) den Graphen der Umkehrfunktion f^I von f.

b) Wie lautet die Funktionsgleichung von f^I?

c) Wie lautet die Zuordnungsvorschrift von f^I?

Lösung: *Zu a):* Man erhält eine Wertetabelle von f^I, indem man zunächst eine Wertetabelle zu f anlegt und dann die beiden Spalten miteinander vertauscht.

Wertetabelle zu f:

1. Komp. x	2. Komp. f(x)
-1	-2
0	$\frac{1}{2}$
1	3
2	$5\frac{1}{2}$
3	8

Wertetabelle zu f^I:

1. Komp. x	2. Komp. $f^I(x)$
-2	-1
$\frac{1}{2}$	0
3	1
$5\frac{1}{2}$	2
8	3

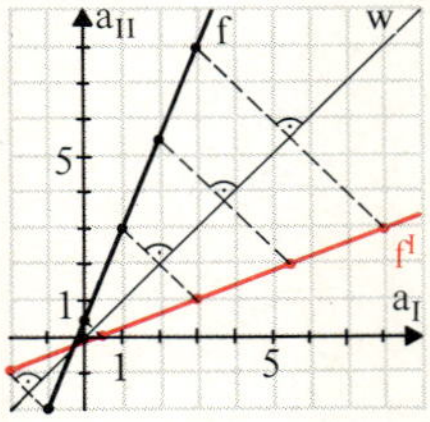

Wie kann man den Graphen von f^I auch ohne Umweg über die Wertetabelle aus dem Graphen von f erzeugen?

> Man erhält den Graphen der Umkehrfunktion f^I durch Spiegelung des Graphen von f an der Geraden mit $y = x$ (Hauptwinkelhalbierende).

Begründung: Das Vertauschen der beiden Koordinaten eines Punktes bedeutet geometrisch das Spiegeln des Punktes an der Hauptwinkelhalbierenden w.

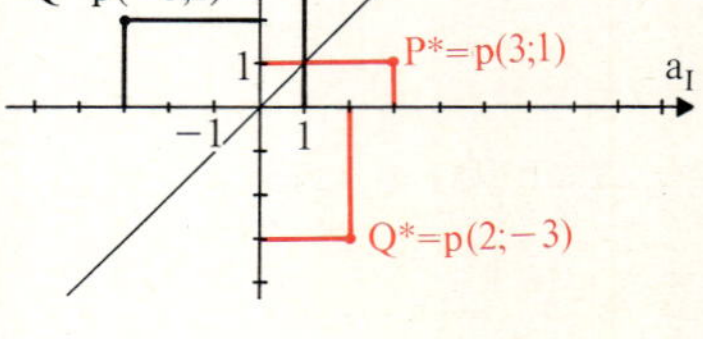

Übungen 5.2

1. Zeichne in ein Koordinatensystem die Graphen von Funktion und Umkehrfunktion.

a) $\left[x \mapsto \frac{2}{3}x - 2; x \in \mathbb{R}\right]$

b) $[x \mapsto -3x + 2; x \in \mathbb{R}]$

c) $\left[x \mapsto \frac{2}{x}; x \in \mathbb{R} \setminus \{0\}\right]$

d) $\left[x \mapsto 1 - \frac{1}{x}; x \in \mathbb{R} \setminus \{0\}\right]$

e) $\left[x \mapsto \frac{1}{2}x^2; x \in \mathbb{R}_0^+\right]$

f) $[x \mapsto x^2 - 3; x \in \mathbb{R}_0^-]$

g) $[x \mapsto \sqrt{x} - 1; x \in \mathbb{R}_0^+]$

h) $[x \mapsto \sqrt{-3x}; x \in \mathbb{R}_0^-]$

i) $[x \mapsto |x - 3|; x \geq 3]$

j) $[x \mapsto x^2 \cdot \operatorname{sgn} x; x \in \mathbb{R}]$

2. Bestimme die Funktionsgleichung der Umkehrfunktion der angegebenen Funktion.

a) $\left[x \mapsto \frac{4}{5}x + 2; x \in \mathbb{R}\right]$

b) $\left[x \mapsto -\frac{2}{3}x - 4; x \in \mathbb{R}\right]$

c) $\left[x \mapsto \frac{3}{x}; x \in \mathbb{R} \setminus \{0\}\right]$

d) $\left[x \mapsto 2 + \frac{1}{x}; x \in \mathbb{R} \setminus \{0\}\right]$

e) $\left[x \mapsto \frac{1}{4}x^2; x \in \mathbb{R}_0^+\right]$

f) $[x \mapsto x^2 + 3; x \in \mathbb{R}_0^-]$

g) $[x \mapsto \sqrt{x} - 2; x \in \mathbb{R}_0^+]$

h) $[x \mapsto \sqrt{-2x}; x \in \mathbb{R}_0^-]$

Anmerkung: Diese Überlegungen gelten nur, wenn auf beiden Achsen dieselbe Einheit gewählt wird und auf der waagerechten Achse (1. Achse) sowohl die Elemente des Definitionsbereiches von f als auch von f^I aufgetragen werden.

Zu b): Die Funktion f kann auch durch eine Menge geordneter Paare angegeben werden. Diese Menge ist die Erfüllungsmenge der zu f gehörenden Funktionsgleichung $y=\frac{5}{2}x+\frac{1}{2}$ (s.S. 27):

$\{(x;y)|y=\frac{5}{2}x+\frac{1}{2} \wedge x\in\mathbb{R} \wedge y\in\mathbb{R}\}$.

Dem Vertauschen der Spalten in der Wertetabelle von f beim Übergang zur Umkehrfunktion f^I entspricht das Vertauschen von 1. und 2. Komponente aller Paare in der Menge der geordneten Paare von f.

f: $\{(x;y)|y=\frac{5}{2}x+\frac{1}{2} \wedge x\in\mathbb{R} \wedge y\in\mathbb{R}\}$

↓ Übergang zur Umkehrfunktion (Vertauschen von 1. und 2. Komponente)

f^I: $\{(y;x)|y=\frac{5}{2}x+\frac{1}{2} \wedge x\in\mathbb{R} \wedge y\in\mathbb{R}\}$

Umbenennen der Variablen:

$\{(x;y)|x=\frac{5}{2}y+\frac{1}{2} \wedge y\in\mathbb{R} \wedge x\in\mathbb{R}\}$

(dadurch ändert sich die Menge nicht)

Freistellen der Variablen y in der Gleichung:

$\{(x;y)|y=\frac{2}{5}x-\frac{1}{5} \wedge x\in\mathbb{R} \wedge y\in\mathbb{R}\}$

Die Gleichung der Umkehrfunktion f^I lautet somit:

$y=\frac{2}{5}x-\frac{1}{5}$.

Zu c): $x\mapsto\frac{2}{5}x-\frac{1}{5}$

Die beiden Schritte – Vertauschung von 1. und 2. Komponente sowie Umbenennung der Variablen in der Funktionsgleichung – können wir auch zu einem Schritt – Austauschen der Variablen – zusammenfassen:

Gleichung von f: $y=f(x)$

↓

Tausche in der Gleichung von f die Variablen aus

↓

Gleichung von f^I:
$y=f^I(x)$ (y freigestellt)

3. Bestimme die Zuordnungsvorschrift und den Definitionsbereich der zugehörigen Umkehrfunktion.

a) $[x\mapsto x^2+4; x\in[1;4]]$

b) $[x\mapsto x^2+6x+9; x\geq -3]$

c) $[x\mapsto x^2-4x+4; x\leq 2]$

d) $\left[x\mapsto\frac{1}{4}x^2+x+1; x\geq -2\right]$

e) $[x\mapsto\sqrt{\frac{1}{3}x}; x\in\mathbb{R}_0^+]$

f) $[x\mapsto\sqrt{1-x^2}; 0\leq x\leq 1]$

g) $\left[x\mapsto\frac{2}{3-x}; x\in\mathbb{R}\setminus\{3\}\right]$

h) $\left[x\mapsto\frac{1-x}{x-2}; x\in\mathbb{R}\setminus\{2\}\right]$

i) $[x\mapsto x^{[x]}; x\in]1;4[]$

j) $[x\mapsto 4x^2+1; x\in\mathbb{R}_0^-]$

k) $\left[x\mapsto\frac{x^2-1}{x+1}; x\in\mathbb{R}\setminus\{-1\}\right]$

l) $\left[x\mapsto\frac{x}{x-1}; x\in\mathbb{R}\setminus\{1\}\right]$

4. a) Gegeben $[x\mapsto x+a; x\in\mathbb{R}]$. Beschreibe den Graphen der Funktion und den der Umkehrfunktion. Ermittle die Zuordnungsvorschrift der Umkehrfunktion anhand des Graphen.

b) Verfahre entsprechend bei der Funktion $[x\mapsto k\cdot x; x\in\mathbb{R}]$ ($k\neq 0$, warum?).

5. Wie kann man die Graphen derjenigen Funktionen f geometrisch beschreiben, für die die Graphen von f und f^I übereinstimmen?
Gib 6 Beispiele für solche Funktionen an.

6. Begründe: Wenn f eine lineare Funktion der Form $[x\mapsto ax+b;\ x\in\mathbb{R}]$ ($a\neq 0$) ist, dann ist f umkehrbar, und die Umkehrfuntkion f^I ist eine lineare Funktion.

Zur Wiederholung: *Lineare Gleichungen, Betrags- und Bruchgleichungen mit Parameter*

W 1. Bestimme die Erfüllungsmenge der Gleichung für die Variable x.

a) $8x-7a=55a$

b) $3b-4x=27b$

c) $x-9c=6x+31c$

d) $2(x-d)=5(x+d)+2d$

e) $4(x+3e)=3(x+4e)-7$

f) $(x-f)(x+2)=0$

W 2. Löse die lineare Gleichung nach jeder der Variablen auf.

a) $3a+4b=60$

b) $7a-4b=56$

c) $3(x-1)+8(y-2)=0$

d) $\frac{1}{2}(x-y)=0$

e) $\frac{a}{2}-\frac{3}{4}b+12=0$

f) $\frac{-4b+9a}{4}+3=5a-2b$

g) $y=\frac{1}{2}(a+c)x$

W 3. Löse die Betragsgleichung nach jeder der Variablen auf. Führe Fallunterscheidungen durch.

a) $2|a|=b+1$

b) $|a|+|b|=1$

c) $|t|+|s|+1=0$

d) $3|a+2b|=24$

W 4. Bestimme die Erfüllungsmenge der Bruchgleichung für die Variable x. Gib auch die einschränkenden Bedingungen an.

a) $\frac{b}{ax}=c$

b) $\frac{a}{x}+b=c$

c) $\frac{a}{x}-\frac{b}{x}=c$

d) $\frac{1}{a}+\frac{1}{b}=\frac{1}{x}$

e) $\frac{b-x}{a}=\frac{x-a}{b}$

f) $\frac{3x+c}{3x-c}=1$

W 5. Löse die Bruchgleichung nach jeder der Variablen auf. Gib jeweils auch die einschränkenden Bedingungen an.

a) $r=k\frac{1}{q}$

b) $\frac{y}{x}=\frac{b}{g}$

c) $\frac{1}{g}+\frac{1}{b}=\frac{1}{f}$

d) $s=\frac{a}{1-q}$

e) $a=\frac{b-c}{b\cdot c}$

f) $\frac{a+b}{a-b}=c$

Aufgabe 2: *Bestimmen der Umkehrfunktion*

Gegeben ist die umkehrbare Funktion

$f=[x\mapsto \frac{1}{2}x^2-1;\, x\in\mathbb{R}_0^+]$.

Wie lautet die Umkehrfunktion f^I?

Lösung: *a) Bestimmen des Definitionsbereiches von f^I*

Offenbar ist $W_f=\{y\in\mathbb{R}\mid y\geq -1\}$,

also folgt $D_{f^I}=\{x\in\mathbb{R}\mid x\geq -1\}$.

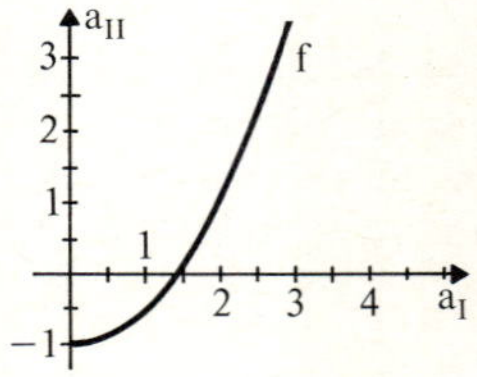

b) Bestimmen der Funktionsgleichung von f^I

Gleichung von f: $y=\frac{1}{2}x^2-1$

Austauschen der Variablen: $x=\frac{1}{2}y^2-1$

Freistellen von y:

$x=\frac{1}{2}y^2-1 \Leftrightarrow x+1=\frac{1}{2}y^2 \Leftrightarrow 2(x+1)=y^2 \Leftrightarrow \sqrt{2(x+1)}=y$

für $x\geq -1$ und $y\geq 0$

Funktionsgleichung von f^I: $y=\sqrt{2(x+1)}$

Ergebnis: $f^I=[x\mapsto\sqrt{2(x+1)};\, x\geq -1]$

Anmerkung: Dieses Verfahren zur Bestimmung des Funktionsterms von f^I ist nicht immer möglich. Zwar erhält man durch Austauschen der Variablen in der Funktionsgleichung von f stets die Funktionsgleichung von f^I, jedoch kann man y dann nicht immer freistellen.

△ *Ergänzung:* Die Zuordnungsvorschrift der Umkehrfunktion f^I in Aufgabe **2** kann man auch mit Hilfe einer *Operatorkette* bestimmen:

△ Zu jeder Stelle kann man den zugehörigen Funktionswert mit Hilfe der zum Term $\frac{1}{2}x^2-1$ gehörenden Operatorkette bestimmen:

$x \xrightarrow{\text{hoch } 2} x^2 \xrightarrow{\cdot\frac{1}{2}} \frac{1}{2}x^2 \xrightarrow{-1} \frac{1}{2}x^2-1$

△ Wir kehren um:

$\sqrt{2(y+1)} \xleftarrow{\sqrt{\ }} 2(y+1) \xleftarrow{\cdot 2} y+1 \xleftarrow{+1} y$

△ Also: $y\mapsto\sqrt{(2y+1)}$ bzw. $x\mapsto\sqrt{2(x+1)}$

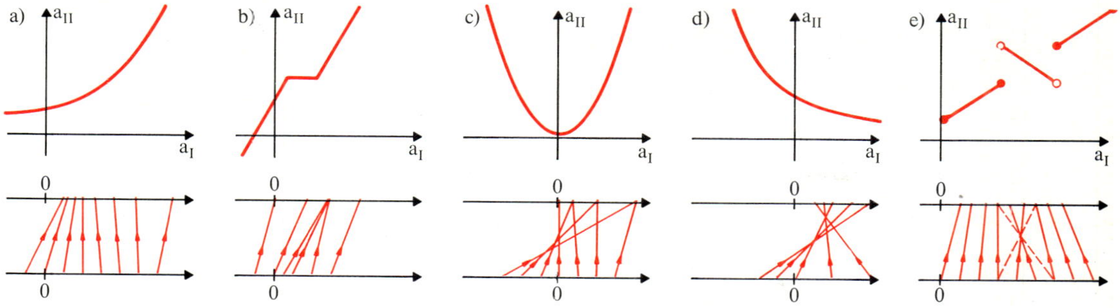

a)	b)	c)	d)	e)
streng monoton steigend umkehrbar	nicht streng monoton nicht umkehrbar	nicht streng monoton nicht umkehrbar	streng monoton fallend umkehrbar	nicht streng monoton umkehrbar

5.3. Monotonie und Umkehrbarkeit einer Funktion

Aufgrund der obigen Beispiele vermuten wir:

Satz 2: Wenn eine Funktion streng monoton ist, dann ist sie auch umkehrbar.

Dieser Satz ist sowohl am Pfeildiagramm als auch am Graphen einer streng monotonen Funktion unmittelbar einsichtig. Strenge Monotonie bedeutet

- im *Pfeildiagramm* mit gleichgerichteten Skalen, daß sich niemals zwei Pfeile treffen (wachsend) bzw. sich je zwei Pfeile kreuzen (fallend), also können niemals mehrere Pfeile in demselben Punkt enden (s. S. 68),
- beim *Graphen*, daß er überall bergauf oder überall bergab geht, also kann es niemals vorkommen, daß auf derselben Parallelen zur Achse a_I mehrere Punkte des Graphen liegen (s. S. 69).

Wir können den Satz auch formal beweisen.

Beweis: Sei f eine streng monoton wachsende Funktion. Für alle $x_1, x_2 \in D_f$ mit $x_1 \neq x_2$ gilt entweder $x_1 < x_2$ oder $x_2 < x_1$.

Wenn $x_1 < x_2$, dann folgt wegen der strengen Monotonie von f (Definition **4**, S. 31) $f(x_1) < f(x_2)$, also $f(x_1) \neq f(x_2)$. Wenn $x_2 < x_1$, dann folgt $f(x_2) < f(x_1)$, also auch $f(x_1) \neq f(x_2)$.

Entsprechend führt man den Beweis für eine streng monoton fallende Funktion (Übungsaufgabe **1**).

Übungen 5.3

1. Beweise Satz **2** für streng monoton fallende Funktionen.

2. Kehre Satz **2** um. Begründe oder widerlege den umgekehrten Satz.

3. Begründe oder widerlege:

a) Wenn eine Funktion monoton ist, dann ist sie umkehrbar.

b) Wenn eine Funktion nicht umkehrbar ist, dann ist sie auch nicht streng monoton.

c) Wenn eine Funktion nicht streng monoton ist, dann ist sie auch nicht umkehrbar.

d) Wenn eine Funktion umkehrbar ist, dann ist sie monoton.

e) Wenn die Umkehrfunktion f^{I} einer umkehrbaren Funktion f streng monoton wächst (fällt), dann wächst (fällt) auch die Funktion f streng monoton.

4. Gib eine Funktion an, die im Intervall $[0; 2]$ umkehrbar ist, nicht jedoch im Intervall $[0; 3]$.

Zur Wiederholung: *Quadratische Gleichungen und Wurzelgleichungen mit Parametern*

W 1. Bestimme die Erfüllungsmenge der quadratischen Gleichung für die Variable x. Gib auch die einschränkenden Bedingungen an.

a) $ax^2 + c = 0$

b) $kx^2 + kx = x^2$

c) $ax^2 - b^2 = cx^2$

d) $\frac{1-ax}{a-x} = \frac{b-x}{1-bx}$

e) $\frac{a-x}{a+x} = \frac{x-b}{x+b}$

W 2. Löse die quadratische Gleichung nach jeder Variablen auf. Gib jeweils die einschränkenden Bedingungen an.

a) $x^2 + y^2 = 25$

b) $a^2 - b^2 = 5$

c) $a^2 + b^2 + ab = 32$

d) $a^2 - ab = 108$

e) $(a-b)^2 = 16$

f) $9x^2 - 4y^2 = 77$

W 3. Bestimme die Erfüllungsmenge der Wurzelgleichung für die Variable x. Gib auch die einschränkenden Bedingungen an.

a) $\sqrt{b+x} = 4$

b) $\sqrt{r^2 - x} = a$

c) $\sqrt{x+a} = \sqrt{2x-b}$

d) $\sqrt{k+x} - \sqrt{x} = 4k$

e) $\sqrt{p-x} - \sqrt{x-q} = \sqrt{p-q}$

W 4. Löse die Wurzelgleichung nach jeder Variablen auf. Gib jeweils auch die einschränkenden Bedingungen an.

a) $\sqrt{a+b} = \sqrt{2a-b}$

b) $\sqrt{4a+b} = \sqrt{3a-b}$

c) $\sqrt{a(a+b)} = a - b$

d) $\sqrt{a-b^2} = b$

e) $\sqrt{a-b} - \sqrt{c-b} = 0$

Aufgabe

a) Die Funktion

$[x \mapsto 2x - 1; x \in \mathbb{R}]$

ist streng monoton wachsend, also umkehrbar.

b) Die Funktion

$[x \mapsto -\frac{1}{3}x + 1; x \in \mathbb{R}]$

ist streng monoton fallend, also umkehrbar.

Untersuche die Umkehrfunktion auf Monotonie.

Die Lösung der Aufgabe läßt vermuten:

> **Satz 3:** Wenn eine Funktion f streng monoton wachsend (fallend) ist, dann ist die zugehörige Umkehrfunktion f^I ebenfalls streng monoton wachsend (fallend).

Dieser Satz ist oft nützlich bei der Untersuchung von komplizierten Funktionen auf Monotonie: Wir wissen, daß alle Potenzfunktionen der Form $[x \mapsto x^n; x \in \mathbb{R}_0^+]$ $(n \in \mathbb{N})$ streng monoton wachsend sind. Aufgrund des Satzes sind dann auch die zugehörigen Umkehrfunktionen, nämlich die Wurzelfunktionen $[x \mapsto \sqrt[n]{x}; x \in \mathbb{R}_0^+]$ streng monoton wachsend.

Der Satz ist unmittelbar einsichtig:

– *am Graphen:* vergleiche das untenstehende Bild,
– *am Pfeildiagramm:* streng monoton wachsend (fallend) bedeutet im Pfeildiagramm mit gleichgerichteten Skalen, daß sich niemals zwei Pfeile treffen (je zwei Pfeile kreuzen). Also gilt dies auch beim Pfeildiagramm mit umgekehrter Pfeilrichtung.

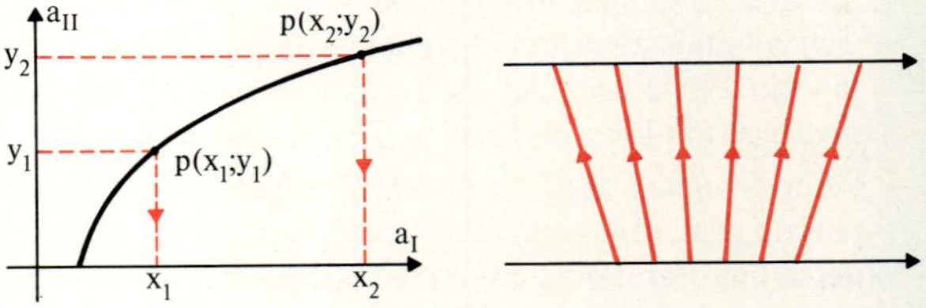

Wir führen den Beweis noch formal (für streng monoton wachsende Funktionen).

Beweis: Nach Voraussetzung ist f streng monoton wachsend, d.h. für alle $x_1, x_2 \in D_f$ gilt: Wenn $x_1 < x_2$, dann $y_1 < y_2$.
Es ist zu zeigen: f^I ist streng monoton wachsend, d.h. für alle $y_1, y_2 \in D_{f^I}$ gilt: Wenn $y_1 < y_2$, dann $x_1 < x_2$.
Angenommen, es gäbe ein $y_1 \in D_{f^I}$ und ein $y_2 \in D_{f^I}$ mit $y_1 < y_2$, so daß $x_1 \not< x_2$, also $x_1 \geq x_2$. Dann folgt wegen der Monotonie von $f: y_1 \geq y_2$. Dies steht jedoch im Widerspruch zu $y_1 < y_2$.

5.4. Herstellung umkehrbarer Funktionen durch Einschränkung des Definitionsbereiches

Beispiel

Die Quadratfunktion $[x \mapsto x^2; x \in \mathbb{R}]$ ist nicht streng monoton und auch nicht umkehrbar.

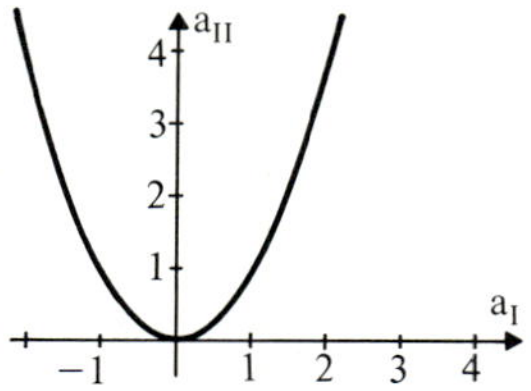

Schränken wir den Definitionsbereich auf $\mathbb{R}_0^+$ ein, so erhalten wir die Funktion $[x \mapsto x^2; x \in \mathbb{R}_0^+]$. Ihr Graph ist der rechte Ast der Normalparabel. Die auf $\mathbb{R}_0^+$ eingeschränkte Quadratfunktion ist streng monoton wachsend und damit umkehrbar. Ihre Umkehrfunktion lautet: $[x \mapsto \sqrt{x}; x \in \mathbb{R}_0^+]$.

Ebenso können wir die Quadratfunktion auf $\mathbb{R}_0^-$ einschränken. Diese Funktion ist ebenfalls monoton und damit umkehrbar. Die zugehörige Umkehrfunktion lautet hier: $[x \mapsto -\sqrt{x}; x \in \mathbb{R}_0^+]$.

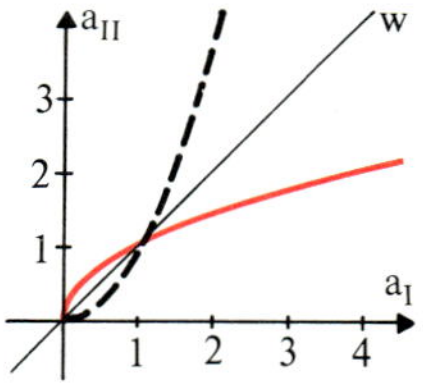

$[x \mapsto \sqrt{x}; x \in \mathbb{R}_0^+]$

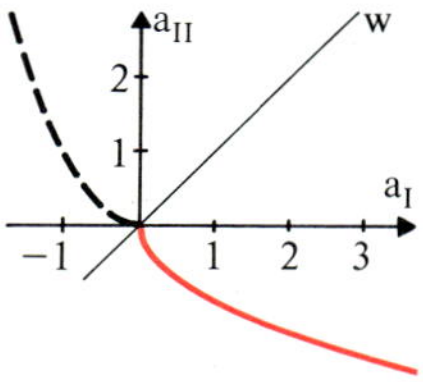

$[x \mapsto -\sqrt{x}; x \in \mathbb{R}_0^+]$

Anmerkung: Es gibt viele „Einschränkungen" der Quadratfunktion, die umkehrbar sind.

Beispiele: $[x \mapsto x^2;\ x > 1]$
$[x \mapsto x^2:\ x > 5]$
$[x \mapsto x^2;\ x < -3]$

Definition 2: Es sei f eine Funktion, A eine Untermenge des Definitionsbereiches von f. Dann nennt man die Funktion $[x \mapsto f(x); x \in A]$

die **Einschränkung der Funktion f auf A.**

Umgekehrt heißt f eine Erweiterung der Funktion $[x \mapsto f(x); x \in A]$.

Übungen 5.4

1. Durch den Graphen ist eine nicht umkehrbare Funktion f gegeben. Gib anhand des Graphen eine Einschränkung von f an, die umkehrbar ist.

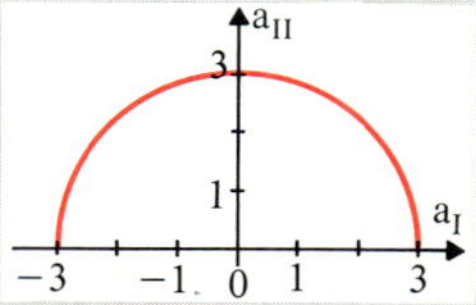

2. Verfahre wie in Übungsaufgabe **1.** Gib jeweils mehrere Möglichkeiten an.

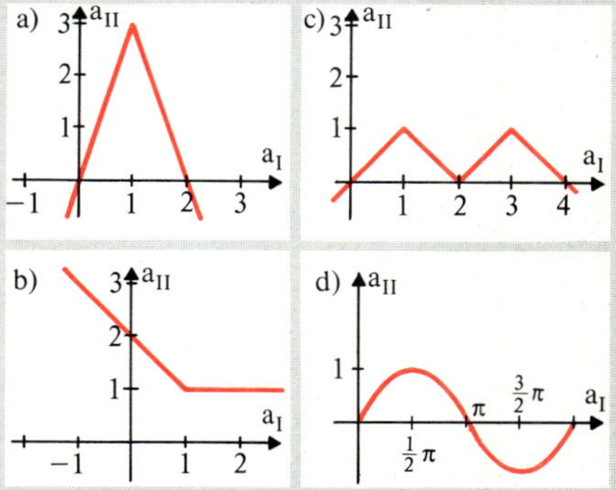

3. Gib eine Einschränkung der Funktion an, die umkehrbar ist.

a) $[x \mapsto x^4; x \in \mathbb{R}]$

b) $[x \mapsto x^3 \cdot \operatorname{sgn} x; x \in \mathbb{R}]$

c) $[x \mapsto x - [x]; x \in \mathbb{R}]$

d) $[x \mapsto (x+1) \cdot H(x+1); x \in \mathbb{R}]$

e) $[x \mapsto x^2 - 2x + 3; x \in \mathbb{R}]$

f) $[x \mapsto -x^2 + 3x + 1; x \in \mathbb{R}]$

g) $[x \mapsto |x+4|; x \in \mathbb{R}]$

h) $[x \mapsto 7; x \in \mathbb{R}]$

5.5. Verketten von Funktionen

Aufgabe 1: *Zerlegen einer Rechenvorschrift*

Stelle eine Wertetabelle für

$f=[x \mapsto \frac{1}{4}(1{,}5x-4{,}5); x \in \mathbb{R}]$ auf.

Lösung: Bei der Aufstellung der Wertetabelle zerlegen wir die Rechenvorschrift in einzelne Schritte, nämlich in
- multipliziere mit 1,5,
- subtrahiere 4,5,
- dividiere durch 4 (bzw. multipliziere mit $\frac{1}{4}$).

x	1,5 x	1,5 x − 4,5	$\frac{1}{4}(1{,}5x-4{,}5)$
0	0	−4,5	−1,125
1	1,5	−3	−0,75
2	3	−1,5	−0,375
3	4,5	0	0
4	6	1,5	+0,375

Diese Schritte haben wir hintereinander ausgeführt. Das Pfeildiagramm veranschaulicht die Hintereinanderausführung der einzelnen Rechenvorschriften.

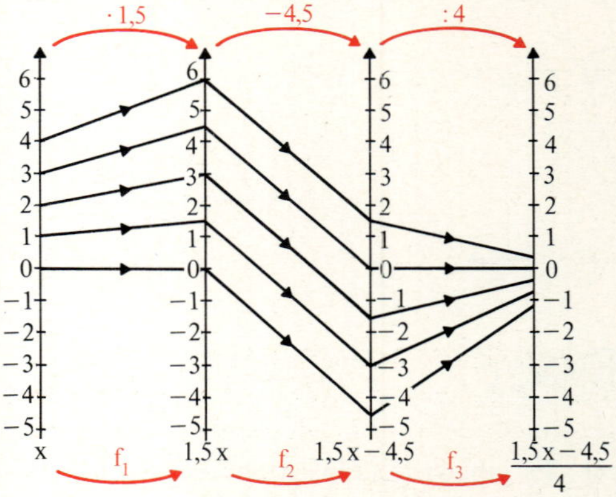

Dieses Verfahren können wir auch mit Hilfe von Funktionen beschreiben. Den einzelnen Rechenvorschriften entsprechen Funktionen:

$f_1=[x \mapsto 1{,}5x; x \in \mathbb{R}]$

$f_2=[x \mapsto x-4{,}5; x \in \mathbb{R}]$

$f_3=[x \mapsto \frac{1}{4}x; x \in \mathbb{R}]$

Wir erhalten die Funktion f, indem wir die Funktionen f_1, f_2 und f_3 in dieser Reihenfolge *hintereinander ausführen.* Statt „hintereinanderausführen" sagt man auch „hintereinanderschalten" oder *„verketten"*.

Übungen 5.5

1. Gegeben sind die Funktionen

$f=[x \mapsto 5x; x \in \mathbb{R}_0^+]$ und
$g=[x \mapsto \sqrt{x}; x \in \mathbb{R}_0^+]$.

a) Zeichne das Pfeildiagramm, das durch Verketten von f und g entsteht.

b) Gib $f \circ g$ durch Funktionsterm und Definitionsbereich an.

2. Es seien $f=[x \mapsto x+2; x \in \mathbb{R}]$ und $g=[x \mapsto x^2-2; x \in \mathbb{R}]$.
Bestimme:

a) $(f \circ g)(1)$, $(g \circ f)(1)$;

b) $(f \circ g)(5)$, $(g \circ f)(5)$;

c) $(f \circ g)(-10)$, $(g \circ f)(-10)$.

3. Verfahre wie in Übungsaufgabe **1.**

a) $f=[x \mapsto 2x; x \in \mathbb{R}]$
$g=[x \mapsto 3x; x \in \mathbb{R}]$

b) $f=[x \mapsto [x]; x \in \mathbb{R}]$
$g=[x \mapsto 2x-1; x \in \mathbb{R}]$

c) $f=[x \mapsto x^2; x \in \mathbb{R} \setminus \{0\}]$
$g=\left[x \mapsto \frac{1}{x}; x \in \mathbb{R} \setminus \{0\}\right]$

d) $f=\left[x \mapsto \frac{1}{x}; x \in \mathbb{R} \setminus \{0\}\right]$
$g=[x \mapsto 2x+1; x \in \mathbb{R}]$

Aufgabe 2: *Verketten von Funktionsvorschriften*

Gegeben sind die Funktionen f und g mit

$f=[x\mapsto 2x-3; 2\le x\le 6]$ und $g=[x\mapsto \sqrt{x}; 0\le x\le 9]$.

a) Zeichne das Pfeildiagramm, das durch Verketten (Hintereinanderausführen) der Funktionen f und g (in dieser Reihenfolge) entsteht.
b) Liefert das entstandene Pfeildiagramm eine Funktion? Gib gegebenenfalls ihren Funktionsterm an.

Lösung: *Zu a):* Man erhält das gesuchte Pfeildiagramm, indem man an die Pfeile von f die Pfeile von g hängt (im Bild rot gezeichnet).

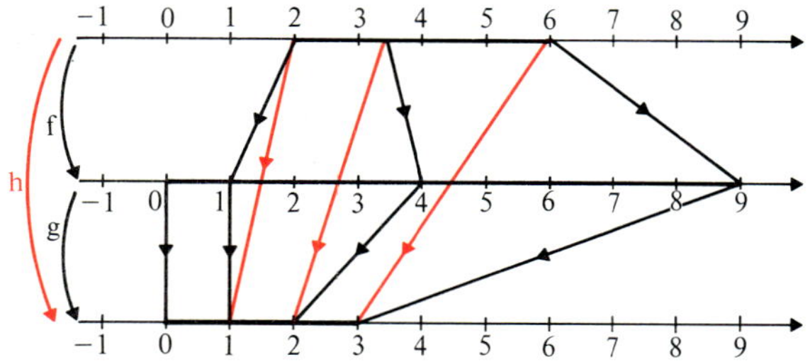

Zu b): Man erhält eine neue Funktion h auf dem Definitionsbereich von f, also auf $\{x\in\mathbb{R} \mid 2\le x\le 6\}$.

f, g

x	$2x-3$	$\sqrt{2x-3}$
2	1	1
$\frac{7}{2}$	4	2
6	9	3

h

Wir bestimmen den Funktionsterm von h:
Wir wählen ein Element x aus D_f. Auf x wenden wir zuerst die Vorschrift f an, d.h. wir multiplizieren x mit 2, subtrahieren 3: $x \xrightarrow{f} 2x-3$

Auf $2x-3$ wenden wir dann die Vorschrift g an, d.h. wir ziehen die Wurzel: $2x-3 \xrightarrow{g} \sqrt{2x-3}$

Insgesamt: $x \xrightarrow{f} 2x-3 \xrightarrow{g} \sqrt{2x-3}$ (h)

Die Funktion h hat den Term $h(x)=\sqrt{2x-3}$. Somit lautet die Funktion: $h=[x\mapsto \sqrt{2x-3}; 2\le x\le 6]$.

Anstelle von h schreibt man auch $f\circ g$,
gelesen: *f verkettet mit g* (oder auch: *erst f, dann g*).

4. Bestimme $f\circ g$ $[g\circ f]$.

a) $f=[x\mapsto 3x; x\in\mathbb{R}]$
$g=[x\mapsto 4x; x\in\mathbb{R}]$

b) $f=[x\mapsto 5x+3; x\in\mathbb{R}]$
$g=[x\mapsto [x]; x\in\mathbb{R}]$

c) $f=[x\mapsto \sqrt{x}; x\in\mathbb{R}^+]$
$g=\left[x\mapsto \frac{1}{x}; x\in\mathbb{R}^+\right]$

d) $f=[x\mapsto |x|; x\in\mathbb{R}]$
$g=[x\mapsto -2x+4; x\in\mathbb{R}]$

e) $f=[x\mapsto x^3; x\in\mathbb{R}]$
$g=\left[x\mapsto \frac{1}{4}x; x\in\mathbb{R}\right]$

f) $f=[x\mapsto -3x; x\in\mathbb{R}]$
$g=[x\mapsto x^4; x\in\mathbb{R}]$

g) $f=[x\mapsto (x-3)^2; x\in\mathbb{R}]$
$g=[x\mapsto 2x+3; x\in\mathbb{R}]$

h) $f=\left[x\mapsto \frac{1}{x}; x\in\mathbb{R}\setminus\{0\}\right]$
$g=[x\mapsto x^2; x\in\mathbb{R}\setminus\{0\}]$

5. Zeige:

a) Die Verkettung einer linearen Funktion und der Quadratfunktion ist eine quadratische Funktion.

b) Die Verkettung zweier linearer Funktionen ist wieder eine lineare Funktion.

6. Zerlege f in Teilfunktionen f_1 und f_2, so daß gilt: $f=f_1\circ f_2$.

a) $f=[x\mapsto [x^2-1]; x\in\mathbb{R}]$

b) $f=\left[x\mapsto \left(\frac{1}{x+1}\right)^2; x\in\mathbb{R}\setminus\{-1\}\right]$

c) $f=\left[x\mapsto \sqrt[3]{3x-2}; x\ge\frac{2}{3}\right]$

d) $f=[x\mapsto |-3x+5|; x\in\mathbb{R}]$

e) $f=[x\mapsto \operatorname{sgn}(-2x-4); x\in\mathbb{R}]$

f) $f=\left[x\mapsto \frac{1}{x^2-4}; x\in\mathbb{R}\setminus\{-2;2\}\right]$

7. Bestimme mit Hilfe der Zerlegung den Wertebereich der Funktionen in Übungsaufgabe **6.**

8. Zeige:
Eine quadratische Funktion kann man stets als Verkettung von linearen Funktionen und der Quadratfunktion $[x \mapsto x^2; x \in \mathbb{R}]$ schreiben.

9. Es sei $f = [x \mapsto \sqrt{x}; x \in \mathbb{R}_0^+]$. Gib eine Einschränkung g_A von g an, so daß $f \circ g_A$ erklärt ist.

a) $g = \left[x \to \frac{2}{3}x + 5; x \in \mathbb{R}\right]$

b) $g = [x \mapsto |x-1|; x \in \mathbb{R}]$

c) $g = [x \mapsto x^2 - 4; x \in \mathbb{R}]$

d) $g = \left[x \mapsto \frac{1}{x+1}; x \in \mathbb{R} \setminus \{-1\}\right]$

10. Es seien $f_1 = [x \mapsto -2x+1; x \in \mathbb{R}]$,
$f_2 = [x \mapsto |x+1|; x \in \mathbb{R}]$,
$f_3 = [x \mapsto x^2; x \in \mathbb{R}]$.

Bestimme:

a) $f_1 \circ f_2 \circ f_3$; d) $f_2 \circ f_1 \circ f_3$;

b) $f_1 \circ f_3 \circ f_2$; e) $f_3 \circ f_1 \circ f_2$;

c) $f_2 \circ f_3 \circ f_1$; f) $f_3 \circ f_2 \circ f_1$.

11. △ Es seien f eine ganzrationale Funktion vom Grad n und g eine ganzrationale Funktion vom Grad m. Was kann man dann über den Grad der Verkettung von f und g aussagen?

a) $m \neq 0$, n beliebig

b) $m \neq 0$, $n = 0$

c) $m > 0$, $n > 0$

d) $m = 1$, $n > 0$

12. ▲ Setze abkürzend
$g_{m;\,n} = [x \mapsto mx + n; x \in \mathbb{R}]$.
Es sei f eine Funktion mit dem Definitionsbereich $\mathbb{R}$. Beweise (s. auch 3.1., 3.4., 3.6.):

a) Für die Funktion f_1 mit $f_1(x) = f(x-a) + b$ gilt: $f_1 = g_{1;\,-a} \circ f \circ g_{1;\,b}$.

b) Für die Funktion f_2 mit $f_2(x) = d \cdot f\left(\frac{x}{c}\right)$ gilt: $f_2 = g_{\frac{1}{c};\,0} \circ f \circ g_{d;\,0}$ $(c \neq 0)$.

c) Für die Funktion f_3 mit $f_3(x) = d \cdot f\left(\frac{x-a}{c}\right) + b$ gilt: $f_3 = g_{\frac{1}{c};\,\frac{-a}{c}} \circ f \circ g_{d;\,b}$ $(c \neq 0)$.

d) Für die Funktion f_4 mit $f_4(x) = af(bx+c) + d$ gilt: $f_4 = g_{b;\,c} \circ f \circ g_{a;\,d}$ $(b \neq 0)$.

Die Lösung dieser Aufgabe zeigt uns ein Verfahren, wie man aus den Funktionstermen von f und g den Funktionsterm von h bzw. $f \circ g$ erhält: Man wende auf x zuerst die Funktion f an:

$$x \xrightarrow{f} f(x)$$

Auf f(x) wende man dann die Funktion g an:

$$f(x) \xrightarrow{g} g(f(x))$$

Insgesamt:

$$x \xrightarrow{f} f(x) \xrightarrow{g} g(f(x))$$
$f \circ g$

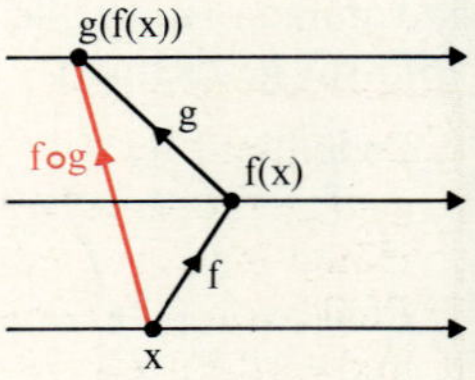

Man mache sich auch anhand von Aufgabe **2** klar: Den Funktionsterm h(x) (im Beispiel: $\sqrt{2x-3}$) erhält man formal, indem man in dem Term g(x) (im Beispiel: $\sqrt{x}$) anstelle der Variablen x den Term f(x) (im Beispiel: $2x-3$) einsetzt.

Erhält man durch Verketten zweier Funktionen stets wieder eine neue Funktion? Die folgende Aufgabe soll darüber Aufschluß geben.

Aufgabe 3

Gegeben sind die Funktionen f und g mit
$f = [x \mapsto -x^2 - 2; x \in \mathbb{R}]$ und $g = [x \mapsto \sqrt{x}; x \in \mathbb{R}_0^+]$.
Verfahre wie in Aufgabe **2.**

Lösung:
a)

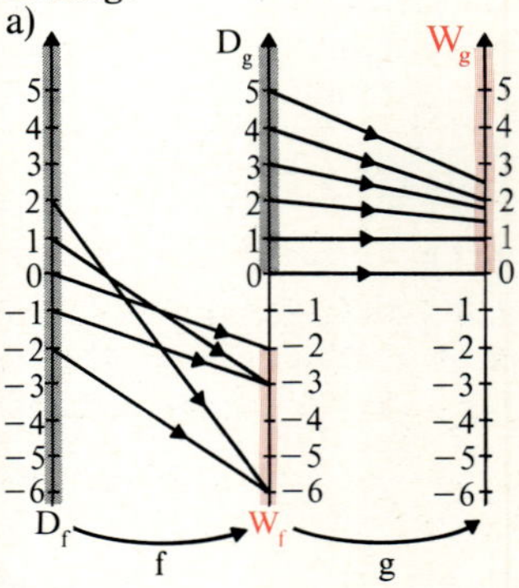

b) Das Pfeildiagramm liefert hier keine Funktion.

Begründung: Die Funktion f liefert nur negative Werte, die Funktion g ist jedoch für negative Zahlen nicht definiert.

Anhand der Aufgaben **2** und **3** macht man sich klar, daß nur dann eine Funktion $f \circ g$ mit dem Definitionsbereich D_f entsteht, wenn der Wertebereich von f eine Untermenge des Definitionsbereichs von g ist: $W_f \subseteq D_g$.

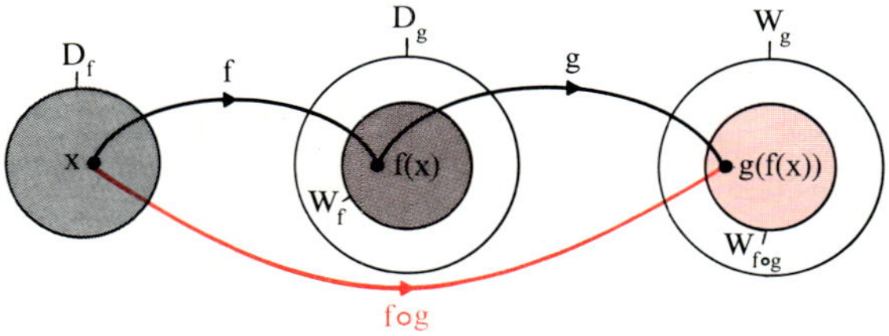

Definition 3: Es seien $f=[x \mapsto f(x);\ x \in D_f]$ und $g=[x \mapsto g(x);\ x \in D_g]$ zwei Funktionen mit $W_f \subseteq D_g$. Hängt man im Pfeildiagramm an die Pfeile von f die Pfeile von g, so entsteht eine neue Funktion h mit $h(x)=g(f(x))$ für alle $x \in D_f$.

h heißt die **Verkettung** von f und g.

Man schreibt: $h = f \circ g$.

$f \circ g$ wird gelesen: f verkettet mit g, oder auch: erst f, dann g.[1)]

$f \circ g = [x \mapsto g(f(x));\ x \in D_f]$.

Die Verkettung zweier Funktionen f und g mit dem Definitionsbereich D_f ist nur erklärt, wenn $W_f \subseteq D_g$. Gelegentlich kann man den Definitionsbereich der Funktion f jedoch so einschränken, daß dann die Verkettung definiert ist.

Beispiel

Es seien $f=[x \mapsto \frac{1}{2}x-1;\ x \in \mathbb{R}]$ und $g=[x \mapsto \sqrt{x};\ x \in \mathbb{R}_0^+]$. Hier ist $W_f = \mathbb{R} \nsubseteq D_g = \mathbb{R}_0^+$. Wir schränken f auf die Menge $A=\{x \in \mathbb{R} \mid x \geq 2\}$ ein:

$f_1 = [x \mapsto \frac{1}{2}x-1;\ x \geq 2]$.

Für f_1 gilt: $W_{f_1} = \mathbb{R}_0^+ \subseteq D_g = \mathbb{R}_0^+$. Also ist $f_1 \circ g$ auf A erklärt:

$f_1 \circ g = [x \mapsto \sqrt{\frac{1}{2}x-1};\ x \geq 2]$.

Beim Verketten zweier Funktionen kommt es auf die Reihenfolge an. In Aufgabe **3** ist $W_f \nsubseteq D_g$, wohl aber ist $W_g \subseteq D_f$. Also kann man $f \circ g$ nicht bilden, wohl aber $g \circ f$.

Aber nicht nur in einem solchen Fall muß man die Reihenfolge beachten. Dies soll die folgende Aufgabe zeigen.

---

1) Wegen des Termaufbaues $g(f(x))$ der Verkettung zweier Funktionen f und g ist es in der mathematischen Literatur häufig üblich, die Verkettung mit $g \circ f$ anstelle von $f \circ g$ zu bezeichnen. $g \circ f$ liest man dann: g nach f.

Zur Wiederholung: *Anwenden des Distributivgesetzes – Binomische Formeln*

W 1. Löse die Klammern auf.

a) $\frac{3}{4}(2a+5)+\frac{1}{4}$

b) $-0{,}8(-1{,}2b+0{,}3)-5{,}2$

c) $-\frac{5}{7}\left(\frac{3}{8}x-\frac{14}{15}\right)+\frac{1}{3}$

d) $a(3b+11c)$

e) $4k(t+tm)$

f) $(0{,}4x+0{,}9y^2)\cdot 5x^2$

g) $(-a+5b)\cdot(-ab)$

W 2. Schreibe als algebraische Summe.

a) $8x(-y+2z)$

b) $3ab^2(a^4+2a^2b^3)$

c) $(-7ab)(-a^4b^2+a^2b^4)$

d) $(-3)(-1+r^4)(-r^3)$

e) $(a-7)(a+11)$

f) $(2-a)(5-b)$

g) $(4x+12y)(3y-9x)$

W 3. Klammere so aus, daß die Summe in der Klammer möglichst einfach wird.

a) $\frac{3}{4}a+\frac{3}{4}b$

b) $17a+21a$

c) $ab+ac^2$

d) $4a+10b$

e) $30xy+x$

f) $4a+12a^2$

g) $54ab-81a^2$

h) $17+34x$

W 4. Faktorisiere.

a) $42a^6+64a^5$

b) $\left(-\frac{3}{7}ab\right)\cdot 2c+\frac{5}{7}b^2$

c) $4(a+b)+c(a+b)$

d) $x(y-z)-a(y-z)$

e) $a(5-x)+(x-5)$

f) $-ab(3x+y)+cd(3x+y)$

W 5. Schreibe als algebraische Summe; verwende dabei eine binomische Formel.

a) $(3x+2)^2$
b) $(-4y+9)^2$
c) $\left(\frac{5}{6}a-\frac{1}{3}\right)^2$
d) $(-4-5b)^2$
e) $(0{,}4z-1{,}2)^2$
f) $\left(\frac{1}{3}b+\frac{1}{4}\right)^2$

W 6. Verfahre wie in **W 5**.

a) $(2a+b)^2$
b) $(a-7b)^2$
c) $(a-xy)(a+xy)$
d) $(6x-2y)^2$
e) $(a^2-b^2)^2$
f) $(3xy^2-xy)^2$
g) $(h^2-rs)(rs+h^2)$
h) $2(a-7)(-a+4)^2$
i) $(x-2y)^2(x+y)$

W 7. Vereinfache.

a) $(1+y)^2+(1-y^2)$
b) $(a-5)^2-(a+5)^2$
c) $3(x+4y)^2+(x-2y)^2$
d) $x^2(y+1)^2-(xy+x)^2$

W 8. Faktorisiere durch Anwenden einer binomischen Formel.

a) $k^2+2kr+r^2$
b) $a^2-10a+25$
c) x^4-y^4
d) $a^2+6ab+9b^2$
e) $(1-81x^4)$
f) $4z^2+4az+a^2$
g) $36p^2-60pq+25q^2$
h) $x^2y^2+2x^2yz+x^2z^2$
i) $3a^5-3ab^4$
j) $25x^2-100xz+100z^2$
k) $r^3+14r^2s+49rs^2$

Aufgabe 4: *Reihenfolge des Verkettens*

Gegeben: $f=[x\mapsto x^2; x\in\mathbb{R}]$ und $g=[x\mapsto 3x-2; x\in\mathbb{R}]$. Hier kann man sowohl $f\circ g$ als auch $g\circ f$ bilden. Woran erkennt man dies sofort?

Bestimme a) $f\circ g$; b) $g\circ f$.

Lösung: Wegen $D_g=\mathbb{R}$ und $D_f=\mathbb{R}$ gilt natürlich $W_f\subseteq D_g$ und $W_g\subseteq D_f$.

a) $\mathbb{R}$ ist der Definitionsbereich von $f\circ g$.

Ferner gilt: $(f\circ g)(x)=g(f(x))=g(x^2)=3x^2-2$.

Ergebnis: $f\circ g=[x\mapsto 3x^2-2; x\in\mathbb{R}]$

b) $\mathbb{R}$ ist der Definitionsbereich von $g\circ f$.

Ferner gilt:

$(g\circ f)(x)=f(g(x))=f(3x-2)=(3x-2)^2$.

Ergebnis: $g\circ f=[x\mapsto(3x-2)^2; x\in\mathbb{R}]$

Die Lösung der Aufgabe **4** zeigt:

Bei dem Verketten von Funktionen ist die Reihenfolge zu beachten. In unserem Fall ist $f\circ g\neq g\circ f$.

Zur Übung: **1** bis **5**

Häufig ist die Zerlegung einer Funktion in die Verkettung von mehreren Funktionen vorteilhaft (s. Aufgabe **1**, S. 76 und Abschnitt 5.7).

Aufgabe 5: *Zerlegung einer gegebenen Funktion in eine Verkettung von Funktionen*

Zerlege die quadratische Funktion

$f=[x\mapsto\frac{2}{5}(x-4)^2+\frac{5}{2}; x\in\mathbb{R}]$

in die Verkettung mehrerer Funktionen.

Lösung: Eine (!) Möglichkeit ist die folgende:

$f_1=[x\mapsto x-4; x\in\mathbb{R}]$ (lineare Funktion)
$f_2=[x\mapsto x^2; x\in\mathbb{R}]$ (Quadratfunktion)
$f_3=[x\mapsto\frac{2}{5}x; x\in\mathbb{R}]$ (lineare Funktion)
$f_4=[x\mapsto x+\frac{5}{2}; x\in\mathbb{R}]$ (lineare Funktion)

Die folgende Operatorkette verdeutlicht die Zerlegung:

$$x\xrightarrow{-4}x-4\xrightarrow{\text{hoch }2}(x-4)^2\xrightarrow{\cdot\frac{2}{5}}\frac{2}{5}(x-4)^2\xrightarrow{+\frac{5}{2}}\frac{2}{5}(x-4)^2+\frac{5}{2}$$

(f)

Zur Übung: **6** bis **12**

5.6. Verketten von Funktion und Umkehrfunktion

Es sei f eine umkehrbare Funktion. Ist dann
a) $f \circ f^I$, b) $f^I \circ f$ erklärt?
Dies ist wegen $D_{f^I} = W_f$ und $W_{f^I} = D_f$ stets der Fall.

Aufgabe

Gegeben sei die Funktion $f = [x \mapsto x^2 + 1; x \in \mathbb{R}_0^+]$.

a) Man bestimme f^I.

b) Man bestimme $f \circ f^I$ und $f^I \circ f$.

Lösung: a) Es ist $D_{f^I} = W_f = \{x \in \mathbb{R} \mid x \geq 1\}$; $f^I(x) = \sqrt{x-1}$.

Also: $f^I = [x \mapsto \sqrt{x-1}; x \geq 1]$

b)

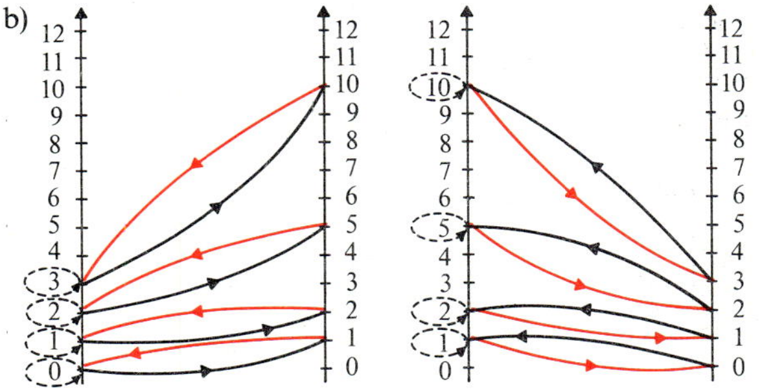

$\sqrt{(x^2+1)-1} \overset{f}{\underset{f^I}{\rightleftarrows}} x^2+1$

$D_{f \circ f^I} = D_f = \mathbb{R}_0^+$

$(f \circ f^I)(x) = f^I(f(x))$
$= f^I(x^2+1)$
$= \sqrt{(x^2+1)-1}$
$= x$

$(\sqrt{x-1})^2 + 1 \overset{f^I}{\underset{f}{\rightleftarrows}} \sqrt{x-1}$

$D_{f^I \circ f} = D_{f^I} = \{x \in \mathbb{R} \mid x \geq 1\}$

$(f^I \circ f)(x) = f(f^I(x))$
$= f(\sqrt{x-1})$
$= (\sqrt{x-1})^2 + 1$
$= x$

Also:

$f \circ f^I = [x \mapsto x; x \in \mathbb{R}_0^+]$ $f^I \circ f = [x \mapsto x; x \geq 1]$

Man nennt eine Funktion der Form $[x \mapsto x; x \in M]$ die **identische Funktion** auf M, in Zeichen id_M.

Aus der Definition der Umkehrfunktion und der Verkettung folgt unmittelbar:

Satz 4: Es sei f eine umkehrbare Funktion mit dem Definitionsbereich D und dem Wertebereich W.
Dann gilt: $f \circ f^I = id_D$ und $f^I \circ f = id_W$.

Beachte: Es gilt nur dann $f \circ f^I = f^I \circ f$, wenn $D_f = W_f$.

Übungen 5.6

1. Es sei $f = [x \mapsto \sqrt{x+2}; x \geq -2]$. Bestimme
a) $f \circ f^I$; b) $f^I \circ f$.

2. Verfahre wie in Übungsaufgabe **1.**
a) $f = [x \mapsto \sqrt{x} + 2; x \in \mathbb{R}_0^+]$
b) $f = [x \mapsto (x+1)^2; x \geq -1]$

3. Zeige: $f \circ (g \circ h) = (f \circ g) \circ h$.

△ *Anleitung:* Zwei Funktionen sind gleich, wenn ihre Definitionsbereiche übereinstimmen und ihre Funktionsterme äquivalent zueinander sind.

4. Es seien
▲ L = Menge aller linearen Funktionen der Form $[x \mapsto mx + n; x \in \mathbb{R}]$ $(m \neq 0)$,
▲ P = Menge aller Funktionen der Form $[x \mapsto mx; x \in \mathbb{R}]$ mit $m \neq 0$.
▲ Untersuche, ob
▲ a) $(L; \circ)$ eine Gruppe ist;
▲ b) $(P; \circ)$ eine kommutative Gruppe ist.

5. U = Menge aller auf $\mathbb{R}$ definierten umkehrbaren Funktionen mit dem Wertebereich $\mathbb{R}$.
▲ a) Zeige: Das Gebilde $(U; \circ)$ ist eine Gruppe.
▲ b) Ist $(U; \circ)$ eine kommutative Gruppe?
▲ c) Es sei $f, g \in U$. Ist die Gleichung $f \circ x = g$ in U lösbar?
▲ Gib gegebenenfalls die Lösung an.

5.7. Eigenschaften der Verkettung von Funktionen

Aufgabe 1: *Monotonie der Verkettung monotoner Funktionen*

Gegeben sind die streng monoton steigenden Funktionen $f_1=[x\mapsto 2x+1;\ x\geq -\frac{1}{2}]$ und $g_1=[x\mapsto x^2;\ x\in\mathbb{R}_0^+]$.

a) Man bestimme $f_1\circ g_1$.

b) Man untersuche $f_1\circ g_1$ auf Monotonie.

Lösung: a) Wegen $W_{f_1}=\mathbb{R}_0^+\subseteq D_{g_1}=\mathbb{R}_0^+$ ist $\{x\in\mathbb{R}\,|\,x\geq -\frac{1}{2}\}$ der Definitionsbereich von $f_1\circ g_1$.

$$(f_1\circ g_1)(x)=g_1(f_1(x))=g_1(2x+1)=(2x+1)^2$$
$$=4(x+\tfrac{1}{2})^2$$

Also: $f_1\circ g_1=[x\mapsto 4(x+\frac{1}{2})^2;x\geq -\frac{1}{2}]$

b) Aus Abschnitt 3.6. wissen wir, daß der Graph dieser Funktion der im Bild dargestellte Parabelast ist.
Für $x\geq -\frac{1}{2}$ ist $f_1\circ g_1$ streng monoton wachsend.

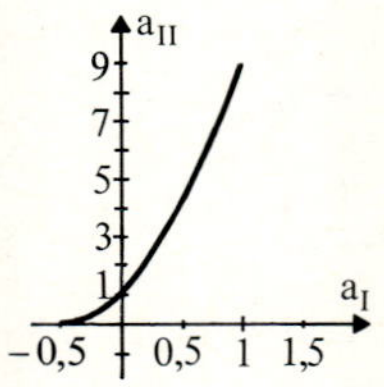

Ergänzung: Man verfahre wie in Aufgabe **1** für

a) $f_2=[x\mapsto -2x+1;x\leq\frac{1}{2}]$,
$g_2=[x\mapsto x^2;x\in\mathbb{R}_0^+]$;

b) $f_3=[x\mapsto 2x+1;x\leq -\frac{1}{2}]$,
$g_3=[x\mapsto x^2;x\in\mathbb{R}_0^-]$;

c) $f_4=[x\mapsto -2x+1;x\geq\frac{1}{2}]$,
$g_4=[x\mapsto x^2;x\in\mathbb{R}_0^-]$.

Die Lösungen lassen folgenden Satz vermuten:

Satz 5: Es seien f und g streng monotone Funktionen mit $W_f\subseteq D_g$. Dann ist auch die Verkettung $f\circ g$ streng monoton. Insbesondere gilt:

(1) Wenn f und g wachsend sind, dann ist $f\circ g$ wachsend.

(2) Wenn f und g fallend sind, dann ist $f\circ g$ wachsend.

(3) Wenn f wachsend und g fallend ist, dann ist $f\circ g$ fallend.

(4) Wenn f fallend und g wachsend ist, dann ist $f\circ g$ fallend.

Übungen 5.7

1. Untersuche auf Monotonie.

a) $f=\left[x\mapsto\frac{-2}{(x+3)^2};\ x\in\mathbb{R}\setminus\{-3\}\right]$

b) $f=\left[x\mapsto\frac{5}{1-\frac{5}{x}};\ x>5\right]$

c) $f=[x\mapsto|(x-5)^2-3|;\ x\in\mathbb{R}]$

d) $f=[x\mapsto\sqrt{4-x^2};\ -2\leq x\leq 2]$

2. Begründe oder widerlege.

△ a) Wenn $f\circ g$ streng monoton wachsend ist, dann sind sowohl f als auch g streng monoton wachsend.

△ b) Wenn $f\circ g$ nicht streng monoton wachsend ist, dann ist f nicht streng monoton wachsend und g nicht streng monoton wachsend.

△ c) Wenn $f\circ g$ nicht streng monoton wachsend ist, dann ist f nicht streng monoton wachsend oder g nicht streng monoton wachsend.

3. Formuliere Satz **5** für monotone Funktionen.
▲ Begründe oder widerlege ihn.

4. Es seien $f=[x\mapsto 2x+1;x\in\mathbb{R}_0^+]$ und $g=[x\mapsto\sqrt{x};x\in\mathbb{R}_0^+]$.
Bestimme $f\circ g$, $(f\circ g)^I$, $(g\circ f)^I$, $f^I\circ g^I$, $g^I\circ f^I$.

5. Beweise Satz **6**, S. 83.

Beweis des Satzes (für (2)): Nach Voraussetzung gilt:

a) $x_1 < x_2 \Rightarrow f(x_1) > f(x_2)$
(f ist streng monoton fallend),

b) $f(x_1) > f(x_2) \Rightarrow g(f(x_1)) < g(f(x_2))$
(g ist streng monoton fallend).

Wegen der Transitivität der Kleiner-Relation folgt:

$x_1 < x_2 \Rightarrow g(f(x_1)) < g(f(x_2))$.

Dies gilt für alle $x_1, x_2 \in D_{f \circ g}$.

Satz **5** ist hilfreich bei der Untersuchung von komplizierteren Funktionen auf Monotonie.

Aufgabe 2: *Untersuchung auf Monotonie durch Zerlegung in eine Verkettung*

Untersuche die Funktion

$f = [x \mapsto -2(x+1)^2 - 5; x \in \mathbb{R}]$ auf Monotonie.

Lösung: Wir zerlegen die Funktion f in die Verkettung mehrerer Funktionen:

$f_1 = [x \mapsto x+1; x \in \mathbb{R}]$ (streng monoton wachsend)

$f_2 = [x \mapsto x^2; x \in \mathbb{R}]$ (streng monoton wachsend für $x \geq 0$, streng monoton fallend für $x \leq 0$)

$f_3 = [x \mapsto -2x; x \in \mathbb{R}]$ (streng monoton fallend)

$f_4 = [x \mapsto x-5; x \in \mathbb{R}]$ (streng monoton wachsend)

Aufgrund des Satzes können wir folgern:

$f_1 \circ f_2$ ist streng monoton wachsend für
$x+1 \geq 0$ bzw. $x \geq -1$
(streng monoton fallend für $x \leq -1$).

$(f_1 \circ f_2) \circ f_3$ ist streng monoton fallend für $x \geq -1$
(streng monoton wachsend für $x \leq -1$).

$((f_1 \circ f_2) \circ f_3) \circ f_4$, also f, ist streng monoton fallend für $x \geq -1$
(streng monoton wachsend für $x \leq -1$).

Der skizzierte Zusammenhang zwischen Monotonie und Umkehrbarkeit läßt uns vermuten:

Satz 6: Es seien f und g umkehrbare Funktionen mit $W_f \subseteq D_g$. Dann ist auch die Verkettung $f \circ g$ eine umkehrbare Funktion.

Beweis: Siehe Übungsaufgabe **5**, S. 82.

Zur Wiederholung: *Rechnen mit Bruchtermen*

W 1. Multipliziere aus. Gib auch die einschränkende Bedingung an.

a) $\frac{3x}{5y} \cdot \frac{4x}{7y}$

b) $\frac{9rs}{28ab} \cdot \frac{35ac}{27rt}$

c) $\frac{a^2+4}{a-2} \cdot \frac{a}{a+2}$

d) $\frac{y-1}{y+1} \cdot \frac{y-1}{y}$

e) $5ab \cdot \frac{7xy}{15ab}$

f) $\left(\frac{1}{x} + \frac{1}{y}\right)^2$

W 2. Dividiere. Gib auch die einschränkende Bedingung an.

a) $\frac{4a^2b}{3xy} : \frac{2ab^2}{3x^2y}$

b) $25x^4 : \frac{15x^3}{4b^2}$

c) $\frac{a^2-ab}{b^2-ab} : \frac{3a}{4b}$

d) $(x^2-2xy+y^2) : \frac{x+y}{x-y}$

e) $(9r^2s+12rs^2) : (3rs)$

W 3. Addiere bzw. subtrahiere. Gib auch die einschränkende Bedingung an.

a) $\frac{7x}{5y} + \frac{9x}{5y} - \frac{6x}{5y}$

b) $\frac{(r+s)^2}{2rs} - \frac{(r-s)^2}{2rs}$

c) $\frac{5a-7b}{4} + \frac{11a-5b}{12} - \frac{3a-5b}{6}$

d) $\frac{1}{a} + \frac{1}{b}$

e) $\frac{5z}{3x} + \frac{3az}{4y} - \frac{xy}{5z}$

f) $\frac{x}{x+y} + \frac{y}{x-y}$

g) $\frac{3a+5b}{2a-3b} - \frac{2a-5b}{3a-5b}$

h) $\frac{x}{ab} + \frac{y}{ac} - \frac{z}{bc}$

6. Exponential- und Logarithmusfunktionen

6.1. Exponentialfunktionen

Beispiel: *Exponentielles Wachstum*

Wir betrachten das Wachstum einer Hefekultur auf einer Nährlösung. Die von der Kultur bedeckte Fläche verdoppelt sich jede Stunde. Zu einem gewissen Zeitpunkt, den wir als Nullpunkt für unsere Zeitmessung wählen, wird 1 cm^2 von der Kultur bedeckt.

Wir bezeichnen mit x die Maßzahl der Zeit, gemessen in Stunden, und mit y die Maßzahl der von der Kultur bedeckten Fläche, gemessen in cm^2. Dann ergeben sich z.B. folgende Werte:

x	−2	−1	−0,5	0	0,5	1	1,5	2	3
y	0,25	0,5	0,707	1	1,414	2	2,828	4	8

Wir erkennen: Stets gilt $y=2^x$. Es ist nämlich:

$$2^1=2;\quad 2^2=2\cdot 2=4;\quad 2^3=2\cdot 2\cdot 2=8;$$

$$2^0=1;\quad 2^{-1}=\frac{1}{2}=0{,}5;\quad 2^{-2}=\frac{1}{2^2}=0{,}25;$$

$$2^{0,5}=2^{\frac{1}{2}}=\sqrt{2}=1{,}414\ldots;\quad 2^{1,5}=2^{\frac{3}{2}}=\sqrt{2^3}=2{,}828\ldots;$$

$$2^{-0,5}=\frac{1}{2^{0,5}}=\frac{1}{\sqrt{2}}=\frac{1}{2}\sqrt{2}=0{,}707\ldots.$$

Auch weitere Messungen bestätigen: Durch $y=2^x$ wird das Wachstum der Hefekultur richtig beschrieben. Diesem Wachstum liegt also die Funktion $x\mapsto 2^x$, definiert auf einem beschränkten (Zeit-)Intervall, zugrunde.

Aufgabe 1: *Exponentialfunktion zur Basis 2*

Zeichne den Graphen der Funktion $[x\mapsto 2^x;\ x\in\mathbb{R}]$.

Lösung: Wir verwenden obige Tabelle und berechnen weitere Werte (Taschenrechner mit Wurzeltaste!), z.B.:

$$2^{\frac{1}{4}}=\sqrt[4]{2}=\sqrt{\sqrt{2}}=1{,}1892\ldots \qquad 2^{-\frac{1}{4}}=\frac{1}{\sqrt[4]{2}}=0{,}8408\ldots$$

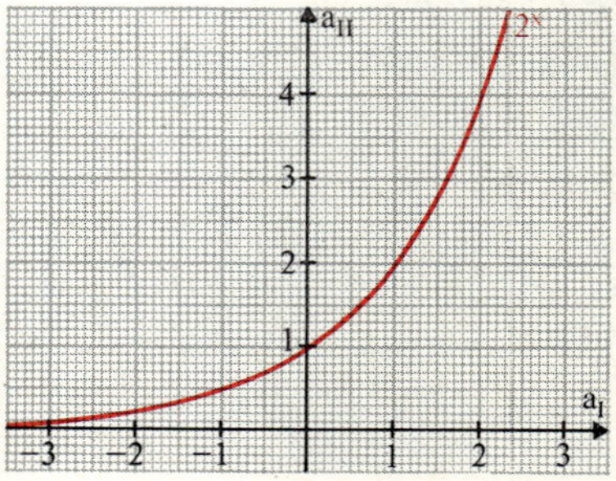

Übungen 6.1

1. Berechne mittels eines Taschenrechners mit Wurzeltaste die Funktionswerte von $\exp_2$ an den Stellen

$\frac{1}{8};\ \frac{3}{8};\ \frac{7}{16};\ \frac{5}{8};\ \frac{3}{4};\ \frac{9}{8};\ \frac{7}{4};\ \frac{9}{2};\ -\frac{1}{8};\ -\frac{3}{4};\ -\frac{3}{2}.$

△ **2.** Berechne mittels eines Taschenrechners mit Wurzeltaste Näherungswerte für 2^x zu

$x=\sqrt{3},\quad x=\sqrt{0{,}5},\quad x=\frac{1}{2}\sqrt{5},\quad x=\sqrt{2{,}5}.$

Anleitung: Suche m so, daß $\frac{m}{16}\approx x$ $[\frac{m}{64}\approx x]$ wird.

3. Bestimme mit Hilfe des Graphen von $\exp_2$ näherungsweise jeweils denjenigen Exponenten x, für welchen gilt:

$2^x=0{,}6;\quad 2^x=1{,}4;\quad 2^x=\sqrt{8};$
$2^x=2{,}3;\quad 2^x=3;\quad 2^x=-1.$

4. Zeichne den Graphen von $\exp_2$ im Intervall $[-10;\ -5]$.
Für welche x ist der Funktionswert 2^x sicherlich kleiner als 10^{-3}?

5. Berechne angenähert den Funktionswert von $\exp_2$ an der Stelle 36. Wähle 1 cm als Einheit und vergleiche diesen Funktionswert mit der Entfernung Erde–Mond ($\approx$ 380000 km).

Anleitung: $2^{10}\approx 1000$.

Um weitere Werte zu berechnen, beachte man die Definition von Potenzen mit rationalen Exponenten:

$2^{\frac{m}{n}} = \sqrt[n]{2^m}, \quad 2^{-\frac{m}{n}} = \frac{1}{\sqrt[n]{2^m}}$ für m, n∈ℕ. Insbesondere gilt:

$2^{\frac{m}{2^k}} = \sqrt[2^k]{2^m} = \sqrt{\sqrt{\ldots\sqrt{2^m}}}$ (k-mal Quadratwurzel!).

Zur Berechnung einer Potenz 2^r mit irrationalem Exponenten r kann man rationale Zahlen wählen, die so nahe wie nur gewünscht bei r liegen, und dazu die Zweierpotenzen berechnen; diese nähern den gesuchten Wert 2^r beliebig gut an.

Beispiel: $\sqrt{2} \approx \frac{23}{16}$, also $2^{\sqrt{2}} \approx 2^{\frac{23}{16}} = \sqrt{\sqrt{\sqrt{\sqrt{8388608}}}} \approx 2{,}7$

Wir bezeichnen die Funktion $[x \mapsto 2^x;\ x \in \mathbb{R}]$ mit $\exp_2$; sie ist die **Exponentialfunktion** zur **Basis** 2.

Nach dieser Definition gilt also $\exp_2(x) = 2^x$. Wir entnehmen dem Graphen (vgl. Satz **1** auf S. 87):

Die Exponentialfunktion $\exp_2$ ist streng monoton wachsend und hat $\mathbb{R}^+$ als Wertebereich. Die erste Achse ist **Asymptote** ihres Graphen.

Zur Übung: **1** bis **4**

Eine weitere Eigenschaft der Funktion $\exp_2$

Die von der Hefekultur bedeckte Fläche verdoppelt sich jede Stunde (siehe Beispiel). Für die den Wachstumsprozeß beschreibende Exponentialfunktion $x \mapsto 2^x$ bedeutet dies: Wenn man x um 1 erhöht, wird der Funktionswert 2^x jedesmal verdoppelt; dies folgt aus $2^{x+1} = 2^x \cdot 2$.

Allgemeiner gilt: $2^{x+s} = 2^x \cdot 2^s$. Das bedeutet: Jedesmal, wenn man x um die Schrittweite s erhöht, multipliziert sich 2^x mit demselben Faktor 2^s.

Stelle	Funktionswert
x	2^x
+s ↓ x+s	$\cdot 2^s$ ↓ 2^{x+s}

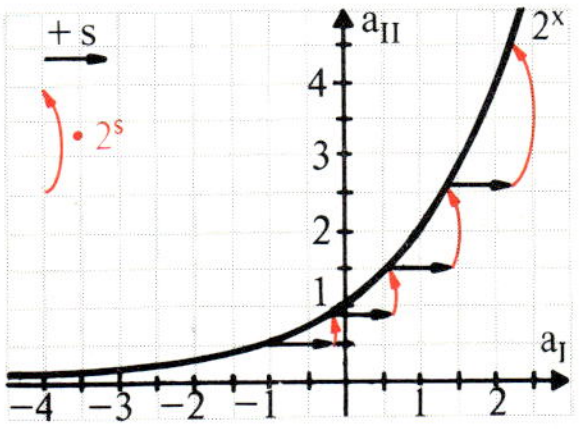

Im Fall $s = 10$ ist $2^s = 1024 \approx 1000$. Ein x-Zuwachs um 10 bewirkt also ungefähr eine Vertausendfachung des Funktionswertes von $\exp_2$.

Zur Übung: **5**

6. Zeichne die Graphen der Exponentialfunktionen $\exp_{0,4}$, $\exp_{1,5}$, $\exp_{2,5}$ und $\exp_4$ im Intervall $[-2; 2]$.

7. a) Zeichne den Graphen von $\exp_6$ im Intervall $[-2; 1]$.

b) Bestimme mittels dieses Graphen jeweils näherungsweise die Erfüllungsmenge von $6^x = 3$; $1 \leq 6^x < 2$; $-1 > 6^x > -3$; $6^x \leq 6$.

8. Eine Bakterienkultur wachse so, daß nach t Zeiteinheiten der Bestand 4^t Volumeneinheiten beträgt.

a) Veranschauliche das Bakterienwachstum graphisch im Intervall $[-2; 2]$.

b) Wie groß ist der Bestand nach 2,5 [3; 5; 8] Zeiteinheiten?

c) Wann ungefähr hat sich der Bestand gegenüber dem Zeitpunkt $t = 0$ verdoppelt [verdreifacht; verfünffacht]?

9. 1 mg einer radioaktiven Substanz aus Radium A zerfällt so, daß nach t Minuten noch $0{,}75^t$ mg vorhanden sind.

a) Veranschauliche den radioaktiven Zerfall graphisch im Intervall [0; 6].
(Einheit auf a_{II}: 10 cm!)

b) Wann ungefähr ist die vorhandene Substanz auf 0,5 mg [0,1 mg] zurückgegangen?

10. Vergleiche die Eigenschaften der Funktion $[x \mapsto 1^x; x \in \mathbb{R}]$ mit den Eigenschaften der Exponentialfunktionen $\exp_b$ für $b \in \mathbb{R}^+ \setminus \{1\}$. Weshalb rechnen wir diese Funktion wohl *nicht* zu den Exponentialfunktionen?

11. Begründe, weshalb es nicht sinnvoll ist, Exponentialfunktionen zu Basen $b \leq 0$ zu betrachten.

12. Formuliere und beweise die strenge Monotonie der Exponentialfunktionen $\exp_b$ für $0 < b < 1$.

13. Wähle die Schrittweite 1 und veranschauliche die Grundeigenschaft der Exponentialfunktionen am Graphen von Übungsaufgabe **7**.

14. a) Formuliere die Grundeigenschaft der Exponentialfunktionen für den Fall, daß x jeweils um s *vermindert* wird.

b) Veranschauliche dies für $s = 1$ an Hand einer Wertetabelle und an Hand des Graphen von $\exp_2$ im Intervall $[-3; 3]$.

15. a) Bei welcher Schrittweite verdoppelt sich jedesmal der Funktionswert von $\exp_{\sqrt{2}}$?

b) Veranschauliche das Resultat aus a) im Intervall $[-2; 4]$ an Hand einer Wertetabelle und an Hand des Graphen von $\exp_{\sqrt{2}}$.

Zur Wiederholung: *Potenzrechnung*

W 1. Berechne auf doppelte Weise.

a) $(\frac{2}{3})^1, (\frac{2}{3})^2, \ldots, (\frac{2}{3})^5$

b) $(-\frac{3}{4})^1, (-\frac{3}{4})^2, \ldots, (-\frac{3}{4})^6$

c) $(0{,}2)^1, (0{,}2)^2, \ldots, (0{,}2)^5$

d) $(\sqrt{2})^1, (\sqrt{2})^2, \ldots, (\sqrt{2})^{10}$

W 2. Berechne und vergleiche.

a) 2^3 mit 3^2

b) 2^4 mit 4^2

c) $(-5)^3$ mit 5^3

d) $(-5)^4$ mit -5^4

e) 2^2 mit $(-2)^2$ und -2^2

W 3. Schreibe jeweils als Potenz (z.T. mehrere Möglichkeiten).

27, 64, 125, 196, 625, 256, 400, 900, 10000

W 4. Berechne und vergleiche.

a) $(2+3)^3$, 2^3+3^3

b) $(2\cdot 3)^3$, $2^3\cdot 3^3$

c) $(5-2)^3$, 5^3-2^3

d) $(\frac{1}{2}-0{,}5)^3, (\frac{1}{2})^3-0{,}5^3$

W 5. Vereinfache.

a) $7a^5+6a^5+17a^5$

b) $5x^3+7x^3+8x^3$

c) $2a^4+3a^3+4a^4+7a^3$

Aufgabe 2: *Exponentialfunktion zur Basis* $\frac{1}{2}$

Zeichne den Graphen von $\exp_{\frac{1}{2}} = [x \mapsto (\frac{1}{2})^x;\ x \in \mathbb{R}]$ und vergleiche mit dem Graphen von $\exp_2$.

Lösung: Es ist $(\frac{1}{2})^x = \frac{1}{2^x} = 2^{-x}$.
Der Funktionsterm von $\exp_{\frac{1}{2}}$ entsteht also aus dem Term von $\exp_2$, indem x durch $-x$ ersetzt wird. Nach Abschnitt 3.2 bedeutet dies: Der Graph von $\exp_{\frac{1}{2}}$ entsteht aus dem Graphen von $\exp_2$ durch *Spiegelung* an der Achse a_{II}.

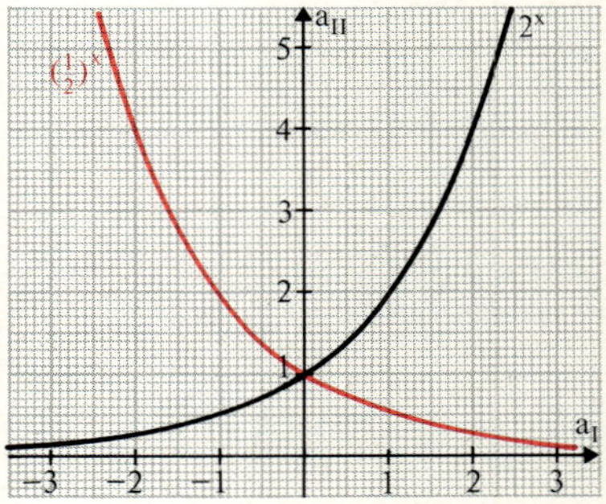

Aufgabe 3: *Weitere Exponentialfunktionen*

Zeichne die Graphen der Funktionen

$\exp_3 = [x \mapsto 3^x;\ x \in \mathbb{R}]$,
$\exp_5 = [x \mapsto 5^x;\ x \in \mathbb{R}]$,
$\exp_{10} = [x \mapsto 10^x;\ x \in \mathbb{R}]$,
$\exp_{0,3} = [x \mapsto 0{,}3^x;\ x \in \mathbb{R}]$.

Lösung:

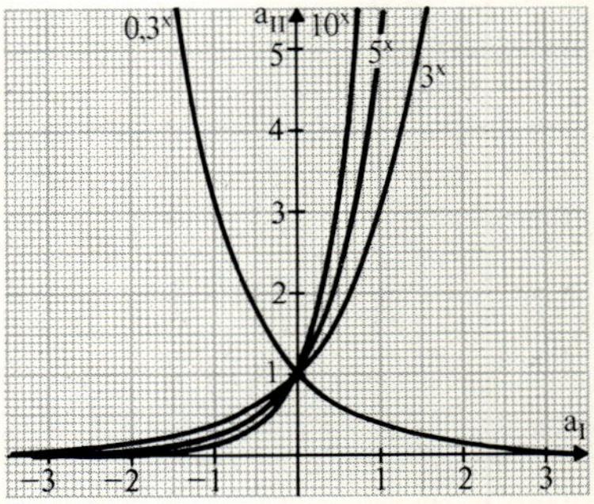

Jede Funktion von dieser Form wird als **Exponentialfunktion** bezeichnet.

Definition 1: Die Funktion $\exp_b = [x \mapsto b^x;\ x \in \mathbb{R}]$ $(b \in \mathbb{R}^+ \setminus \{1\})$ heißt **Exponentialfunktion** zur Basis b.

Entsprechend dem in Aufgabe **2** für die Basis $\frac{1}{2}$ Festgestellten gilt:

> Der Graph der Exponentialfunktion $\exp_{\frac{1}{b}}$ geht aus dem Graphen von $\exp_b$ durch Spiegelung an der Achse a_{II} hervor.

Beachte dabei: $b > 1 \Leftrightarrow 0 < \frac{1}{b} < 1$ und $0 < b < 1 \Leftrightarrow \frac{1}{b} > 1$.

Zur Übung: **6** bis **11**

Eigenschaften der Exponentialfunktionen

> **Satz 1:** Jede Exponentialfunktion $\exp_b$ ist streng monoton (wachsend für $b > 1$ bzw. fallend für $0 < b < 1$) und hat $\mathbb{R}^+$ als Wertebereich. Die Achse a_I ist Asymptote ihres Graphen.

Wir beweisen hiervon nur die strenge Monotonie; die beiden anderen Aussagen entnehmen wir der Anschauung.

Beweis der strengen Monotonie für $b > 1$:

Zu zeigen ist: Wenn $x_1 < x_2$, dann $b^{x_1} < b^{x_2}$.
Es gelte $x_1 < x_2$. Dann ist $x_2 = x_1 + d$ mit $d > 0$.

Daher gilt $b^{x_2} = b^{x_1 + d} = b^{x_1} \cdot b^d$.
Wegen $d > 0$ und $b > 1$ ist $b^d > 1$; also ist $b^{x_2} > b^{x_1}$.

Aus der ersten Potenzregel folgt unmittelbar:

> **Satz 2:** Wenn man x jeweils um dieselbe Schrittweite s erhöht, multipliziert sich der Funktionswert b^x von $\exp_b$ jedesmal mit demselben Faktor b^s.

Wir bezeichnen dies als **Grundeigenschaft** der Exponentialfunktionen. Sie besagt für Wertetabelle bzw. Graph von $\exp_b$:

	Stelle	Funktionswert	
+s	x	b^x	$\cdot b^s$
	$x+s$	b^{x+s}	

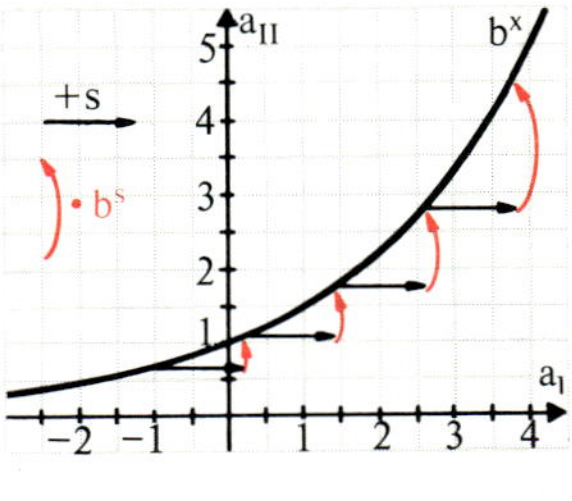

Zur Übung: **12** bis **15**

W 6. Berechne.

a) $(4^2)^3$ d) $((\sqrt[3]{3})^3)^2$ g) $4^{(3^2)}$

b) $(7^2)^3$ e) $4^{(2^3)}$ h) $7^{2 \cdot 3}$

c) $((\sqrt{2})^2)^3$ f) $(4^3)^2$

W 7. Es ist $2^{10} \approx 1000$.
Berechne Näherungswerte für

a) 2^{20}, 2^{30}, 2^{40}, 2^{50};

b) 2^{-10}, 2^{-20}, 2^{-30}, 2^{-40}, 2^{-50}.

W 8. Schreibe als Potenz mit negativem Exponenten (z.T. mehrere Möglichkeiten).

a) $\frac{1}{16}$, $\frac{1}{25}$, $\frac{1}{64}$, $\frac{1}{625}$, $\frac{1}{256}$, $\frac{1}{27}$, $\frac{1}{10000}$

b) $\frac{1}{900}$, $\frac{1}{1600}$, $\frac{1}{40000}$, $\frac{1}{147}$

c) 0,01; 0,04; 0,0009; 0,0081

W 9. Schreibe die Zahl als Produkt eines Faktors mit einer Zehnerpotenz (mit negativem Exponenten). Der Faktor soll zwischen 1 und 10 liegen.

a) 0,00083 d) 0,000039
b) 0,05732 e) 0,0000002647
c) 0,00086 f) 0,00000000037

W 10. Bestimme.

a) $\sqrt[3]{8}$, $\sqrt[3]{64}$, $\sqrt[3]{343}$, $\sqrt[3]{216}$, $\sqrt[3]{512}$

b) $\sqrt[3]{0{,}125}$, $\sqrt[5]{0{,}00032}$, $\sqrt[6]{0{,}000001}$

c) $\sqrt{\sqrt{81}}$, $\sqrt{\sqrt{\sqrt{256}}}$, $\sqrt{\sqrt{0{,}0625}}$

W 11. Schreibe mit Hilfe einer Wurzel.

a) $2^{\frac{2}{3}}$ c) $3^{\frac{2}{3}}$

b) $16^{-\frac{2}{3}}$ d) $5^{-\frac{3}{7}}$

W 12. Schreibe als Potenz mit rationalem Exponenten.

a) $\sqrt{2^5}$ c) $\sqrt[4]{16}$

b) $\sqrt[3]{2^{-4}}$ d) $\sqrt{\sqrt{5}}$

W 13. Gib eine Gleichung an, welche die angegebene Zahl als Lösung hat.

a) $2^{\frac{3}{4}}$ c) $(\frac{2}{3})^{\frac{1}{2}}$ e) $5^{-\frac{2}{3}}$

b) $7^{\frac{1}{3}}$ d) $4^{\frac{5}{7}}$ f) $10^{-\frac{4}{5}}$

6.2. Logarithmusfunktionen

Logarithmen zur Basis 2

Die Exponentialfunktion $\exp_2 = [x \mapsto 2^x;\ x \in \mathbb{R}]$ ist streng monoton wachsend und hat $\mathbb{R}^+$ als Wertebereich. Nach Satz **2** von Abschnitt 5.3 (siehe S. 73) ist $\exp_2$ daher umkehrbar, d.h. zu *jedem* $a \in \mathbb{R}^+$ gibt es *genau ein* $u \in \mathbb{R}$ mit $2^u = a$.

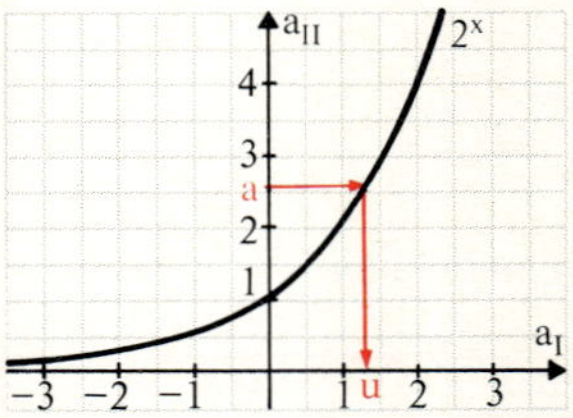

Beispiele: Zu $a = 8$ gehört $u = 3$; zu $a = 2{,}6$ gehört $u \approx 1{,}38$ (siehe Bild).

Jede positive reelle Zahl a läßt sich in eindeutiger Weise als Zweierpotenz mit einem reellen Exponenten u schreiben: $a = 2^u$.

Der zu $a \in \mathbb{R}^+$ gehörige Exponent $u \in \mathbb{R}$ wird auch der **Logarithmus** von a zur **Basis** 2 genannt.
Man schreibt: $u = \log_2 a$.

Definition 2: Für $a \in \mathbb{R}^+$ ist $\log_2 a$ diejenige Hochzahl, mit der man 2 potenzieren muß, um a zu erhalten.

Beispiele: $\log_2 8 = 3$, denn $2^3 = 8$;

$\log_2 \frac{1}{16} = -4$, denn $2^{-4} = \frac{1}{16}$; $\log_2 \sqrt{2} = \frac{1}{2}$, denn $2^{\frac{1}{2}} = \sqrt{2}$;

$\log_2 \sqrt{0{,}125} = -\frac{3}{2}$, denn $2^{-\frac{3}{2}} = \sqrt{\frac{1}{8}} = \sqrt{0{,}125}$.

Nach Definition gilt also $2^{\log_2 a} = a$, d.h.:

$\exp_2(\log_2 a) = a$ für alle $a \in \mathbb{R}^+$.

u ist diejenige Hochzahl, mit der man 2 potenzieren muß, um 2^u zu erhalten. Daher gilt $\log_2(2^u) = u$, d.h.:

$\log_2(\exp_2 u) = u$ für alle $u \in \mathbb{R}$.

Zur Übung: **1** bis **3**

Aufgabe 1: *Logarithmusfunktion zur Basis 2*

Zeichne den Graphen der Umkehrfunktion zu $\exp_2$.

Lösung: Der Graph dieser Umkehrfunktion entsteht durch Spiegelung des Graphen von $\exp_2$ an der Hauptwinkelhalbierenden (siehe Abschnitt 5.2, S. 70).

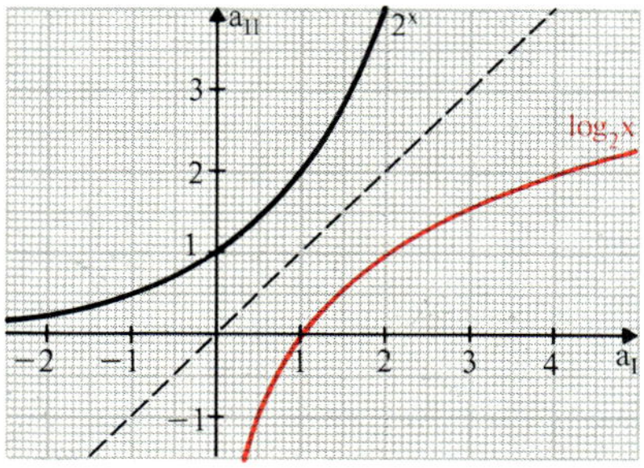

Die Umkehrfunktion von $\exp_2$ ordnet jeder positiven reellen Zahl x den reellen Exponenten u mit $2^u = x$ zu. Nach Definition ist $u = \log_2 x$. Daher ist $[x \mapsto \log_2 x;\ x \in \mathbb{R}^+]$ die Umkehrfunktion zu $\exp_2$.

Die Funktion $[x \mapsto \log_2 x;\ x \in \mathbb{R}^+]$ heißt **Logarithmusfunktion** zur Basis 2. Bezeichnung: $\log_2$.

Die Eigenschaften der Exponentialfunktion $\exp_2$ übertragen sich (vgl. z.B. Satz **3** von Abschnitt 5.3, S. 74) auf ihre Umkehrfunktion $\log_2$ (vgl. Satz **4** auf S. 91):

Die Logarithmusfunktion $\log_2$ ist streng monoton wachsend und hat $\mathbb{R}$ als Wertebereich. Die zweite Achse ist Asymptote ihres Graphen.

Zur Übung: **4**

Logarithmusfunktionen zu Basen $b > 1$

Wegen ihrer strengen Monotonie läßt sich *jede* Funktion $\exp_b = [x \mapsto b^x;\ x \in \mathbb{R}]$ $(b \in \mathbb{R}^+ \setminus \{1\})$ umkehren. Wir interessieren uns hier nur für Basen $b > 1$.

Definition 3: Die Umkehrfunktion der Exponentialfunktion $\exp_b$ $(b > 1)$ heißt **Logarithmusfunktion** zur Basis b. Bezeichnung: $\log_b$. Mit anderen Worten:

Für $x \in \mathbb{R}^+$ ist $\log_b x$ diejenige Hochzahl, mit der man b potenzieren muß, um x zu erhalten.

Beispiele: $\log_3 81 = 4$, denn $3^4 = 81$;
$\log_3 \frac{1}{9} = -2$, denn $3^{-2} = \frac{1}{9}$; $\log_9 3 = \frac{1}{2}$, denn $9^{\frac{1}{2}} = 3$.

Übungen 6.2

1. Bestimme die Logarithmenwerte:

$\log_2 16$; $\log_2 \frac{1}{2}$; $\log_2 \sqrt[4]{8}$; $\log_2 1$;

$\log_2 256$; $\log_2 \sqrt[3]{0{,}25}$; $\log_2 32768$;

$\log_2 (2^a)$; $\log_2 \left(\frac{1}{2^b}\right)$; $\log_2 0$.

2. Bestimme mit Hilfe des Graphen von $\exp_2$ Näherungswerte für

$\log_2 0{,}6$; $\log_2 1{,}4$; $\log_2 2{,}3$; $\log_2 3$

(vgl. Übungsaufgabe **3** auf S. 84).

3. Beweise: $\log_2 3$ ist irrational.

▲ *Anleitung:* Führe die gegenteilige Annahme
▲ zum Widerspruch.

4. a) Begründe: Die Logarithmusfunktion $\log_2$ wächst unbegrenzt.

b) Wann (ungefähr) erreicht $\log_2$ den Funktionswert 10 [20; 30; 50]?

5. Bestimme die Logarithmenwerte.

a) $\log_3 9$; $\log_3 \frac{1}{27}$; $\log_3 \sqrt{3}$;
$\log_3 1$; $\log_3 \sqrt[4]{\frac{1}{3}}$; $\log_3 243$;
$\log_3 (3^{\frac{4}{5}})$; $\log_3 (3^{-a})$

b) $\log_4 2$; $\log_4 0{,}0625$; $\log_{10} 100$;
$\log_{10} 0{,}1$; $\log_{100} 10$; $\log_{27} 81$;
$\log_7 1$; $\log_5 \sqrt{0{,}008}$

c) $\log_b (\sqrt[3]{b^2})$; $\log_a (\sqrt{a^k})$;
$\log_b \frac{1}{b^2}$; $\log_c \sqrt[3]{\frac{1}{c^2}}$

6. Bestimme die Erfüllungsmenge.

a) $\log_2 x = 5$
b) $\log_3 x = \frac{1}{2}$
c) $\log_2 x = -2$
d) $\log_{10} x = 0{,}4$
e) $\log_{10} x = 1$
f) $\log_2 (x+1) = 2$
g) $\log_b x = 2$
h) $\log_b x = -1$

7. Für welche Basen b gilt jeweils:

$\log_b 4 = 2$; $\log_b 2 = 4$; $\log_b 17 = 1$;

$\log_b 2 = 2$; $\log_b \frac{1}{9} = -2$; $\log_b \sqrt[3]{0{,}04} = -\frac{2}{3}$;

$\log_b 1 = 0$; $\log_b 10 = 0$; $\log_b 0{,}2 = -1$?

▲ **8.** Welche der folgenden Zahlen sind rational, welche nicht? (Begründung!)

$\log_{10}\sqrt{10}$; $\log_{10} 2$; $\log_{10} 20$; $\log_{10} 0{,}01$

Anleitung: Siehe Übungsaufgabe **3**.

9. Zeichne den Graphen von $x \mapsto \log_b x$ für $b = 1{,}6$ [$b = 2{,}5$; $b = 6$] im Intervall [0,5; 10] durch Spiegelung der entsprechenden Exponentialfunktion.

10. Bestimme $b > 1$ so, daß der Graph von $\log_b$ durch den Punkt $p(2; 0{,}5)$ geht.

11. Beweise: Für alle $x, x_1, x_2 \in \mathbb{R}^+$ und $b > 1$ gilt:

△ a) $\log_b \left(\frac{1}{x}\right) = -\log_b x$

△ b) $\log_b \left(\frac{x_1}{x_2}\right) = \log_b x_1 - \log_b x_2$

12. Vereinfache mit Hilfe der Logarithmenregeln (Satz **5**, Satz **6**, Übungsaufgabe **11**) die angegebenen Terme.

a) $\log u + \log v - \log w$

b) $2\log x_1 + \frac{1}{2}\log x_2$

c) $\frac{2}{3}\log r - \frac{3}{2}\log s$

d) $\log(u+v) + \log(u-v)$

13. Es ist $\lg 3 \approx 0{,}4771$. Bestimme mit Hilfe der Logarithmengesetze die Zehnerlogarithmen von:

30; 300; 9; $\sqrt{3}$; 0,9; $10\sqrt{3}$; $\frac{1}{3}$; $\frac{10}{9}$.

Wie für $b = 2$ ergibt sich unmittelbar aus der vorangehenden Definition:

Satz 3: Es gilt

(1) $b^{\log_b x} = x$, d.h.
$\exp_b(\log_b x) = x$ für alle $x \in \mathbb{R}^+$ und

(2) $\log_b(b^y) = y$, d.h.
$\log_b(\exp_b y) = y$ für alle $y \in \mathbb{R}$.

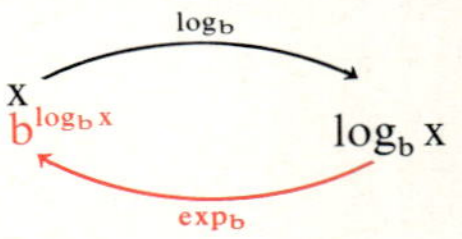

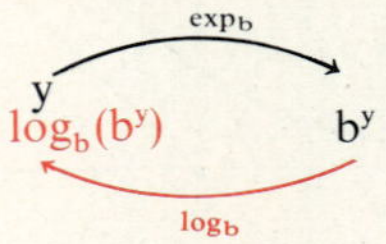

Zur Übung: **5** bis **8**

Aufgabe 2: *Graphen von Logarithmusfunktionen*

Zeichne die Graphen der Funktionen $\log_3$, $\log_5$, $\log_{10}$.

Lösung: Wir spiegeln einfach die Graphen von $\exp_3$, $\exp_5$, $\exp_{10}$ (siehe Aufgabe **3** auf S. 86) an der Hauptwinkelhalbierenden:

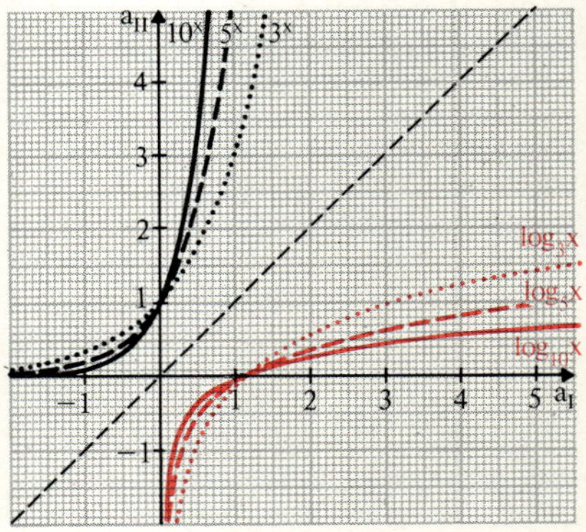

Wir können auch einen Taschenrechner mit Logarithmustaste verwenden, insbesondere zum Zeichnen von $\log_{10}$. Bevor es Taschenrechner gab, war diese sogenannte *dekadische* Logarithmusfunktion für das praktische Rechnen von besonderer Bedeutung. Sie ist deshalb auch in Funktionstafeln, den sogenannten *Logarithmentafeln* dargestellt. Man bezeichnet sie meist kurz mit lg (statt mit $\log_{10}$).

Zur Übung: **9** und **10**

Die *Eigenschaften* der Exponentialfunktionen übertragen sich wieder auf ihre Umkehrfunktionen:

> **Satz 4:** Jede Logarithmusfunktion $\log_b$ $(b>1)$ hat $\mathbb{R}^+$ als Definitions- und $\mathbb{R}$ als Wertebereich. Sie ist streng monoton wachsend und hat die Achse a_{II} als Asymptote ihres Graphen.

Logarithmenregeln

Wegen $b^{y_1+y_2}=b^{y_1}\cdot b^{y_2}$ gilt für Exponentialfunktionen $\exp_b(y_1+y_2)=\exp_b y_1\cdot \exp_b y_2$ für alle $y_1, y_2\in\mathbb{R}$.

Entsprechendes gilt für Logarithmusfunktionen als deren Umkehrfunktionen. Dazu vertauschen wir die Rolle von 1. und 2. Spalte in der Wertetabelle:

Stelle	$\exp_b$ → Funktionswert
y_1	b^{y_1}
y_2	b^{y_2}
y_1+y_2	$b^{y_1+y_2}$

Funktionswert	← $\log_b$ Stelle
$\log_b x_1$	x_1
$\log_b x_2$	x_2
$\log_b(x_1\cdot x_2)$	$x_1\cdot x_2$

Statt $\log_b$ schreibt man oft auch kurz log, wenn die Basis unverändert festliegt. Dann gilt also:

> **Satz 5:** Der Logarithmus eines Produkts ist gleich der Summe der Logarithmen der Faktoren (*1. Logarithmenregel*):
> $\log(x_1\cdot x_2)=\log x_1+\log x_2$ für alle $x_1, x_2\in\mathbb{R}^+$.

Die Potenzregel $b^{t\cdot y}=(b^y)^t$ besagt
$\exp_b(t\cdot y)=(\exp_b y)^t$ für alle $y, t\in\mathbb{R}$.

Wir vertauschen wieder die Rolle von 1. und 2. Spalte in der Wertetabelle:

Stelle	$\exp_b$ → Funktionswert
y (·t)	b^y (hoch t)
$t\cdot y$	b^{ty}

Funktionswert	← $\log_b$ Stelle
$\log_b x$ (·t)	x (hoch t)
$\log_b(x^t)$	x^t

> **Satz 6:** Der Logarithmus einer Potenz ist gleich dem Produkt aus der Hochzahl und dem Logarithmus der Grundzahl (*2. Logarithmenregel*):
> $\log(x^t)=t\cdot\log x$ für alle $x\in\mathbb{R}^+$, $t\in\mathbb{R}$.

Zur Übung: **11** bis **15**

14. a) Beweise die 2. Logarithmenregel (Satz **6**) für △ $t=2, 3, \ldots$ als Folgerung von Satz **5**.

△ b) Beweise die 2. Logarithmenregel für $t=-1, -2, \ldots$ als Folgerung aus den Übungsaufgaben **11** und **14**a.

15. Führe für Satz **5** und Satz **6** formale Beweise △ unter Benutzung von Satz **3**.

Zur Wiederholung: *Potenzgesetze*

W 1. Vereinfache jeweils.

a) $a^5\cdot a^7$, $7^7\cdot 7^5\cdot 7^3$, $a^2\cdot b^5\cdot b^7$, $a^5\cdot(a^7+2^2)$

b) $b^5\cdot(b^2-b^8)$, $(a^5+a^6)\cdot(a^3+a^7)$, $3a^2\cdot(7a^4+2a^3)$

W 2. Berechne.

$(a\cdot b)^6$, $(x\cdot y)^7$, $(a\cdot b)^{-3}$, $(a\cdot b)^0$, $(u\cdot v)^{-6}$, $(p\cdot q)^0$, $(x\cdot y)^{-4}$

W 3. Berechne.

$(x^2)^5$, $(x^3)^3$, $(a^{-2})^2$, $(a^{-2})^{-5}$, $(x^3)^{-2}$, $(p^0)^{-3}$, $(a^0)^0$, $(a^{-3})^0$, $(a^0)^4$, $(x^{-2})^5$, $(x^2)^{-5}$

W 4. Berechne.

a) $(2ab)^4$
b) $(3ab\cdot 5cd\cdot 8cf)^n$
c) $a^{-5}\left(\frac{1}{a}\right)^{-5}$ $(a\neq 0)$
d) $(x+y)^2$
e) $(a+b)^3\cdot(a-b)^3$
f) $(x+y)^2\cdot(x^2+y^2)^2\cdot(x-y)^2$

W 5. Berechne.

a) $(a^2)^4$
b) $(-a^2)^4$
c) $(a^3b^4)^{-5}$
d) $(x^5)^{n+4}$
e) $(b^{n+3})^3$
f) $(a^n+b^n)^2$

W 6. Berechne.

a) $2^{\frac{1}{5}}\cdot 2^{\frac{3}{5}}$
b) $3^{-\frac{1}{6}}\cdot 3^{\frac{5}{6}}$
c) $(3^{\frac{1}{3}})^2$
d) $(2^{-\frac{1}{2}})^{-\frac{2}{3}}$

6.3. Zusammenhang zwischen verschiedenen Exponentialfunktionen

Aufgabe 1: *Streckung von Exponential-Graphen parallel zu a_{II}*

Zeichne den Graphen der Funktion $[x \mapsto \frac{1}{3} \cdot 2^x;\ x \in \mathbb{R}]$; vergleiche ihn mit dem Graphen von $[x \mapsto 2^x;\ x \in \mathbb{R}]$.

Lösung: Aus Abschnitt 3.4, S. 46 wissen wir, daß der Graph von $x \mapsto \frac{1}{3} \cdot 2^x$ aus dem Graphen von $x \mapsto 2^x$ durch *Streckung* parallel zur zweiten Achse mit dem Faktor $\frac{1}{3}$ hervorgeht.

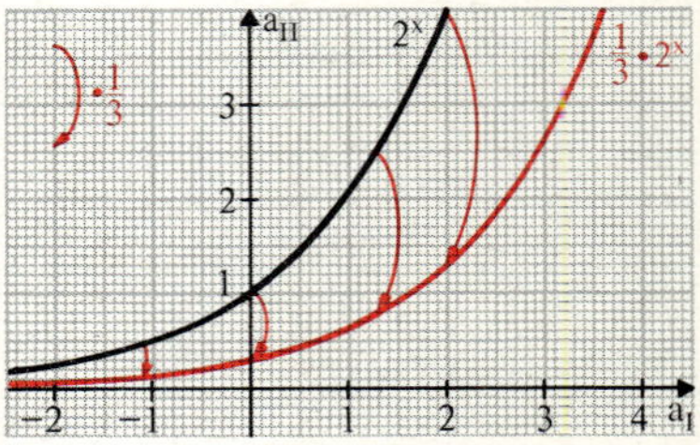

Allgemeiner: Man erhält den Graphen von $[x \mapsto a \cdot b^x; x \in \mathbb{R}]$ für $a \in \mathbb{R}^+$ aus dem Graphen von $[x \mapsto b^x; x \in \mathbb{R}]$ durch Streckung parallel zur Achse a_{II} mit dem Faktor a.

Definition 4: Wir bezeichnen auch die Funktionen $[x \mapsto a \cdot b^x; x \in \mathbb{R}]$ $(a \in \mathbb{R}^+, b \in \mathbb{R}^+ \setminus \{1\})$ als **Exponentialfunktionen.**

Die Zahl a heißt auch der *Anfangswert* der Exponentialfunktion $x \mapsto a \cdot b^x$; denn wegen $b^0 = 1$ ist a der Funktionswert an der Stelle 0. Er gibt den Abschnitt des Graphen auf der Achse a_{II} an.

Die *Grundeigenschaft* (Satz **2** auf S. 87) kommt *allen* Exponentialfunktionen $[x \mapsto a \cdot b^x; x \in \mathbb{R}]$ $(a \in \mathbb{R}^+,\ b \in \mathbb{R}^+ \setminus \{1\})$ zu:

Stelle	Funktionswert
$+s$: x → $x+s$	$a \cdot b^x$ → ($\cdot b^s$) → $a \cdot b^{x+s}$

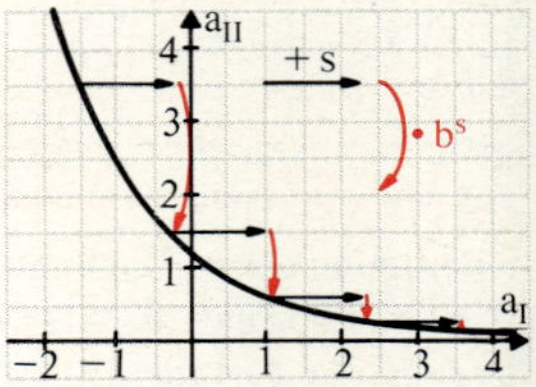

Beweis: Es gilt $a \cdot b^{x+s} = a \cdot (b^x \cdot b^s) = (ab^x) \cdot b^s$.

Zur Übung: **1** bis **4**

Übungen 6.3

1. Zeichne den Graphen von $x \mapsto \frac{1}{2} \cdot 3^x$ $[x \mapsto \frac{5}{3} \cdot 3^x]$ und gib an, auf welche Weise er aus dem Graphen von $x \mapsto 3^x$ entstanden ist.

2. Zeichne den Graphen von $x \mapsto 0{,}4 \cdot 3^x$ $[x \mapsto 0{,}2 \cdot 5^x;\ x \mapsto 0{,}05 \cdot 10^x]$ im Intervall $[-1; 2]$. Wähle die Schrittweite 0,5 und veranschauliche die Grundeigenschaft der Exponentialfunktionen.

Aufgabe 2: *Zusammenhang zwischen Streckungen der Exponential-Graphen parallel zu a_{II} und Verschiebungen parallel zu a_I*

Zeichne den Graphen von $[x \mapsto \frac{1}{3} \cdot 3^x; x \in \mathbb{R}]$ und vergleiche mit dem Graphen von $[x \mapsto 3^x; x \in \mathbb{R}]$.

Lösung: *Einerseits* entsteht der Graph von $x \mapsto \frac{1}{3} \cdot 3^x$ analog Aufgabe **1** durch Streckung parallel zu a_{II} mit dem Faktor $\frac{1}{3}$.

Andererseits gilt
$\frac{1}{3} \cdot 3^x = 3^{-1} \cdot 3^x = 3^{x-1}$. Daher wissen wir aus Abschnitt 3.1, S. 37, daß der Graph von $x \mapsto \frac{1}{3} \cdot 3^x$ durch *Verschiebung* parallel zu a_I um 1 nach rechts aus dem Graphen von $x \mapsto 3^x$ hervorgeht.

Beachte: Die gleiche Wirkung einer Streckung parallel zu a_{II} und einer Verschiebung parallel zu a_I ist nur möglich, weil der Definitionsbereich $\mathbb{R}$ ist!

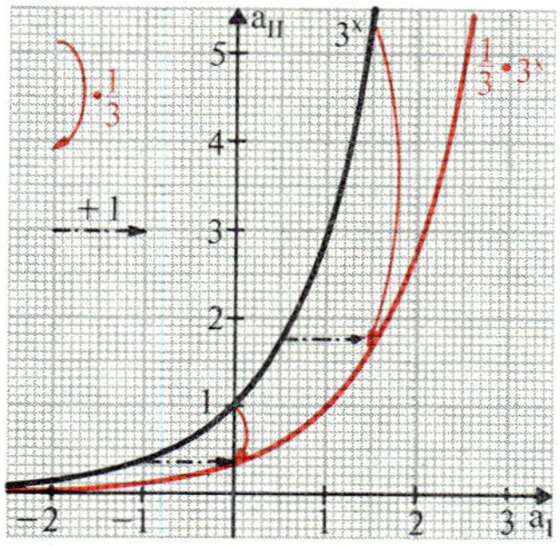

Entsprechend können wir uns auch den Graphen aus Aufgabe **1** durch Verschiebung entstanden denken. Dazu schreiben wir $\frac{1}{3}$ als Zweierpotenz (siehe S. 88): $\frac{1}{3} = 2^u$ mit $u = \log_2 \frac{1}{3} \approx -1{,}58$. Dann gilt $\frac{1}{3} \cdot 2^x = 2^u \cdot 2^x = 2^{x+u}$. Der Graph von $x \mapsto \frac{1}{3} \cdot 2^x$ entsteht also aus dem Graphen von $x \mapsto 2^x$ durch Verschiebung parallel zu a_I um etwa 1,58 nach rechts.

Allgemeiner: Jeder Streckfaktor $a \in \mathbb{R}^+$ kann in der Form $a = b^u$ mit $u = \log_b a$ geschrieben werden. Dann gilt $a \cdot b^x = b^u \cdot b^x = b^{x+u}$. Dies bedeutet:

> **Satz 7:** Jede Streckung des Graphen von $\exp_b$ ($b \in \mathbb{R}^+ \setminus \{1\}$) parallel zur Achse a_{II} bewirkt dasselbe wie eine passende Verschiebung parallel zu a_I.

Genauer: Streckfaktor $a \in \mathbb{R}^+$ und Verschiebungslänge $|u| \in \mathbb{R}$ hängen gemäß $b^u = a$, also $u = \log_b a$ zusammen.

Zur Übung: **5** und **6**

3. Ein Anfangskapital K_0 von 10000 DM sei mit dem Zinssatz 7% langfristig angelegt.

a) Wie groß ist das Kapital K_1 (Anfangskapital zuzüglich Zinsen) nach 1 Jahr?

b) Beweise: Nach n Jahren beträgt das Kapital $K_n = K_0 \cdot (1{,}07)^n$.

c) Berechne mit einem Taschenrechner die Potenzen $(1{,}07)^n$ für $n = 1, 2, 3, \ldots, 30$ und stelle das Wachstum des Kapitals graphisch dar.

d) Wann ungefähr hat sich das Anfangskapital verdoppelt?

4. Ein Anfangskapital von 5000 DM war bei wechselnden Zinssätzen 5 Jahre lang angelegt und hat sich in dieser Zeit (mit Zinseszins) auf 6755 DM erhöht. Welcher Zinssatz hätte (ungefähr) dieses Resultat erbracht?

Anleitung: Verwende einen Taschenrechner und schalte den gesuchten Zinssatz durch fortwährendes Probieren so ein, daß er auf 2 Stellen hinter dem Komma genau ist.

5. Durch jeweils welche Verschiebung entstehen die Graphen in den Übungsaufgaben **1** und **2** aus dem zugehörigen Graphen von $x \mapsto 3^x$ $[x \mapsto 5^x;\ x \mapsto 10^x]$?

6. Der Graph der Exponentialfunktion $x \mapsto a \cdot 3^x$ entsteht aus dem Graphen von $x \mapsto 3^x$ durch Verschiebung um 0,5 $[1;\ -0{,}5;\ -\frac{4}{3}]$ parallel zu a_I. Bestimme a.

7. a) Bestimme die Verdopplungsweite von $\exp_b$ für $b = 3$ $[\sqrt[5]{2};\ \sqrt[3]{4};\ 10]$.

b) Wie hängen die Graphen von $\exp_2$ und $\exp_b$ für $b = 3$ $[\sqrt[5]{2};\ \sqrt[3]{4};\ 10]$ zusammen?

8. Eine Hefekultur auf einer Nährlösung wachse exponentiell so, wie der folgende Graph angibt. Dabei ist t die Zeit, gemessen in Stunden, und A die von der Hefe bedeckte Fläche, gemessen in cm^2. Bestimme näherungsweise die Verdoppelungszeit d sowie die den Wachstumsprozeß beschreibende Exponentialfunktion $t \mapsto A$.

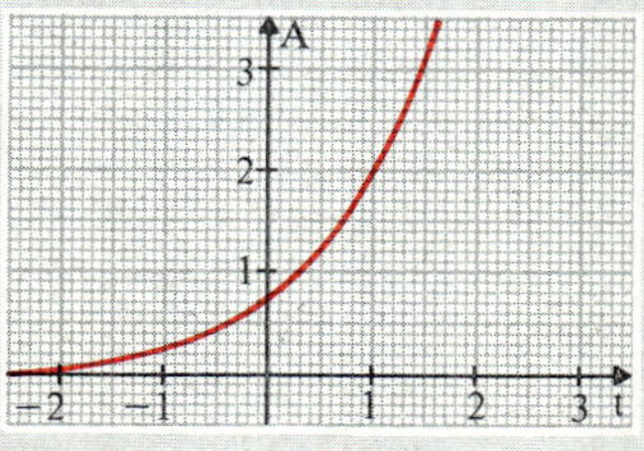

9. a) Bestimme die Halbierungsweite von $\exp_b$ für $b = \frac{1}{3}$ $[\sqrt[5]{\frac{1}{2}}]$.

b) Wie hängen die Graphen von $\exp_2$ und $\exp_b$ für $b = \frac{1}{3}$ $[\sqrt[5]{\frac{1}{2}}]$ zusammen?

10. Hier ist der Graph einer Exponentialfunktion $x \mapsto 2^{-\frac{x}{h}}$ gezeichnet:

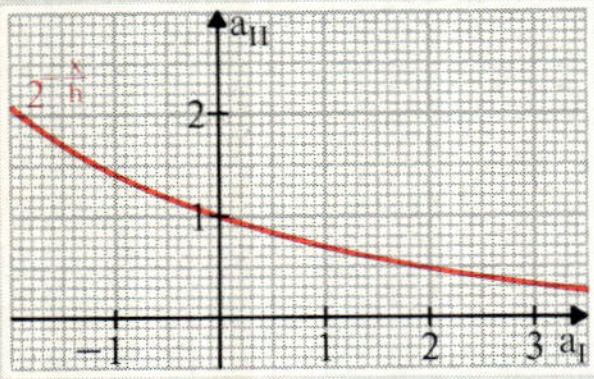

Bestimme einen Näherungswert für h.

11. Überlege, wie man die Verdopplungsweite [Halbierungsweite] einer steigenden [fallenden] Exponentialfunktion auch auf dem negativen Teil von a_I ablesen kann, wenn der Graph gegeben ist.

Zur Wiederholung: *Wurzelrechnung*

W 1. Berechne.

a) $\sqrt[3]{64000}$, $\sqrt[4]{160000}$, $\sqrt[6]{64 \cdot 729}$

b) $\sqrt{12}$, $\sqrt{20}$, $\sqrt{80}$, $\sqrt[3]{24}$, $\sqrt[3]{270}$, $\sqrt[3]{128}$, $\sqrt[4]{32}$

c) $\sqrt{3} \cdot \sqrt{27}$, $\sqrt{5} \cdot \sqrt{125}$, $\sqrt{6} \cdot \sqrt{216}$, $\sqrt[3]{25} \cdot \sqrt[3]{5}$

d) $\sqrt[4]{24} \cdot \sqrt[4]{54}$, $\sqrt[5]{48} \cdot \sqrt[5]{162}$, $\sqrt[6]{324} \cdot \sqrt[6]{144}$, $\sqrt[5]{8} \cdot \sqrt[5]{4}$

e) $\sqrt[4]{72} \cdot \sqrt[4]{18}$, $\sqrt[4]{48} \cdot \sqrt[4]{12}$, $\sqrt[3]{30} \cdot \sqrt[3]{75}$, $\sqrt[3]{147} \cdot \sqrt[3]{75} \cdot \sqrt[3]{105}$

f) $\sqrt{8} : \sqrt{2}$, $\sqrt{24} : \sqrt{6}$, $\sqrt{72} : \sqrt{8}$, $\sqrt[3]{81} : \sqrt[3]{3}$, $\sqrt[3]{320} : \sqrt[3]{5}$

Aufgabe 3: *Streckung der Exponential-Graphen parallel zu a_I – Verdopplungs- und Halbierungsweiten*

Zeichne die Graphen der Exponentialfunktionen $\exp_2$ und $\exp_{\sqrt[3]{2}}$ und vergleiche sie.

Lösung: Es gilt $(\sqrt[3]{2})^x = (2^{\frac{1}{3}})^x = 2^{\frac{1}{3}x}$. Nach Abschnitt 3.4, S. 46 entsteht der Graph von $x \mapsto (\sqrt[3]{2})^x$ daher aus dem Graphen von $x \mapsto 2^x$ durch *Streckung* parallel zur Achse a_I mit dem Faktor 3.

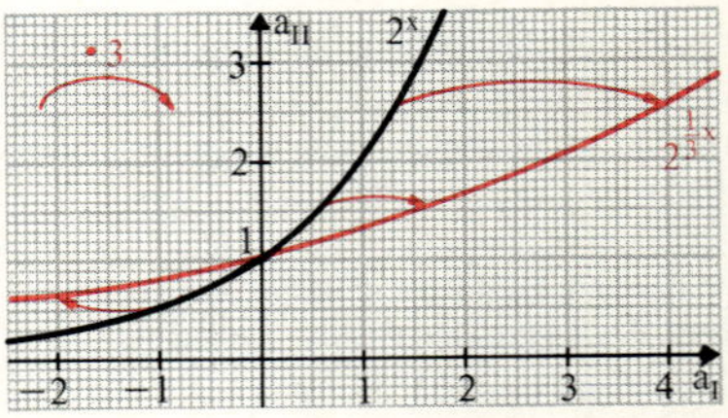

Entsprechend läßt sich jede Exponentialfunktion $x \mapsto b^x$ mit $b > 1$ in der Form $x \mapsto 2^{\frac{1}{d}x}$ schreiben, wobei $d > 0$ ist.

Es gilt nämlich $b = 2^{\log_2 b}$, also $b^x = 2^{(\log_2 b) \cdot x}$. Setzen wir nun $d = \frac{1}{\log_2 b}$, so ist $\log_2 b = \frac{1}{d}$ und daher $b^x = 2^{\frac{1}{d}x} = 2^{\frac{x}{d}}$.

Also gilt:

> **Satz 8:** Der Graph der Funktion $\exp_b$ $(b > 1)$ entsteht aus dem Graphen von $\exp_2$ durch Streckung parallel zu a_I. Der Streckfaktor ist $\frac{1}{\log_2 b}$.

Welche Bedeutung hat die Zahl d für die Funktion $x \mapsto 2^{\frac{x}{d}}$? An der Stelle 0 hat $x \mapsto 2^{\frac{x}{d}}$ den Wert 1 (denn $2^{\frac{0}{d}} = 2^0 = 1$), an der Stelle d den Wert 2 (denn $2^{\frac{d}{d}} = 2^1 = 2$).

D.h.: An der Stelle d hat sich der Funktionswert gegenüber dem Anfangswert 1 *verdoppelt*.

Infolge der Grundeigenschaft der Exponentialfunktionen bedeutet dies allgemeiner:

Wenn sich x jeweils um d erhöht, verdoppelt sich jedesmal der Funktionswert $a \cdot 2^{\frac{x}{d}}$ $(d \in \mathbb{R}^+)$.

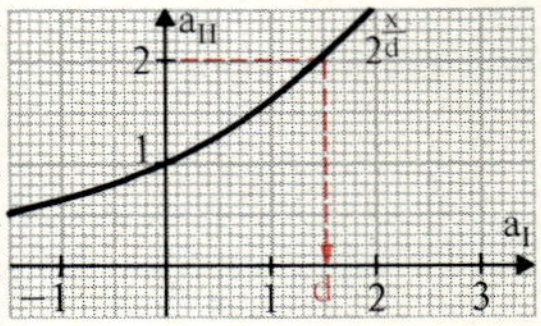

Stelle	Funktionswert
x → $+d$ → $x+d$	$a \cdot 2^{\frac{x}{d}}$ → $\cdot 2$ → $a \cdot 2^{\frac{x+d}{d}}$

$$a \cdot 2^{\frac{x+d}{d}} = a \cdot 2^{\frac{x}{d}+1} = a \cdot 2^{\frac{x}{d}} \cdot 2$$

d heißt *Verdopplungsweite* der Funktion $x \mapsto a \cdot 2^{\frac{x}{d}}$.
Die Verdopplungsweite der Funktion $x \mapsto a \cdot b^x$ mit $b > 1$ ist also $d = \frac{1}{\log_2 b}$.

Zur Übung: **7** und **8**

Für $0 < b < 1$ setzen wir $h = -\frac{1}{\log_2 b}$; dann ist $\log_2 b = -\frac{1}{h}$.
Wegen $\log_2 b < 0$ ist $h > 0$, und es gilt $b = 2^{\log_2 b} = 2^{-\frac{1}{h}}$.
Wie oben folgt hieraus $b^x = 2^{-\frac{x}{h}}$ und damit:

Satz 9: Der Graph von $\exp_b$ für $0 < b < 1$ entsteht aus dem Graphen von $\exp_2$ durch Spiegelung an der Achse a_{II} und Streckung parallel zur Achse a_I; der (positive) Streckfaktor ist $\frac{1}{\log_2 b}$

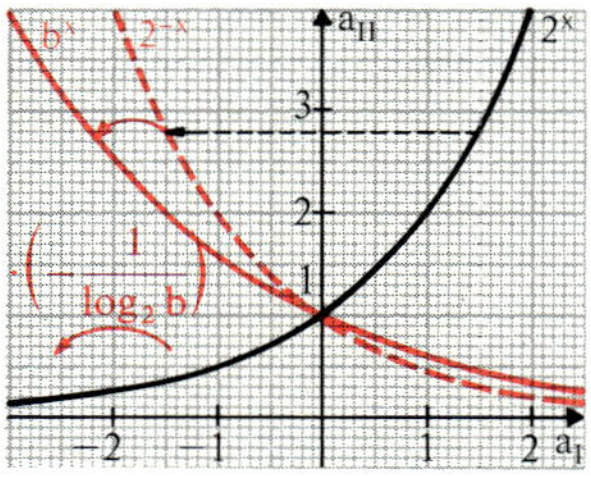

Welche Bedeutung hat in der Funktion $x \mapsto 2^{-\frac{x}{h}}$ die Zahl h? Wir setzen h ein und erkennen wie eben: An der Stelle h hat sich der Funktionswert gegenüber dem Anfangswert 1 *halbiert*.

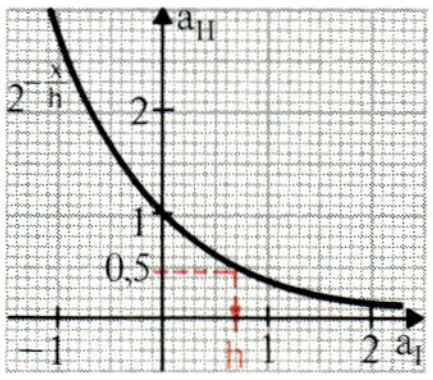

Stelle	Funktionswert
x	$a \cdot 2^{-\frac{x}{h}}$
x + h (h)	$a \cdot 2^{-\frac{x+h}{h}}$ ($\cdot \frac{1}{2}$)

$$a \cdot 2^{-\frac{x+h}{h}} = a \cdot 2^{-\frac{x}{h} - 1} = a \cdot 2^{-\frac{x}{h}} \cdot 2^{-1} = a \cdot 2^{-\frac{x}{h}} \cdot \frac{1}{2}$$

h heißt *Halbierungsweite* der Funktion $x \mapsto a \cdot 2^{-\frac{x}{h}}$.
Die Halbierungsweite der Funktion $x \mapsto a \cdot b^x$ mit $0 < b < 1$ ist also $h = -\dfrac{1}{\log_2 b}$.

Wenn x die Zeit bedeutet, heißt h auch *Halbwertszeit*.

Zur Übung: **9** bis **11**

W 2. Vereinfache.

a) $\sqrt{18} + \sqrt{8} + \sqrt{32} - \sqrt{50}$

b) $(\sqrt{12} - \sqrt{27} + \sqrt{75} - \sqrt{48}) \cdot \sqrt{3}$

c) $(4\sqrt{45} + 6\sqrt{42} - 7\sqrt{30} + 4\sqrt{10}) \cdot 2\sqrt{35}$

d) $(3\sqrt{6} + 4\sqrt{5}) \cdot (5\sqrt{6} - 6\sqrt{5})$

e) $\sqrt{4 + \sqrt{7}} \cdot \sqrt{4 - \sqrt{7}}$

W 3. Mache den Nenner zu einer rationalen Zahl.

a) $\dfrac{3}{\sqrt{5}}$

b) $\dfrac{-2}{\sqrt{8}}$

c) $\dfrac{1}{\sqrt[3]{2}}$

d) $\dfrac{1}{2 + \sqrt{3}}$

e) $\dfrac{2}{2 - \sqrt{2}}$

f) $\dfrac{3 + \sqrt{6}}{\sqrt{2} + \sqrt{3}}$

g) $\dfrac{7 \cdot \sqrt{5} + 5 \cdot \sqrt{7}}{\sqrt{7} + \sqrt{5}}$

h) $\dfrac{\sqrt{3} + \sqrt{2}}{\sqrt{3} - \sqrt{2}}$

W 4. Vereinfache jeweils. Gib eine Bedingung dafür an, daß der Term definiert ist.

a) $\sqrt{a^3} \cdot \sqrt{a^3}$, $\sqrt{b^5} \cdot \sqrt{b^7}$

b) $\sqrt{\dfrac{2a}{3b}} \cdot \sqrt{\dfrac{2b}{3a}}$, $\sqrt{\dfrac{5a}{6b}} \cdot \sqrt{\dfrac{10a}{3b}}$

W 5. Forme um, so daß im Nenner keine Wurzel vorkommt. Schreibe die Bedingung dafür, daß der Term definiert ist, in Klammern dahinter.

a) $\dfrac{a}{a + \sqrt{x}}$

b) $\dfrac{1}{a - \sqrt{b}}$

c) $\dfrac{5 + \sqrt{a}}{5 - \sqrt{a}}$

d) $\dfrac{1}{a\sqrt{b} + c\sqrt{d}}$

W 6. Entscheide, ob die Aussage wahr bzw. falsch ist.

a) $\sqrt{3 + 2\sqrt{2}} = 1 + \sqrt{2}$

b) $\sqrt{4 - 2\sqrt{3}} = \sqrt{3} - 1$

c) $\sqrt{1 + \sqrt{2}} = 3 - \frac{1}{2}\sqrt{2}$.

6.4. Anwendungen der Exponentialfunktionen

Aufgabe 1: *Altersbestimmung*

Das radioaktive Element Karbon 14 hat eine Halbwertszeit von 5750 Jahren (d.h. alle 5750 Jahre geht die vorhandene Substanz auf die Hälfte zurück). Es läßt sich in folgender Weise bei der Altersbestimmung von Tier-Fossilien oder von Pflanzen verwenden: Lebewesen enthalten Karbon 14 in bekannter Menge; der Zerfall beginnt mit dem Tod; der Prozentsatz von Karbon 14, der von der ursprünglichen Menge noch vorhanden ist, läßt einen Rückschluß auf das Alter zu.

Ein bei Ausgrabungen im Jahre 1975 gefundener Mammutknochen enthielt noch 8 % seines ursprünglich vorhandenen Gehalts an Karbon 14. Wie alt ist der Knochen ungefähr? (Angabe auf 100 Jahre genau.)

Lösung: Alle 5750 Jahre geht die vorhandene Substanz auf die Hälfte zurück. Nach der Grundeigenschaft der Exponentialfunktionen ist daher nach $\frac{1}{2}\cdot 5750$, d.h. nach 2875 Jahren noch der $\sqrt{2}$-te Teil der Substanz vorhanden, nach $\frac{1}{4}\cdot 5750$, d.h. nach etwa 1437 Jahren noch der $\sqrt[4]{2}$-te Teil, nach $\frac{1}{8}\cdot 5750$, d.h. nach etwa 719 Jahren noch der $\sqrt[8]{2}$-te Teil usw. Wir legen eine Tabelle an (Taschenrechner mit Wurzeltaste!) und bestimmen näherungsweise, nach wieviel Jahren noch 8 % der anfangs vorhandenen Substanz übriggeblieben sind.

(Ungefähre) Anzahl der Jahre nach dem Tod des Mammuts		Prozentsatz des noch vorhandenen Gehalts an Karbon 14	
	0	100	
+5750	5750	50	$:2$
+5750	11500	25	$:2$
+5750	17250	12,5	$:2$
+2875	20125	8,838…	$:\sqrt{2}$
+ 719	20844	8,105…	$:\sqrt[8]{2}$
+ 90	**20934**	**8,018…**	$:\sqrt[64]{2}$
+ 90	**21024**	**7,932…**	$:\sqrt[64]{2}$

Es ergibt sich: Nach ungefähr 21000 Jahren ist noch 8 % des ursprünglich vorhandenen Gehalts an Karbon 14 übriggeblieben. Da der Mammutknochen im Jahre 1975 gefunden worden ist, stammt er also ungefähr aus dem Jahre 19000 v.Chr.

Aufgabe **1** läßt sich auch rechnerisch (mit Logarithmen) oder graphisch lösen; siehe Übungsaufgabe **1**.

Zur Übung: **1** und **2**

Aufgabe 2: *Einschaltvorgang*

Beim Einschalten eines bestimmten Radios nimmt die Stromstärke nach dem Gesetz

$I = 0{,}6(1 - 0{,}5^t)$

zu. Dabei ist t die Maßzahl der Zeit, gemessen in ms (das sind 10^{-3} s), und I die Maßzahl der Stromstärke, gemessen in A (Ampere). Zeichne den Graphen der Funktion $t \mapsto I$ für $t \geq 0$.

Lösung: Der Graph der Funktion $t \mapsto 0{,}6(1 - 0{,}5^t)$ entsteht schrittweise aus dem Graphen von $t \mapsto 0{,}5^t$ (vgl. Abschnitt 3.6).

a) Graph der Ausgangsfunktion:

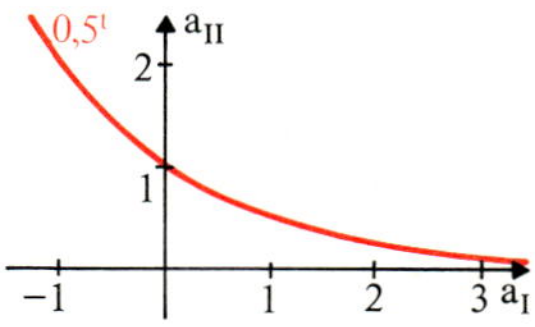

b) Spiegelung an a_I:

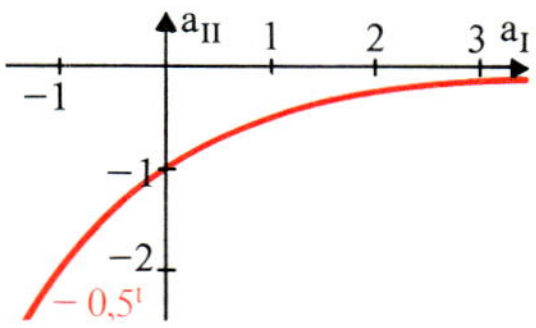

c) Verschiebung parallel zu a_{II} um 1 nach oben:

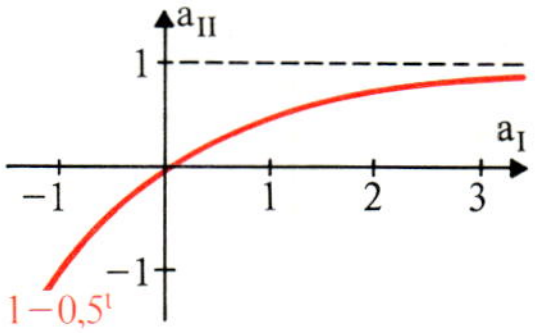

d) Streckung parallel zu a_{II} mit 0,6:

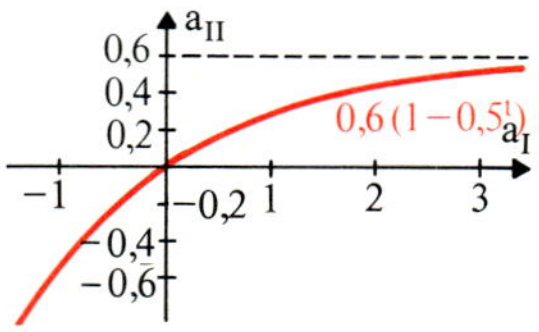

e) Gesuchter Graph von $t \mapsto I$ für $t \geq 0$:

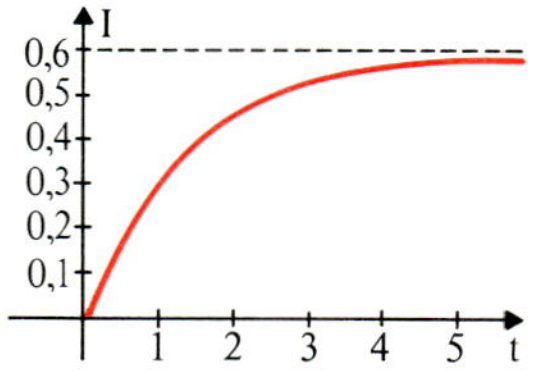

Wir erkennen, daß sich der Graph immer mehr der Geraden mit $I = 0{,}6$ nähert; diese Gerade ist Asymptote des Graphen. Beispielsweise ist $I = 0{,}5994\ldots$ für $t = 10$, d.h. nach 0,01 s beträgt die Stromstärke bereits (etwa) 0,5994 A.

Zur Übung: **3** und **4**

Übungen 6.4

1. a) Welche Exponentialfunktion liegt dem Zerfall von Karbon 14 zugrunde? (siehe Aufgabe **1** auf S. 96).

b) Skizziere den Graphen dieser Funktion.

c) Interpretiere die Lösung von Aufgabe **1** an diesem Graphen.

d) Löse Aufgabe **1** rechnerisch mit Hilfe von Logarithmen.

Anleitung: Benutze a); beachte, daß der Funktionswert an der Stelle u (u sei das gesuchte Alter des Knochens) 8% des Anfangswertes beträgt; verwende die Logarithmenregeln.

2. Eine bei Ausgrabungen gefundene vorzeitliche Pflanze hatte 65% ihres ursprünglichen Gehaltes an Karbon 14 verloren. Wie alt ist die Pflanze ungefähr?
(Angabe auf 100 Jahre genau)

3. Beim Aufladen eines bestimmten Kondensators nimmt die Spannung nach dem Gesetz $U = 250\,(1 - 0{,}5^t)$ zu. Dabei ist t die Maßzahl der Zeit, gemessen in ms; die Spannung U wird in V (Volt) gemessen. Zeichne den Graphen der Funktion $t \mapsto U$ für $t \geq 0$ und gib an, durch welche geometrischen Abbildungen er aus dem Graphen von $t \mapsto 0{,}5^t$ entsteht.

4. Die Erdbevölkerung wächst derzeit ungefähr exponentiell: Wenn wir mit t die Maßzahl der Zeit bezeichnen, gemessen in Jahren und beginnend Anfang 1950, und mit N die Bevölkerungszahl der Erde, gemessen in Milliarden, so gilt derzeit ungefähr $N = 2{,}36 \cdot 1{,}02^t$.

a) Berechne die Bevölkerungszahl für die Jahre 1950, 1952, 1954, ..., 1976 und stelle das Wachstum der Erdbevölkerung graphisch dar.

b) Wann ungefähr wird sich die Bevölkerungszahl gegenüber 1976 verdoppelt [vervierfacht] haben, wenn das Wachstum so weitergeht wie bisher?

c) Wenn die Erdbevölkerung weiterhin so wächst, wie viele Menschen leben dann voraussichtlich im Jahre 2000 [2020; 2050] auf der Erde?

Aufgabe 3: *Abkühlungsvorgang*

Ein 65 °C warmer Gegenstand kühlt sich nach und nach auf Zimmertemperatur (21 °C) ab. Temperaturmessungen ergeben die gezeichnete Abkühlungskurve.

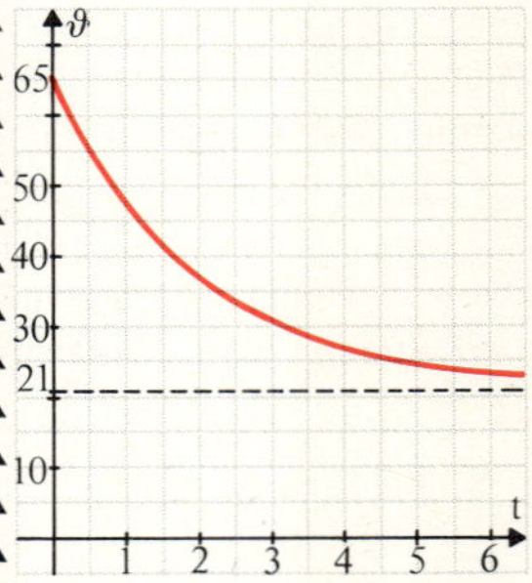

Dabei ist t die Zeit, gemessen in min, und ϑ die Temperatur des Gegenstandes, gemessen in °C. Wie lautet (näherungsweise) die zugrundeliegende Funktion $t \mapsto \vartheta$? Aus physikalischen Gründen muß hierzu eine Gleichung der Form $\vartheta = c + a \cdot b^t$ gehören, wobei a, b, c Konstanten sind.

Lösung: *1. Schritt:* Wäre die Basis $b = 1$ bzw. $b > 1$, so wäre ϑ konstant bzw. für wachsendes t unbeschränkt, was nicht der Fall ist. Daher gilt $0 < b < 1$, d.h. $t \mapsto a \cdot b^t$ ist eine fallende Exponentialfunktion.

2. Schritt: Der Graph von $t \mapsto c + a \cdot b^t$ entsteht aus dem Graphen von $t \mapsto a \cdot b^t$ durch Verschiebung um c parallel zu a_{II} und hat demzufolge als Asymptote die Gerade mit $\vartheta = c$, die aus a_I durch Verschiebung um c parallel zu a_{II} entsteht. Am Graphen lesen wir ab: $c = 21$.

3. Schritt: Wir verschieben den gegebenen Graphen um 21 nach unten. Wir lesen ab: Der Anfangswert ist $a = 44$ $(= 65 - 21)$. Der Wert an der Stelle 1 ist ungefähr 26,5, d.h. $a \cdot b \approx 26{,}5$; deshalb gilt $b \approx \frac{26{,}5}{44} \approx 0{,}6$.

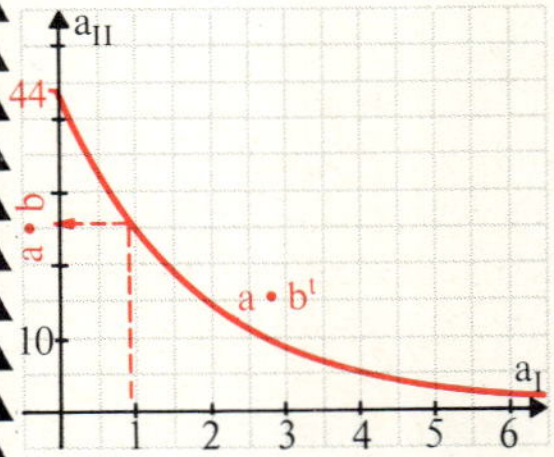

Der Abkühlungsvorgang wird also (näherungsweise) durch die Funktion $[t \mapsto 21 + 44 \cdot 0{,}6^t;\ t \in \mathbb{R}_0^+]$ beschrieben.

Zur Übung: **5**

Bei Aufgabe **2** war aus physikalischen Gründen bekannt, daß es sich um eine Exponentialfunktion handeln muß. Wie kann man nun erkennen, ob ein gegebener Graph zu einer Exponentialfunktion gehört, wenn dies von vorneherein nicht bekannt ist?

Wir benutzen dazu ohne Beweis den folgenden Satz:

> **Satz 10:** Jede Funktion auf $\mathbb{R}$ mit Werten in $\mathbb{R}^+$, die streng monoton ist und die Grundeigenschaft erfüllt, hat die Form $[x \mapsto a \cdot b^x; x \in \mathbb{R}]$ mit $a \in \mathbb{R}^+$ und $b \in \mathbb{R}^+ \setminus \{1\}$.

Um festzustellen, ob ein streng monotoner Graph einer auf $\mathbb{R}$ definierten Funktion mit Wertebereich $\mathbb{R}^+$ Graph einer Exponentialfunktion ist, ist also nur nachzuprüfen, ob die Grundeigenschaft erfüllt ist: Wenn man x jeweils um dieselbe Schrittweite erhöht, multipliziert sich der Funktionswert jedesmal mit demselben Faktor.

Aufgabe 4: *Populationswachstum*

Gegeben ist der Graph einer streng monotonen reellen Funktion mit Wertebereich $\mathbb{R}^+$ in einem Ausschnitt. Im Intervall [0; 8] beschreibt dieser Graph den Wachstumsprozeß einer Tierpopulation. Handelt es sich um den Graphen einer Exponentialfunktion $x \mapsto a \cdot b^x$?
Wenn ja, bestimme näherungsweise den Anfangswert a, die Basis b und die Verdopplungsweite d.

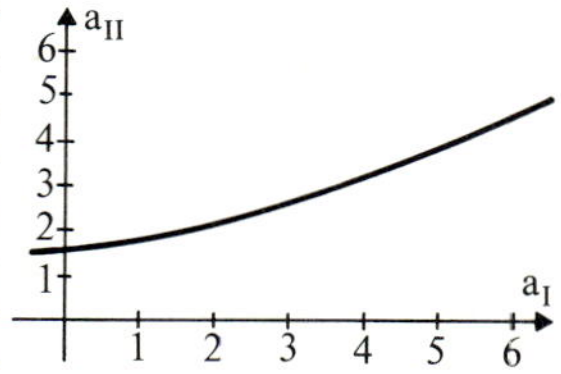

Lösung: Wenn eine Exponentialfunktion zugrundeliegt, läßt sich der Anfangswert auf a_{II} ablesen: $a \approx 1{,}5$. Da sich gegenüber dem Wert a der Wert an der Stelle d verdoppelt hat, kann man auf a_I ablesen: $d \approx 3{,}8$.
Da der Funktionswert an der Stelle 1 gleich $a \cdot b$ ist, liest man auf a_{II} ab: $a \cdot b \approx 1{,}8$; damit gilt: $b \approx \frac{1{,}8}{1{,}5} = 1{,}2$.

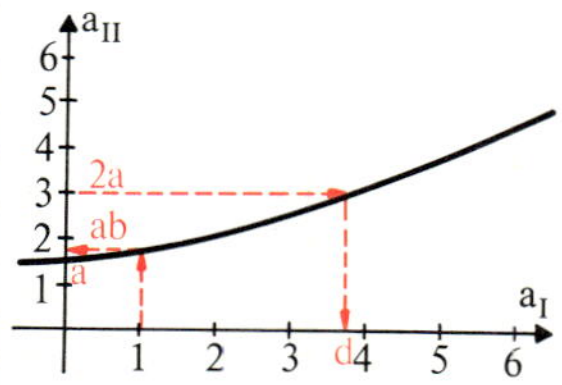

5. Ein Gegenstand wird aus dem Kühlschrank genommen und erwärmt sich nach und nach auf Zimmertemperatur.
Temperaturmessungen ergeben den untenstehenden Graphen. Dabei ist t die Zeit, gemessen in min, und ϑ die Temperatur des Gegenstandes, gemessen in °C.

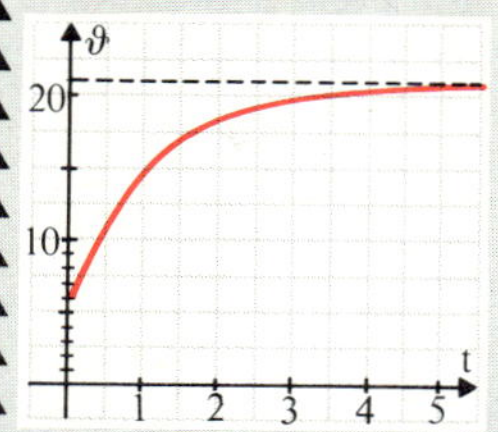

a) Welches ist die Kühlschrank- und welches die Zimmertemperatur?

b) Wie lautet (näherungsweise) die Gleichung der zugrundeliegenden Funktion $t \mapsto \vartheta$? Aus physikalischen Gründen muß diese Gleichung die Form $\vartheta = c - a \cdot b^t$ haben, wobei a, b, c Konstanten sind.

c) Welche Temperatur hat der Gegenstand nach 6 min?

d) Ab wann weicht die Temperatur des Gegenstandes um weniger als 0,01 °C von der Zimmertemperatur ab?

6. Untersuchungen haben ergeben, daß bei Autofahrern zwischen dem Alkoholgehalt des Blutes und der Gefahr, einen Autounfall zu haben, ein Zusammenhang besteht; dieser wird annähernd durch den untenstehenden Graphen beschrieben. Dabei ist s der Alkoholgehalt des Blutes, gemessen in ‰ (Promille), und p die Wahrscheinlichkeit, innerhalb der nächsten Stunde nach dem Alkoholgenuß einen Autounfall zu haben. Kann es sich um einen Ausschnitt des Graphen einer Exponentialfunktion handeln? Wenn ja, bestimme die zugehörige Funktionsgleichung $p = a \cdot b^s$.

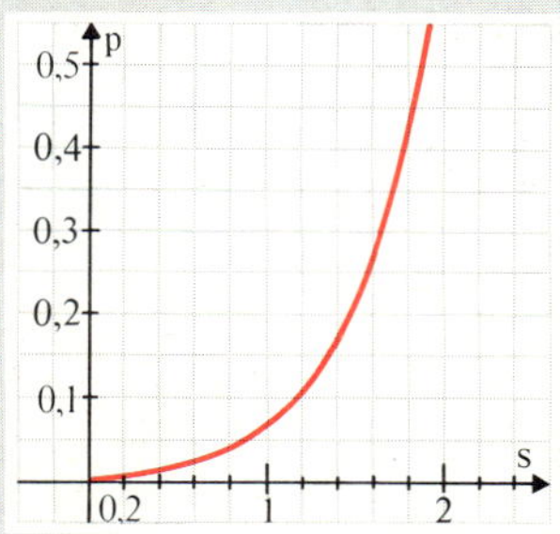

7. Hier ist der Graph einer streng monotonen Funktion im Intervall [0; 4] gegeben.

Der Graph beschreibt den Helligkeitsverlust von Licht im Nebel. Kann es sich um einen Teil des Graphen einer Exponentialfunktion $x \mapsto a \cdot b^x$ handeln?

Wenn ja, bestimme (näherungsweise) den Anfangswert a, die Basis b und die Halbierungsweite h.

Um nachzuweisen, daß eine Exponentialfunktion zugrundeliegt, müssen wir nach Satz **10** nur die Grundeigenschaft bestätigen. Dies ist nur im Intervall [0; 8] möglich, in dem der Graph gegeben ist.

Wir wählen die Schrittweite 1, lesen die Funktionswerte näherungsweise am Graphen ab und berechnen die Quotienten aufeinanderfolgender Funktionswerte, gerundet auf 2 Stellen hinter dem Komma.

Stelle		Ungefährer Funktionswert	
	0	1,50	
+1	1	1,80	$\cdot 1{,}20$
+1	2	2,20	$\cdot 1{,}22$
+1	3	2,60	$\cdot 1{,}18$
+1	4	3,10	$\cdot 1{,}19$
+1	5	3,75	$\cdot 1{,}21$
+1	6	4,45	$\cdot 1{,}19$
+1	7	5,35	$\cdot 1{,}20$
+1	8	6,45	$\cdot 1{,}21$

Im Rahmen der Ablesegenauigkeit können wir sagen: Der gegebene Graph gehört zu einer Exponentialfunktion; diese ist (näherungsweise) $x \mapsto 1{,}5 \cdot 1{,}2^x$; ihre Verdopplungsweite beträgt (ungefähr) 3,8.

Zur Übung: **6** und **7**

6.5. Zusammenhang zwischen Logarithmusfunktionen

Aufgabe: *Streckung der Logarithmus-Graphen parallel zu a_{II}*

Zeichne die Graphen von $\log_2$ und $\log_3$; vergleiche sie.

Lösung: Nach Satz **8** (siehe S. 94) entsteht der Graph von $\exp_3$ aus dem Graphen von $\exp_2$ durch Streckung parallel zu a_I mit dem Faktor $\frac{1}{\log_2 3}$.

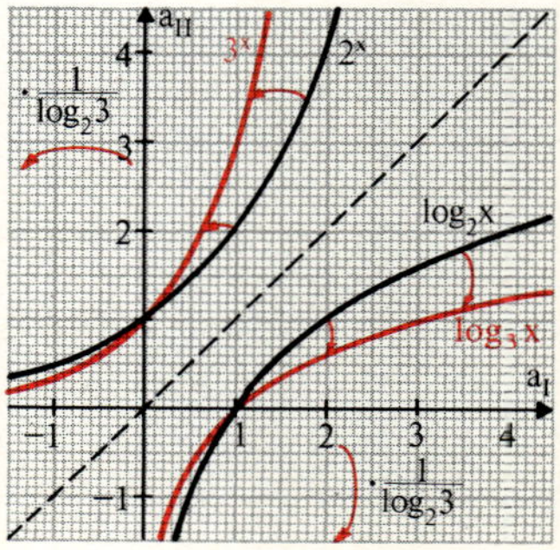

Da die Graphen der Logarithmusfunktionen durch Spiegelung der entsprechenden Graphen der Exponentialfunktionen an der Hauptwinkelhalbierenden hervorgehen, überlegt man sich sofort: Der Graph von $\log_3$ entsteht aus dem Graphen von $\log_2$ durch Streckung parallel zu a_{II} mit demselben Faktor.

Allgemeiner gilt:

Satz 11: Der Graph der Logarithmusfunktion $\log_b$ $(b>1)$ entsteht aus dem Graphen von $\log_2$ durch Streckung parallel zur Achse a_{II} mit dem Faktor $\frac{1}{\log_2 b}$.

Zur Übung: **1** und **2**

Umrechnung von Logarithmen

Anders ausgedrückt bedeutet Satz **11**:

Satz 12: Für $b>1$ und $x \in \mathbb{R}^+$ gilt

$$\log_b x = \frac{\log_2 x}{\log_2 b}.$$

Auf diese Weise lassen sich also Logarithmuswerte zur Basis 2 auf Logarithmuswerte zur Basis b umrechnen, wenn nur der Wert $\log_2 b$ bekannt ist.

Beispiel: Es ist $\log_2 3 \approx 1{,}5849$. Daher gilt z.B. $\log_3 4 = \frac{2}{\log_2 3} \approx 1{,}26$ oder $\log_3 0{,}5 = \frac{-1}{\log_2 3} \approx -0{,}63$.

Eine entsprechende Überlegung liefert allgemeiner:

Satz 13: Für $b, c>1$ und $x \in \mathbb{R}^+$ gilt

$$\log_b x = \frac{\log_c x}{\log_c b}.$$

In den gängigen Logarithmentafeln sind die Logarithmuswerte zur Basis 10 (d.h. die Funktionswerte von lg) tabelliert. Mit Hilfe der Formel von Satz **13** lassen sich hieraus die Logarithmuswerte zu beliebigen Basen $b>1$ berechnen: $\log_b x = \frac{\lg x}{\lg b}$. Besonders wichtig ist die Basis $b = 2{,}71828182\ldots$, wie wir in der Differentialrechnung (Grundkurs, Leistungskurs, Analysis 2) sehen werden.

Zur Übung: **3** und **4**

Übungen 6.5

1. Zeichne den Graphen von $\log_b$ für $b=10$ $[5; \sqrt{2}; \sqrt[3]{2}]$.
Wie hängt dieser Graph mit dem Graphen von $\log_2$ zusammen?

2. Zeichne den Graphen der Funktion $x \mapsto 3 \cdot \log_2 x$ $[2 \cdot \log_3 x]$.
Ist dies wiederum der Graph einer Logarithmusfunktion? Wenn ja, gib die Basis an.

3. Es ist $\log_2 10 \approx 3{,}3217$. Berechne ohne Verwendung einer Tafel bzw. eines Rechners mit log-Taste die Zehnerlogarithmen von
$2;\ 4;\ 32;\ 512;\ 0{,}5;\ 0{,}125;$
$\sqrt{2};\ \sqrt[4]{8};\ \sqrt[3]{0{,}25}.$

4. Beweise: Für alle $b, c \in \mathbb{R}^+ \setminus \{1\}$ ist $\log_b c \cdot \log_c b = 1$.

7. Winkelfunktionen

7.1. Die Funktionen Sinus und Kosinus

Beispiel: *Schwingung einer Stimmgabel*

Eine schwingende Stimmgabel, an deren einem Zinken ein Stift befestigt ist, wird mit konstanter Geschwindigkeit über eine mit Ruß geschwärzte Glasplatte gezogen.

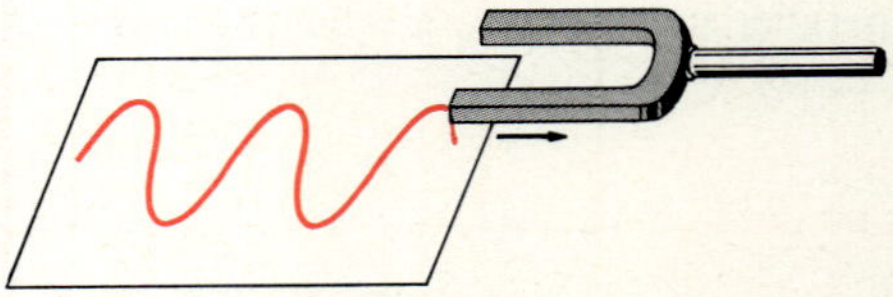

Wir erhalten den Graphen derjenigen Funktion, die jedem Zeitpunkt t die Auslenkung des Zinkens aus der Ruhelage zuordnet. – Es ist eine *Sinusfunktion.*

Einführung der Funktionen Sinus und Kosinus

Wir betrachten eine Kreisscheibe, an deren Peripherie ein Stift P befestigt ist, und die drehbar um eine zur Kreisebene vertikale Achse O gelagert ist. Wir können die Scheibe von ihrer Ausgangslage (Bild a)) um einen beliebigen Drehbetrag links bzw. rechts herum drehen. Der Drehbetrag wird wie üblich in Grad angegeben, Linksdrehungen erhalten ein positives, Rechtsdrehungen ein negatives Vorzeichen.
Bild b) zeigt die Endlage der Scheibe nach einer Drehung um 70°. Dieselbe Endlage wird aber auch durch die Drehungen um 430°, 790°, 1150°, …, bzw. −290°, −650°, −1010°, … erreicht.

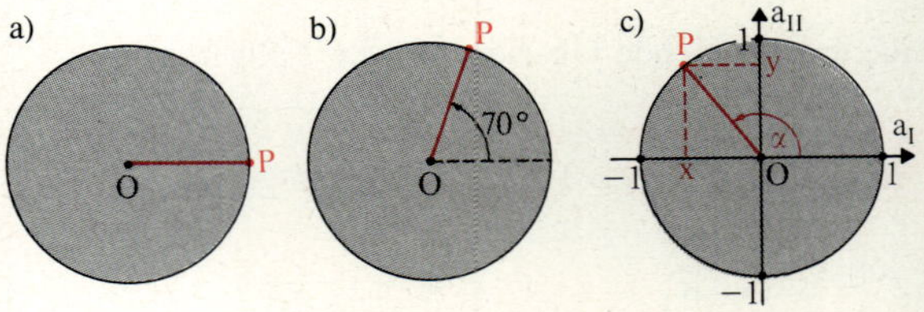

Die Menge aller Winkelgrößen nennen wir $\mathbb{W}$.

Zu jeder Winkelgröße $\alpha \in \mathbb{W}$ ist die Lage des Stiftes P eindeutig bestimmt. Wir beschreiben sie durch Einführung eines kartesischen Koordinatensystems mit O als Koordinatenursprung (Bild c)). Der Radius |OP| der Kreisscheibe sei 1.
Die Erstkoordinate von P nennen wir x, die Zweitkoordinate y.

Wir betrachten jetzt die beiden Funktionen, die wir erhalten, wenn wir jeder Winkelgröße $\alpha \in \mathbb{W}$ die Erst- bzw. Zweitkoordinate des Stiftes P zuordnen.

Definition 1: Die Funktion, die jedem $\alpha \in \mathbb{W}$ die *Zweit*koordinate y des Punktes P zuordnet, heißt *Sinusfunktion.*

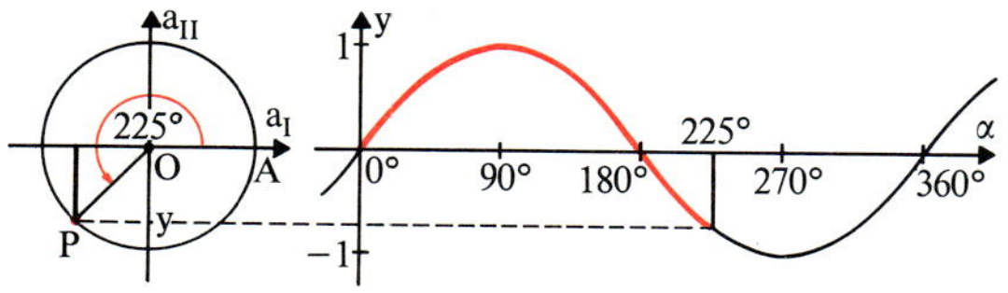

Die Funktion, die jedem $\alpha \in \mathbb{W}$ die *Erst*koordinate x des Punktes P zuordnet, heißt *Kosinusfunktion.*

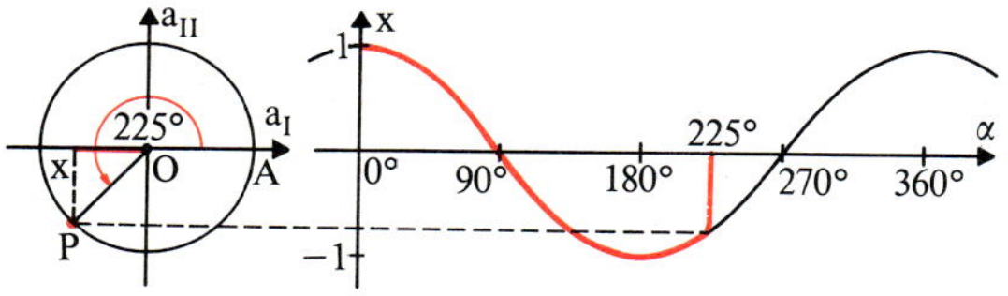

Aus dieser Definition folgt, daß die Sinus- und die Kosinusfunktion *periodische* Funktionen mit der *Periode* 360° sind.

Das bedeutet: Man erhält wieder denselben Funktionswert, wenn man zu einer beliebigen Stelle $\alpha \in \mathbb{W}$ ein ganzzahliges Vielfaches von 360° addiert.

Satz 1: Sinus- und Kosinusfunktion sind **periodische** Funktionen mit der **Periode** 360°.
Für alle $\alpha \in \mathbb{W}$ und alle $n \in \mathbb{Z}$ gilt:

a) $\sin(\alpha + n \cdot 360°) = \sin\alpha$;

b) $\cos(\alpha + n \cdot 360°) = \cos\alpha$.

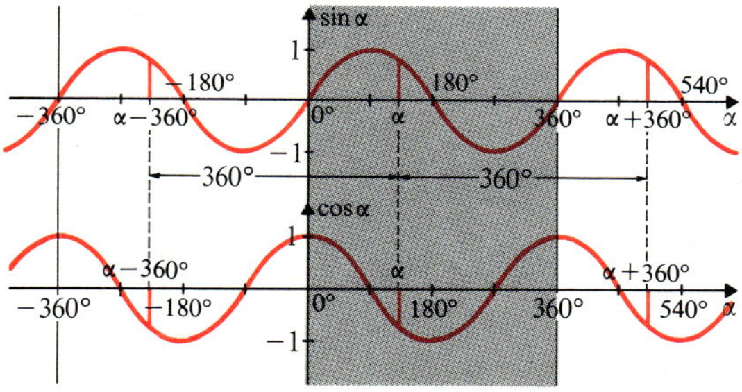

Übungen 7.1

1. An welchen Stellen nehmen Sinusfunktion bzw. Kosinusfunktion die Werte 0, -1, 1 an?

2. Bestimme innerhalb von $[-360°;\, 360°]$ diejenigen Intervalle, in denen die Sinusfunktion bzw. die Kosinusfunktion

a) positiv ist;

b) negativ ist;

c) streng monoton wächst;

d) streng monoton fällt.

3. Zeichne einen Einheitskreis mit der Koordinateneinheit 10 cm und ermittle zeichnerisch die Funktionswerte $\sin\alpha$ und $\cos\alpha$ auf zwei Stellen hinter dem Komma.

a) $\alpha=15°$ c) $\alpha=77°$ e) $\alpha=200°$

b) $\alpha=37°$ d) $\alpha=148°$ f) $\alpha=312°$

4. Für welche $\alpha\in\mathbb{W}$ gilt

a) $\sin\alpha=\sin 75°$;

b) $\cos\alpha=\cos 58°$;

c) $\sin\alpha=\cos\alpha$?

5. Bestimme die zu α gehörende reduzierte Winkelgröße.

a) $\alpha=1273°$ c) $\alpha=-2371°$

b) $\alpha=867{,}2°$ d) $\alpha=-1063{,}5°$

6. Bestimme den Funktionswert zeichnerisch auf zwei Stellen genau; berechne zunächst die reduzierte Winkelgröße.

a) $\sin 763°$ d) $\cos 855°$

b) $\sin 3546°$ e) $\cos 5487°$

c) $\sin(-1237°)$ f) $\cos(-3897°)$

7. Bestimme mit einem Taschenrechner die Funk-
△ tionswerte der Sinusfunktion und der Kosinus-
△ funktion auf 5 Stellen hinter dem Komma
△ (runden!).
△
△ a) 22,7° c) $-463°$ e) 3022°
△ b) 125,2° d) $-972°$ f) $-10000°$

Aufgabe 1: *Näherungswerte für* $\alpha\in[0°;\, 360°[$

Zeichne in ein Koordinatensystem einen Einheitskreis (Kreis mit dem Radius 1) und bestimme die Funktionswerte von Sinus- und Kosinusfunktion durch Messen möglichst genau. (Wähle als Koordinateneinheit 10 cm.)

a) $\alpha=35°$ b) $\alpha=111°$

Lösung:

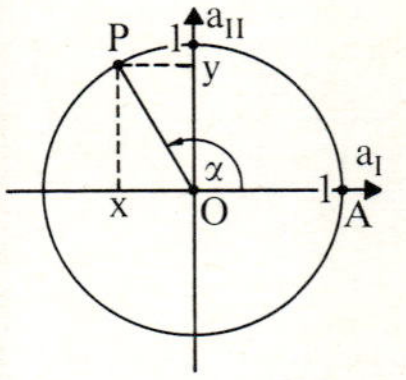

$\sin\alpha=y$
$\cos\alpha=x$

a) $\sin 35°\approx 0{,}57$
$\cos 35°\approx 0{,}82$

b) $\sin 111°\approx 0{,}93$
$\cos 111°\approx -0{,}36$

Um die Funktionswerte auch für andere Winkelgrößen zeichnerisch bestimmen zu können, berechnen wir die zu einer Winkelgröße α gehörende **reduzierte Winkelgröße** α_0. Es ist diejenige Winkelgröße, die im Intervall $[0°;360°[$ liegt und sich von α nur um ein ganzzahliges Vielfaches von 360° unterscheidet.

Aufgabe 2: *Näherungswerte für* $\alpha\in\mathbb{W}\setminus[0°;360°[$

Bestimme zeichnerisch Näherungswerte der Sinus- und Kosinusfunktion für a) $\alpha=845°$; b) $\alpha=-933°$.

Lösung:

a) Wegen $845°=2\cdot 360°+125°$ ist 125° die zu 845° gehörende reduzierte Winkelgröße.
Zeichnerisch ermitteln wir: $\sin 125°\approx 0{,}82$ und $\cos 125°\approx -0{,}57$. Somit gilt wegen Satz **1**
$\sin 845°=\sin 125°\approx 0{,}82$ und
$\cos 845°=\cos 125°\approx -0{,}57$.

b) Wegen $-933°=(-3)\cdot 360°+147°$ ist 147° die zu $-933°$ gehörende reduzierte Winkelgröße.
Zeichnerisch ermitteln wir:
$\sin 147°\approx 0{,}54$ und $\cos 147°\approx -0{,}84$. Somit gilt
$\sin(-933°)=\sin 147°\approx 0{,}54$ und
$\cos(-933°)=\cos 147°\approx -0{,}84$.

△ Mit Hilfe eines Taschenrechners, in dem die Winkelfunk-
△ tionen einprogrammiert sind, können wir zu jedem Win-
△ kelmaß $\alpha\in\mathbb{W}$ die Funktionswerte der Funktionen Sinus
△ und Kosinus bestimmen.
△
△ *Beispiel:* Bestimme sin 3137°.
△
△ *Eingabe:* 3137° *Befehl:* sin *Ausgabe:* $-0{,}9743700$
△ *Ergebnis:* $\sin 3137°\approx -0{,}9743700$

7.2. Eigenschaften von Sinus- und Kosinusfunktion

Benutzung der Funktionentafel

In der Funktionentafel sind die Funktionswerte von Sinus- und Kosinusfunktion im Intervall [0°; 90°] bei einer Schrittlänge von 0,1° auf vier Stellen hinter dem Komma tabelliert. Wegen des folgenden Satzes kann man sich auf die Tabellierung der *Sinusfunktion* beschränken.

Satz 2: Für $0° \leq \alpha \leq 90°$ gilt:

(a) $\cos(90° - \alpha) = \sin\alpha$ (b) $\sin(90° - \alpha) = \cos\alpha$

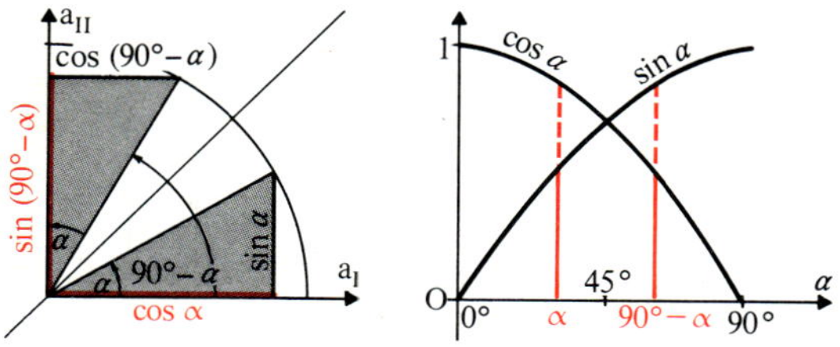

Die Richtigkeit dieser Aussagen mache man sich am Einheitskreis und an den Graphen klar.
Der folgende Satz gestattet es, die Funktionswerte von Sinus- und Kosinusfunktion im Intervall [90°; 360°] auf solche im Intervall [0°; 90°] zurückzuführen.

Satz 3:

(a) Für $0° \leq \alpha \leq 180°$ gilt:
$\sin(180° - \alpha) = \sin\alpha$
$\cos(180° - \alpha) = -\cos\alpha$

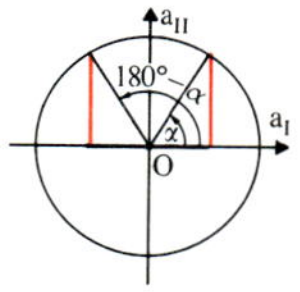

(b) Für $0° \leq \alpha \leq 180°$ gilt:
$\sin(180° + \alpha) = -\sin\alpha$
$\cos(180° + \alpha) = -\cos\alpha$

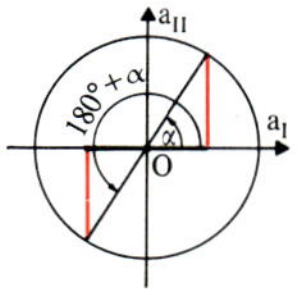

(c) Für $0° \leq \alpha \leq 360°$ gilt:
$\sin(360° - \alpha) = -\sin\alpha$
$\cos(360° - \alpha) = \cos\alpha$

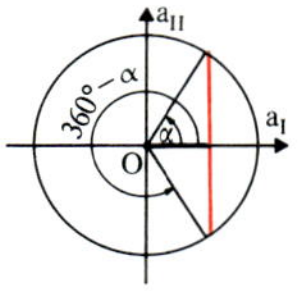

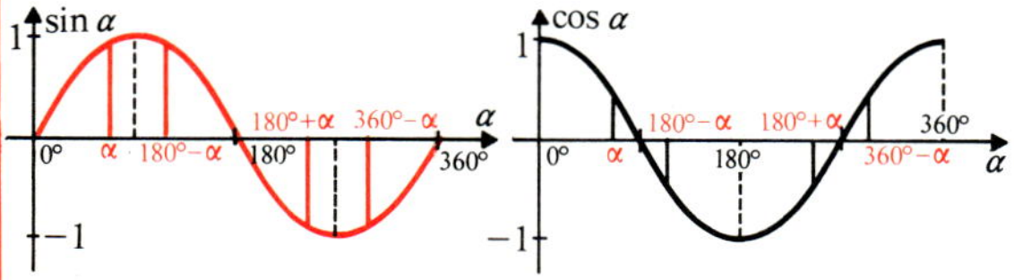

Aufgabe 1

Bestimme mit Hilfe der Tafel und Satz **3** Näherungswerte der Sinus- und Kosinusfunktion für

a) $\sin 125{,}4°$; b) $\cos 207{,}3°$; c) $\sin 288{,}6°$.

Lösung:

a) $\sin 125{,}4° = \sin(180° - 54{,}6°)$
$= \sin 54{,}6° \approx 0{,}8151$

b) $\cos 207{,}3° = \cos(180° + 27{,}3°)$
$= -\cos 27{,}3° \approx -0{,}8886$

c) $\sin 288{,}6° = \sin(360° - 71{,}4°)$
$= -\sin 71{,}4° \approx -0{,}9478$

Mit Hilfe von Satz **1** kann man nun auch die Funktionswerte für *beliebige* $\alpha \in \mathbb{W}$ mit Hilfe der Tafel bestimmen.

Aufgabe 2

Bestimme mit Hilfe der Tafel und der Sätze **1** und **3** Näherungswerte der Sinus- und Kosinusfunktion für

a) $\alpha = 5567°$; b) $\alpha = -3988°$.

Lösung:

a) Wegen $5567° = 15 \cdot 360° + 167°$ gilt:
$\sin 5567° = \sin 167° = \sin 13° \approx 0{,}2250$
$\cos 5567° = \cos 167° = -\cos 13° \approx -0{,}9744$

b) Wegen $-3988° = (-12) \cdot 360° + 332°$ gilt:
$\sin(-3988°) = \sin 332° = -\sin 28° \approx -0{,}4695$
$\cos(-3988°) = \cos 332° = \cos 28° \approx 0{,}8829$

Zur Übung: **1** bis **4**

Symmetrieeigenschaften der Graphen

Der graphischen Darstellung der Funktionen Sinus und Kosinus auf S. 103 entnehmen wir (vgl. Abschnitt 3.3):

Satz 4:
(a) Für alle $\alpha \in \mathbb{W}$ gilt: $\sin(-\alpha) = -\sin \alpha$.
Der Graph der Sinusfunktion ist *punktsymmetrisch* zum Ursprung.
(b) Für alle $\alpha \in \mathbb{W}$ gilt: $\cos(-\alpha) = \cos \alpha$.
Der Graph der Kosinusfunktion ist *achsensymmetrisch* zur 2. Koordinatenachse.

Beweis von (a): Sei $\alpha \in \mathbb{W}$ und α_0 die zu α gehörende reduzierte Winkelgröße. Dann gilt wegen der Sätze **1** und **3**(c):
$\sin(-\alpha) = \sin(-\alpha_0) = \sin(360° - \alpha_0) = -\sin \alpha_0 = -\sin \alpha$

Zur Übung: **5**

Beziehungen zwischen Sinus- und Kosinusfunktion

Aus den graphischen Darstellungen von Sinus- und Kosinusfunktion (vgl. S. 103) erkennt man, daß der Graph der Kosinusfunktion aus dem Graphen der Sinusfunktion durch eine Verschiebung um 90° nach links hervorgeht. Deshalb gilt (vgl. Abschnitt 3.1, S. 37):

Satz 5: Für alle $\alpha \in \mathbb{W}$ gilt: $\cos\alpha = \sin(90° + \alpha)$

Der Beweis ergibt sich mit Hilfe der Sätze **3**, **4** und **1** in mehreren Schritten. Einen einfacheren Beweis erhält man mit Hilfe der Additionstheoreme (vgl. Abschnitt 7.5, S. 116).

Eine weitere wichtige Beziehung zwischen Sinus- und Kosinusfunktion liefert der folgende Satz:

Satz 6: Für alle $\alpha \in \mathbb{W}$ gilt: $\sin^2\alpha + \cos^2\alpha = 1$

(Hier ist abkürzend $\sin^2\alpha = (\sin\alpha)^2$ und $\cos^2\alpha = (\cos\alpha)^2$ gesetzt worden.)

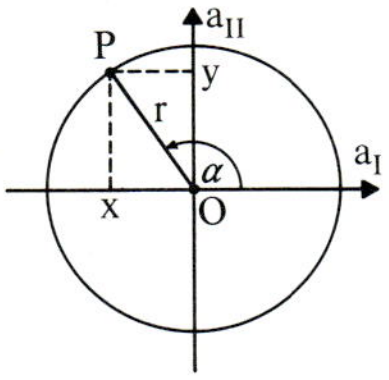

Beweis: Da $P = p(x; y)$ ein Punkt des Einheitskreises ist, gilt stets $x^2 + y^2 = 1$ (vgl. Abschnitt 1.5, S. 22).
Wegen Definition **1** folgt hieraus $\sin^2\alpha + \cos^2\alpha = 1$.

Zur Übung: **6** bis **8**

Lösungen der Gleichungen $\sin\alpha = a$ und $\cos\alpha = a$

Wegen der Periodizitätseigenschaft sind Sinus- und Kosinusfunktion in ihrem Definitionsbereich $\mathbb{W}$ *nicht umkehrbar.*

Durch jeweils geeignete Einschränkung des Definitionsbereiches können wir jedoch die Umkehrbarkeit erreichen (vgl. Abschnitt 5.4, S. 75).

Aufgabe 3

Gib ein die Stelle 0° enthaltendes möglichst großes Intervall an, in dem die Sinusfunktion bzw. die Kosinusfunktion umkehrbar ist. Welches ist der jeweils zugehörige Wertebereich?

Übungen 7.2

1. Ergänze die Tabelle auf Grund von Satz **2**.

α	10°	20°	30°	40°	50°	60°	70°	80°
$\sin\alpha$	0,17	0,34	0,50	0,64				
$\cos\alpha$	0,98	0,94	0,87	0,77				

2. Beweise die Aussage (b) von Satz **2** mit Hilfe der Aussage (a).

3. a) Begründe mit Hilfe von Satz **3**:

(1) Der Graph der Sinusfunktion ist im Intervall [0°; 180°] achsensymmetrisch zur Geraden mit der Gleichung $\alpha = 90°$.

(2) Der Graph der Sinusfunktion ist im Intervall [0; 360°] punktsymmetrisch zum Punkt p(180°; 0).

b) Formuliere und begründe entsprechende Aussagen für den Graphen der Kosinusfunktion.

4. Bestimme Näherungswerte der Sinus- und Kosinusfunktion für die angegebene Stelle mit Hilfe der Funktionentafel.

a) 192° e) 2103,4°

b) 289° f) −1000°

c) 318,3° g) −3602,5°

d) 217,6° h) 5342°

5. Beweise Satz **4**(b).

6. Folgere aus Satz **5**:
Für alle $\alpha \in \mathbb{W}$ gilt: $\sin\alpha = \cos(\alpha - 90°)$

7. Fülle die Tabelle auf Grund des Satzes **6** aus. Benutze einen Rechenstab oder einen Taschenrechner.

α	57°	3°	84,2°	13,9°
sin α	0,839	0,052		
cos α			0,101	0,971

8. Begründe am Einheitskreis: $\sin 30° = 0{,}5$. Berechne hieraus mit Hilfe der Sätze **2** und **6**: cos 30°, sin 60° und cos 60°.

9. Bestimme ein möglichst großes Intervall innerhalb von [0°; 360°[, in dem die Sinusfunktion bzw. die Kosinusfunktion umkehrbar ist.

10. Bestimme mit Hilfe der Tafel [mit einem Taschenrechner] einen Näherungswert für die Lösung der Gleichung.

a) $\sin\alpha = 0{,}57$
[$\sin\alpha = -0{,}34$; $\sin\alpha = 0{,}034$]
im Intervall [−90°; 90°]

b) $\cos\alpha = 0{,}23$
[$\cos\alpha = -0{,}45$; $\cos\alpha = -0{,}347$]
im Intervall [0°; 180°]

11. △ Bestimme die Erfüllungsmenge der Gleichung im Intervall [0°; 360°].

△ a) $\sin\alpha = 0{,}7525$

△ b) $\sin\alpha = -0{,}8921$

△ c) $\cos\alpha = 0{,}6825$

△ d) $\cos\alpha = -0{,}9432$

△ e) $\cos\alpha = \sin\alpha$

△ f) $\cos\alpha = -\sin\alpha$

△ g) $\sin\alpha = \cos(90° - \alpha)$

△ h) $\sin\alpha = \sin(360° - \alpha)$

Lösung: Dem Graphen entnehmen wir:

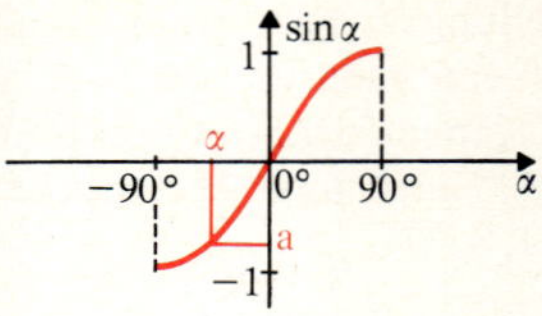

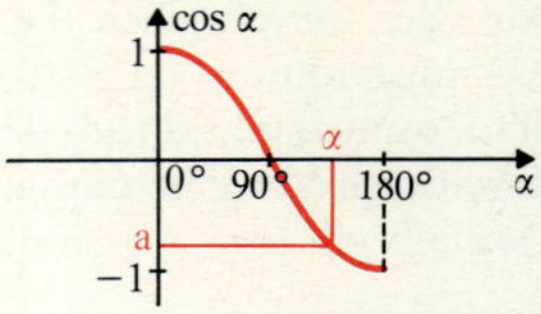

Die Sinusfunktion ist im Intervall [−90°; 90°] umkehrbar und nimmt dort jeden Wert aus dem Intervall [−1; 1] an.
Die Kosinusfunktion ist im Intervall [0°; 180°] umkehrbar und nimmt dort jeden Wert aus dem Intervall [−1; 1] an.
Für die Lösbarkeit der Gleichungen $\sin\alpha = a$ und $\cos\alpha = a$ bedeutet dies:

Satz 7:
a) Im Intervall [−90°; 90°] hat die Gleichung $\sin\alpha = a$ für jedes $a \in [-1; 1]$ *genau eine* Lösung.
b) Im Intervall [0°; 180°] hat die Gleichung $\cos\alpha = a$ für jedes $a \in [-1; 1]$ *genau eine* Lösung.

△ Manche Taschenrechner liefern die jeweilige Lösung der Gleichung, wenn man nach Eingabe der Zahl a nacheinander die Tasten arc und sin bzw. arc und cos drückt[1]).

△ *Beispiel:* Bestimme die Lösung der Gleichung $\sin\alpha = -0{,}32$ für $-90° \leq \alpha \leq 90°$.

△ *Eingabe:* −0,32 *Befehl:* arc sin

△ *Ausgabe:* −18,662924

△ *Ergebnis:* $\alpha \approx -18{,}7°$

Aufgabe 4

Bestimme mit Hilfe der Tafel einen Näherungswert für die Lösung der Gleichung.

a) $\sin\alpha = -0{,}57$ im Intervall [−90°; 90°]

b) $\cos\alpha = -0{,}64$ im Intervall [0°; 180°]

Lösung:

a) Der Tafel entnimmt man: $\sin 34{,}6° \approx 0{,}5693$.
Wegen $\sin(-34{,}7°) = -\sin 34{,}7° \approx -0{,}57$
folgt $\alpha \approx -34{,}7°$.

b) Der Tafel entnimmt man: $\cos 50{,}2° \approx 0{,}6401$.
Wegen $\cos(180° - 50{,}2°) = -\cos 50{,}2° \approx -0{,}64$
folgt $\cos(-129{,}8°) \approx -0{,}64$, also $\alpha \approx -129{,}8°$.

Zur Übung: **9** bis **11**

[1]) Man beachte die jeweilige Bedienungsanleitung des Rechners.

7.3. Tangensfunktion

Definition der Tangensfunktion

Aufgabe 1

Von einer Lichtquelle L wird ein schmales paralleles Lichtbündel auf einen in M drehbar angebrachten Spiegel geworfen und auf eine Meßskala reflektiert. Der Abstand des Spiegels von der Skala sei r, die Auslenkung des Lichtzeigers auf der Skala von der Ruhelage nennen wir d.

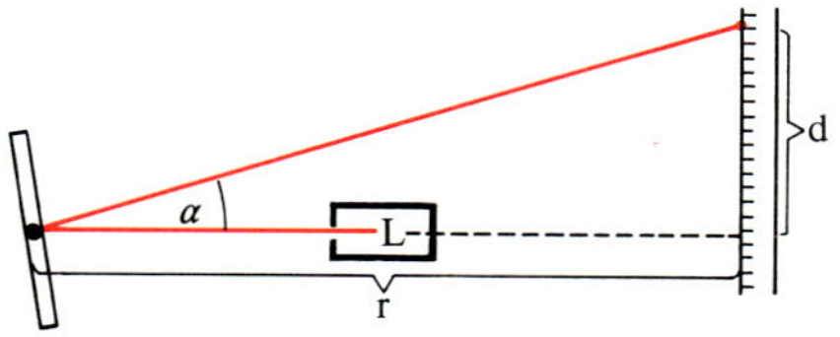

Wie hängt die Auslenkung d von der Winkelgröße α ab?

Lösung:

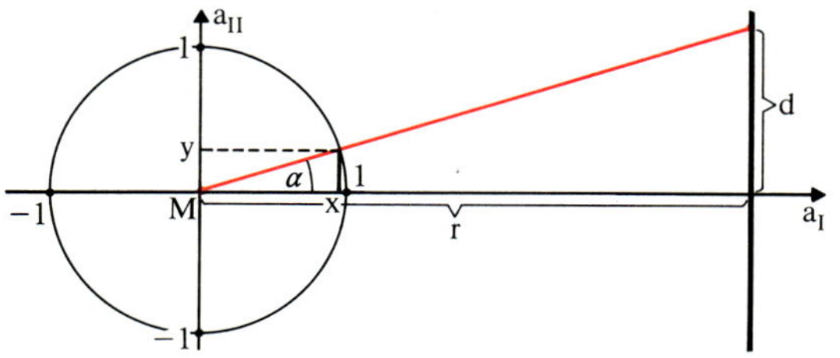

Durch Anwenden des 2. Strahlensatzes erhalten wir:

$\frac{d}{r} = \frac{y}{x} = \frac{\sin\alpha}{\cos\alpha}$, $(\cos\alpha \neq 0)$, also

$$d = r \cdot \frac{\sin\alpha}{\cos\alpha} \quad \text{für } -90° < \alpha < 90°$$

Anmerkung: Bei der hier gewählten Darstellung ist bei einer Ablenkung des Lichtzeigers nach rechts sowohl die Winkelgröße α als auch die Auslenkung d negativ.
Mit Hilfe von Sinusfunktion und Kosinusfunktion definieren wir eine neue Funktion, indem wir jeder Winkelgröße $\alpha \in \mathbb{W}$ mit $\cos\alpha \neq 0$ den Quotienten $\frac{\sin\alpha}{\cos\alpha}$ als Funktionswert zuordnen. Diese Funktion heißt **Tangensfunktion.**

Definition 2:
$\tan\alpha =_{\text{def}} \frac{\sin\alpha}{\cos\alpha}$ für alle $\alpha \in \mathbb{W}$ mit $\cos\alpha \neq 0$.
Die Funktion $\alpha \mapsto \tan\alpha$ heißt **Tangensfunktion.**

Übungen 7.3

1. In Aufgabe **1**, S. 109, betrage der Abstand r des Spiegels von der Skala 5,21 m. Berechne zu der Winkelgröße α die Auslenkung d.

α	−40°	−30°	−20°	−10°	0°	10°	20°	30°	40°
d									

2. a) An welchen Stellen nimmt die Tangensfunktion die Werte 0, −1, 1 an?

b) An welchen Stellen ist die Tangensfunktion nicht definiert?

3. Bestimme innerhalb des Intervalles $[-360°; 360°]$ diejenigen Intervalle, in denen die Tangensfunktion

a) positiv ist;

b) negativ ist;

c) streng monoton steigt;

d) streng monoton fällt.

4. Bestimme für die Argumente 33,4°; 134,7°; 299°; 325°; 589,2°; 3456°; −69°; 422,5° die Funktionswerte der Tangensfunktion

a) mit Hilfe von Sinusfunktion, Kosinusfunktion und Definition **2**;

b) mit Hilfe einer Tafel und der Sätze **8** und **11**;

△ c) mit Hilfe eines Taschenrechners.

5. Beweise mit Hilfe von Satz **3** und Definition **2**. Für $0° \leq \alpha \leq 360°$ gilt: $\tan(360° - \alpha) = -\tan\alpha$

6. Beweise Satz **9**. (Benutze Definition **2** und Satz **4**.)

7. Bestimme mit Hilfe der Tafel [eines Taschenrechners] einen Näherungswert für die Lösung der angegebenen Gleichung im Intervall $[-90°; 90°]$.

a) $\tan\alpha = 5{,}69$ c) $\tan\alpha = -19{,}2$

b) $\tan\alpha = 0{,}23$ d) $\tan\alpha = -25{,}7$

8. Bestimme die Erfüllungsmenge der angegebenen Gleichung für $\alpha \in [-360°; 360°]$.

a) $\tan\alpha = 2{,}47$ c) $\tan\alpha = -8{,}27$

b) $\tan\alpha = 9{,}47$ d) $\tan\alpha = -0{,}035$

Zur Wiederholung: *Strahlensätze*

W 1. Für $AA^* \parallel BB^*$ gilt:

$\frac{|SA|}{|SB|} = \frac{|SA^*|}{|SB^*|}$ (1. Strahlensatz)

$\frac{|SA|}{|SB|} = \frac{|AA^*|}{|BB^*|}$ (2. Strahlensatz)

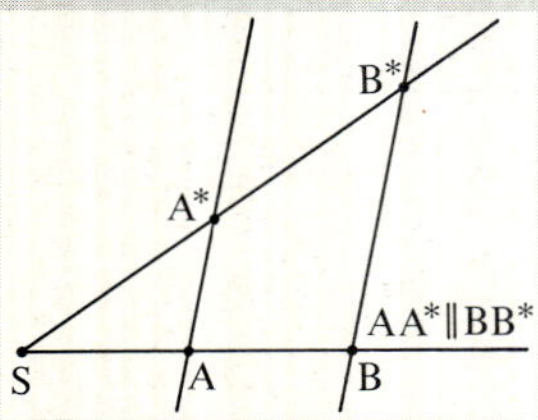

Beweise durch Umformung:

a) $|SA| \cdot |SB^*| = |SA^*| \cdot |SB|$

b) $\frac{|SA|}{|SA^*|} = \frac{|SB|}{|SB^*|}$

c) $\frac{|SA|}{|AA^*|} = \frac{|SB|}{|BB^*|}$

Eigenschaften der Tangensfunktion

Dem Graphen der Tangensfunktion entnimmt man, daß es sich um eine periodische Funktion mit der Periode 180° handelt.

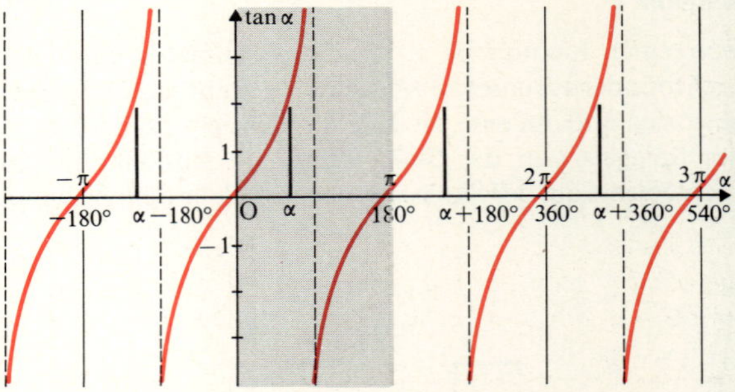

Satz 8: Die Tangensfunktion ist eine periodische Funktion mit der Periode 180°. Für alle $\alpha \in \mathbb{W}$ mit $\cos\alpha \neq 0$ und alle $n \in \mathbb{Z}$ gilt:
$\tan(\alpha + n \cdot 180°) = \tan\alpha$

△ *Beweis:* Sei $\alpha \in \mathbb{W}$, $\cos\alpha \neq 0$ und $n \in \mathbb{Z}$.
△ Dann ist auch $\cos(\alpha + n \cdot 180°) \neq 0$.
△ Wir unterscheiden zwei Fälle.

△ *1. Fall:* n ist eine gerade Zahl.
△ Dann gibt es ein $m \in \mathbb{Z}$ mit $n = 2m$.
△ Mit Definition **2** und Satz **1** erhalten wir:

△ $\tan(\alpha + n \cdot 180°) = \tan(\alpha + m \cdot 360°)$

△ $= \frac{\sin(\alpha + m \cdot 360°)}{\cos(\alpha + m \cdot 360°)} = \frac{\sin\alpha}{\cos\alpha} = \tan\alpha$

△ *2. Fall:* n ist eine ungerade Zahl.
△ Dann gibt es ein $m \in \mathbb{Z}$ mit $n = 2m + 1$. Mit Definition **2**
△ und den Sätzen **1**, **3**(b) und **8** erhalten wir:

△ $\tan(\alpha + n \cdot 180°) = \tan(\alpha + m \cdot 360° + 180°)$

△ $= \frac{\sin(\alpha + m \cdot 360° + 180°)}{\cos(\alpha + m \cdot 360° + 180°)}$

△ $= \frac{\sin(\alpha + 180°)}{\cos(\alpha + 180°)} = \frac{-\sin\alpha}{-\cos\alpha} = \tan\alpha$

Ferner entnehmen wir dem Graphen, daß die Tangensfunktion eine *ungerade* Funktion ist, d.h. ihr Graph ist zum Ursprung punktsymmetrisch.

Satz 9: Für alle $\alpha \in \mathbb{W}$ mit $\cos\alpha \neq 0$ gilt:
$\tan(-\alpha) = -\tan\alpha$

Der Graph der Tangensfunktion ist *punktsymmetrisch* zum Ursprung.

△ Mit Hilfe eines Taschenrechners kann man zu jeder Winkelgröße $\alpha \in \mathbb{W}$ (mit $\cos\alpha \neq 0$) den Funktionswert der Tangensfunktion bestimmen.

△ *Beispiel:* Bestimme $\tan(-975{,}2°)$.

△ *Eingabe:* $-975{,}2$ *Befehl:* tan *Ausgabe:* $-3{,}784848$

△ *Ergebnis:* $\tan(-975{,}2°) \approx -3{,}7848$

Ebenso wie die Sinus- und die Kosinusfunktion ist auch die Tangensfunktion in der Funktionentafel bei einer Schrittlänge von 0,1° auf vier geltende Ziffern tabelliert. Mit Hilfe des folgenden Satzes sowie der Periodizitätseigenschaft (Satz **8**) lassen sich alle anderen Funktionswerte auf solche im Bereich $0° \leq \alpha < 90°$ zurückführen.

Satz 10: Für $0° \leq \alpha \leq 180°$ gilt:
$\tan(180° - \alpha) = -\tan\alpha$

Beweis: Wegen Definition **2** und Satz **3**(a) gilt für $0° \leq \alpha \leq 180°$:

$$\tan(180° - \alpha) = \frac{\sin(180° - \alpha)}{\cos(180° - \alpha)} = \frac{\sin\alpha}{-\cos\alpha} = -\tan\alpha$$

Aufgabe 2

Bestimme mit Hilfe der Tafel und der Sätze **8** und **10** Näherungswerte der Tangensfunktion für

a) $\alpha = 169{,}8°$; b) $\beta = -857{,}3°$.

Lösung:

a) $\tan 169{,}8° = \tan(180° - 10{,}2°)$
$= -\tan 10{,}2° \approx -0{,}1799$

b) Wegen $-857{,}3° = (-5) \cdot 180° + 42{,}7°$ gilt:
$\tan(-857{,}3°) = \tan 42{,}7° \approx 0{,}9228$

Ohne Beweis entnehmen wir dem Graphen der Tangensfunktion:

Satz 11: Im Intervall $]-90°; 90°[$ hat die Gleichung $\tan\alpha = a$ für jedes $a \in \mathbb{R}$ *genau eine* Lösung.

△ Ein Taschenrechner liefert diese Lösung, indem man nach Eingabe der Zahl a nacheinander die Tasten arc und tan drückt.

△ *Beispiel:* Bestimme die Lösung der Gleichung $\tan\alpha = 7{,}5$ für $-90° < \alpha < 90°$.

△ *Eingabe:* 7,5 *Befehl:* arc tan *Ausgabe:* 82,405357

△ *Ergebnis:* $\alpha \approx 82{,}4°$

W 2. Berechne die beiden nicht gegebenen Streckenlängen (Längeneinheit: cm).

	$\lvert AB\rvert$	$\lvert AC\rvert$	$\lvert AD\rvert$	$\lvert AE\rvert$	$\lvert BD\rvert$	$\lvert CE\rvert$
a)	7,2		6,8	10,2	5,4	
b)	4,8			11,0	5,4	9,9
c)		6,0		7,2	4,9	8,4
d)	2,7	4,5	3,3			4,0

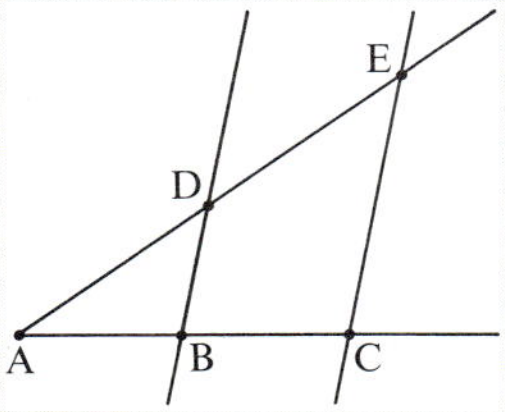

W 3. Ergänze (auf Grund des ersten Strahlensatzes) zu einer wahren Aussage:

a) $\frac{|SB|}{|SA|} = \frac{\square}{\square}$; b) $\frac{|SP|}{|SR|} = \frac{\square}{\square}$; c) $\frac{|SC|}{\square} = \frac{\square}{|SP|}$;

d) $\frac{\square}{|SQ|} = \frac{|SC|}{\square}$; e) $\frac{\square}{\square} = \frac{|SC|}{|SB|}$; f) $\frac{\square}{\square} = \frac{|SQ|}{|SP|}$.

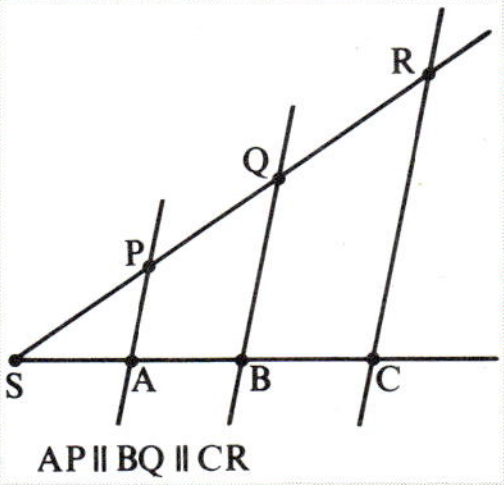

W 4. Beweise mit Hilfe der Strahlensätze:

a) $\frac{|AB|}{|BC|} = \frac{|DE|}{|EF|}$ b) $\frac{|AB|}{|AC|} = \frac{|DE|}{|DF|}$

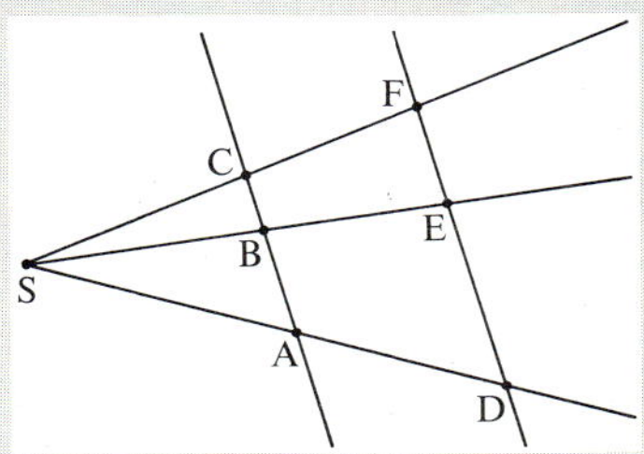

W 5. Stelle in der Gleichung jeweils x frei ($x, a, b, c \in \mathbb{R} \setminus \{0\}$).

a) $\frac{x}{a} = b$

b) $x \cdot c = b$

c) $\frac{x}{a} = \frac{b}{c}$

d) $\frac{a}{x} = \frac{b}{c}$

e) $\frac{a}{b} = \frac{x}{c}$

f) $\frac{a}{b} = \frac{c}{x}$

Übungen 7.4

1. Berechne aus den kartesischen Koordinaten die Polarkoordinaten.

a) $x = 3{,}7$, $y = 6{,}1$

b) $x = 4{,}8$ $y = -11{,}2$

c) $x = -2{,}7$, $y = -4{,}9$

d) $x = 9{,}5$, $y = -9{,}5$

2. Berechne aus den Polarkoordinaten die kartesischen Koordinaten.

a) $r = 7$, $\alpha = 55°$

b) $r = 9{,}2$, $\alpha = 127°$

c) $r = 0{,}5$, $\alpha = 350°$

d) $r = 6{,}6$, $\alpha = 167°$

3. Zeichne im Definitionsbereich $[0°; 360°]$ den Graphen der Funktion mit der gegebenen Zuordnungsvorschrift.

a) $\alpha \mapsto 2 \sin \alpha$ b) $\alpha \mapsto 0{,}5 \cos \alpha$

4. Berechne in dem rechtwinkligen Dreieck aus den gegebenen Stücken die drei übrigen Stücke.

a) $\alpha = 90°$, $\beta = 22{,}4°$, $a = 7{,}5$ cm

b) $\beta = 90°$, $\alpha = 54{,}3°$, $c = 9{,}4$ cm

c) $\gamma = 90°$, $a = 4{,}5$ cm, $b = 3{,}7$ cm

d) $\alpha = 90°$, $a = 8{,}9$ cm, $b = 5{,}4$ cm

5. In einer Raute mit der Seitenlänge 4,2 cm ist einer der Innenwinkel 35°.

a) Wie lang sind die beiden Diagonalen?

b) Wie groß ist ihr Flächeninhalt?

6. Ein Parallelogramm hat die Seitenlängen 4,2 cm und 2,6 cm. Einer der Innenwinkel beträgt 115°. Wie groß ist sein Flächeninhalt?

Aufgabe 3

Bestimme mit Hilfe der Tafel die Lösung der Gleichung im Intervall $]-90°; 90°[$.

a) $\tan \alpha = 3{,}7$ b) $\tan \alpha = -0{,}95$

Lösung:

a) Der Tafel entnimmt man $\tan 74{,}9° \approx 3{,}7062$. Somit gilt $\tan 74{,}9° \approx 3{,}7$; also $\alpha \approx 74{,}9°$.

b) Der Tafel entnimmt man $\tan 43{,}5° \approx 0{,}9490$. Wegen $\tan(-43{,}5°) = -\tan 43{,}5° \approx -0{,}95$ folgt $\alpha \approx -43{,}5°$.

7.4. Anwendungen der Winkelfunktionen

Die Funktionen Sinus, Kosinus und Tangens heißen **Winkelfunktionen** oder **trigonometrische Funktionen.**

Winkelfunktionen am Kreis mit dem Radius r

Aufgabe 1

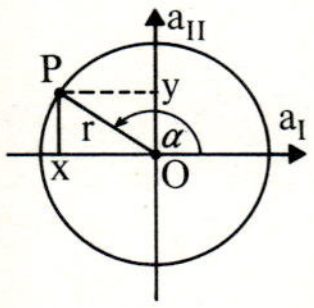

Welche Beziehungen bestehen zwischen den Koordinaten x und y des Punktes P und den Größen r und α?

a) Gegeben: $r = 5$ und $\alpha = 145°$. Berechne x und y.

b) Gegeben: $x = 3{,}5$ und $y = -2$. Berechne r und α.

Lösung:

a) Da der Punkt P das Bild des Punktes P_0 bei der zentrischen Streckung mit O als Zentrum und dem Streckfaktor r ist, folgt $x = r \cdot x_0$ und $y = r \cdot y_0$.
Wegen $x_0 = \cos\alpha$ und $y_0 = \sin\alpha$ folgt hieraus:

$x = r \cdot \cos \alpha$

$y = r \cdot \sin \alpha$

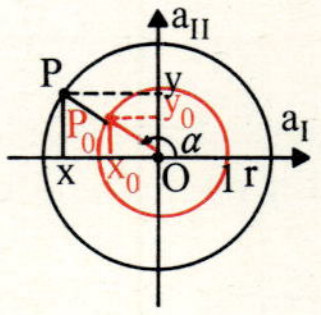

$x = 5 \cdot \cos 145° = -5 \cdot \cos 35°$
$= -5 \cdot 0{,}8192 = -4{,}096$

$y = 5 \cdot \sin 145° = 5 \cdot \sin 35°$
$= 5 \cdot 0{,}5736 = 2{,}868$

$x = -4{,}096$

$y = 2{,}868$

b) Wegen $x^2+y^2=r^2$ und

$$\tan\alpha=\frac{\sin\alpha}{\cos\alpha}=\frac{r\cdot\sin\alpha}{r\cdot\cos\alpha}=\frac{y}{x}\quad\text{folgt:}$$

$$r=\sqrt{x^2+y^2}\qquad r=\sqrt{(3{,}5)^2+(-2)^2}$$

$$\tan\alpha=\frac{y}{x}\qquad \tan\alpha=\frac{3{,}5}{-2}=-1{,}75$$

$r=4{,}031$

$\alpha=119{,}7°$

Satz 12: Für einen Kreis mit beliebigen Radius r gilt:

$x=r\cdot\cos\alpha$ $\qquad y=r\cdot\sin\alpha$

$r=\sqrt{x^2+y^2}$ $\qquad \tan\alpha=\frac{y}{x}$

r und α heißen *Polarkoordinaten* des Punktes P.

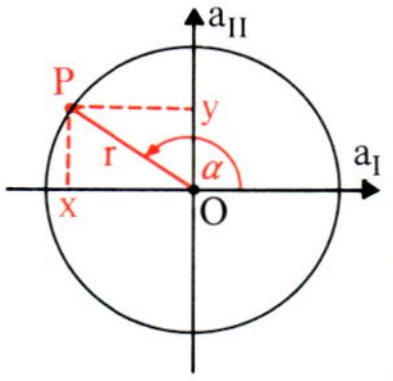

Zur Übung: **1** bis **3**

Winkelfunktionen am rechtwinkligen Dreieck

Aufgabe 2

Zur Bestimmung der Höhe h eines Flugzeuges F werden von einer Radarstation R aus die Entfernung |RF| und das Höhenwinkelmaß α gemessen.

$|RF|=8{,}571$ km; $\qquad \alpha=57°$

Wie kann man aus diesen Daten h berechnen?

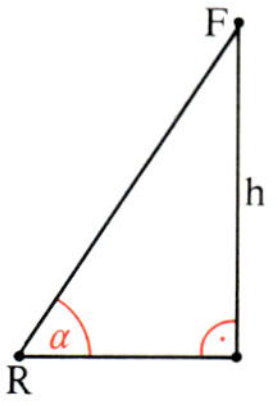

Lösung: Wir denken uns den Kreis um R mit dem Radius $r=|RF|$ gezeichnet. Wegen Satz **12** gilt dann mit h anstelle von y:

$h=8{,}571\text{ km}\cdot\sin 57°=7{,}188\text{ km}$

$h=r\cdot\sin\alpha$

$h=7{,}188$ km

In einem rechtwinkligen Dreieck kann man mit Hilfe der Winkelfunktionen alle Seitenlängen und Innenwinkelgrößen bestimmen, wenn außer dem rechten Winkel eine Seitenlänge und ein weiteres Bestimmungsstück (Seitenlänge oder Winkelgröße) gegeben sind. Dazu benutzt man den folgenden Satz **13**.

7. In einen Kreis mit dem Radius 3 cm ist eine Sehne der Länge 4 cm gezeichnet. Wie groß sind die Winkel in dem Dreieck, welches die Endpunkte der Sehne mit dem Kreismittelpunkt bilden?

8. An einen Kreis mit dem Mittelpunkt M und dem Radius 3 cm sind von einem Punkt P mit $|PM|=7$ cm die beiden Tangenten an den Kreis gezeichnet.

a) Welchen Winkel bilden die beiden Tangenten?

b) Wie lang sind die beiden Tangentenabschnitte?

9. Wie kann man aus den Längen zweier Dreiecksseiten und der Größe des eingeschlossenen Innenwinkels den Flächeninhalt des Dreiecks berechnen? Leite eine Formel ab.

10. In einem Dreieck ABC gilt $\alpha=40°$ und $\beta=75°$. Der Inkreisradius beträgt 2,5 cm.

a) Wie lang sind die Dreiecksseiten?

b) Wie groß ist der Flächeninhalt des Dreiecks?

11. Berechne den Umfang eines regelmäßigen n-Ecks mit dem Umkreisradius r für

a) $n=5$; $\qquad$ c) $n=12$;

b) $n=7$; $\qquad$ d) $n=180$.

Leite eine Formel ab, die für beliebige $n\geq 3$ gilt.

12. Berechne mit Hilfe eines rechtwinklig-gleichschenkligen Dreiecks sin 45°, cos 45° und tan 45°.

13. Berechne mit Hilfe eines gleichseitigen Dreiecks sin 30°, cos 30°, tan 30°, sin 60°, cos 60° und tan 60°.
Drücke zunächst die Höhe des Dreiecks durch die Seitenlänge aus.

14. △ Berechne ohne Benutzung von Winkelfunktionen die Seitenlänge x eines regelmäßigen 10-Ecks mit dem Radius r. Berechne anschließend sin 36°, cos 36° und tan 36°.

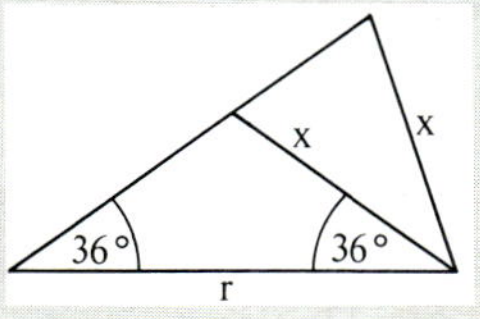

15. Beweise den *Sinussatz* der Trigonometrie:
In jedem Dreieck ABC gilt:

$$\frac{a}{\sin\alpha}=\frac{b}{\sin\beta}=\frac{c}{\sin\gamma}$$

Anleitung zum Beweis für stumpfwinklige Dreiecke:

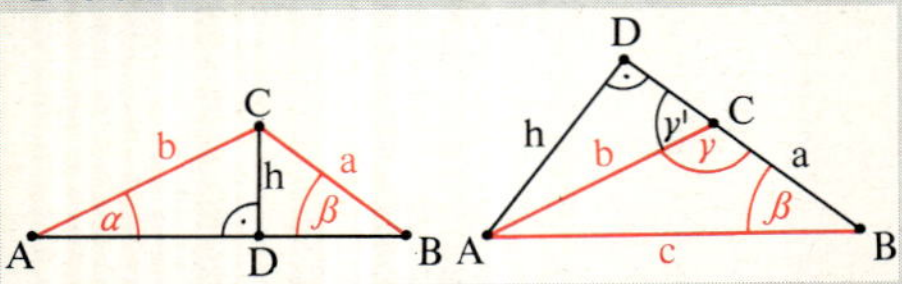

16. Berechne die übrigen Stücke des Dreiecks ABC.

a) $\alpha=63{,}2°$, $\beta=41°$, $b=5{,}2\,\text{cm}$

b) $\beta=22{,}5°$, $\gamma=69{,}3°$, $a=6{,}4\,\text{cm}$

c) $\alpha=115°$, $\gamma=29{,}2°$, $c=4{,}8\,\text{cm}$

d) $a=4{,}4\,\text{cm}$, $b=6{,}9\,\text{cm}$, $\beta=67°$

e) $b=8{,}5\,\text{cm}$, $c=3{,}1\,\text{cm}$, $\beta=111°$

f) $a=4{,}9\,\text{cm}$, $c=5{,}6\,\text{cm}$, $\gamma=95°$

17. Beweise den *Kosinussatz* der Trigonometrie:
In jedem Dreieck ABC gilt:

a) $c^2=a^2+b^2-2ab\cos\gamma$

b) $b^2=a^2+c^2-2ac\cos\beta$

c) $a^2=c^2+b^2-2cb\cos\alpha$

Anleitung zum Beweis von a) für $\gamma<90°$:

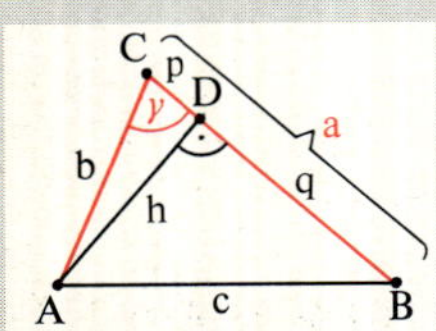

Berechne aus a, b und γ nacheinander die Stücke p, h, q und c.

18. Berechne die übrigen Stücke des Dreiecks ABC.

a) $a=2{,}7\,\text{cm}$, $b=3{,}5\,\text{cm}$, $\gamma=62{,}3°$

b) $b=9{,}1\,\text{cm}$, $c=6{,}4\,\text{cm}$, $\alpha=115°$

c) $a=8{,}3\,\text{cm}$, $c=9{,}9\,\text{cm}$, $\beta=95°$

d) $a=3{,}8\,\text{cm}$, $b=5{,}1\,\text{cm}$, $c=4{,}4\,\text{cm}$

e) $a=12\,\text{cm}$, $b=15\,\text{cm}$, $c=18\,\text{cm}$

f) $a=7{,}3\,\text{cm}$, $b=5{,}8\,\text{cm}$, $c=11{,}6\,\text{cm}$

Satz 13: In jedem rechtwinkligen Dreieck ABC mit $\gamma=90°$ gilt:

a) $\sin\alpha=\frac{a}{c}$ (Länge der Gegenkathete durch Länge der Hypotenuse)

b) $\cos\alpha=\frac{b}{c}$ (Länge der Ankathete durch Länge der Hypotenuse)

c) $\tan\alpha=\frac{a}{b}$ (Länge der Gegenkathete durch Länge der Ankathete)

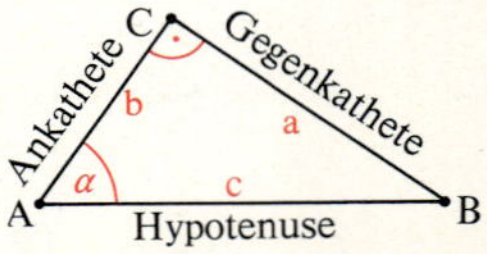

Beweis: Durch eine geeignete Kongruenzabbildung können wir Dreieck ABC stets so in ein Koordinatensystem legen, wie es die Figur zeigt.

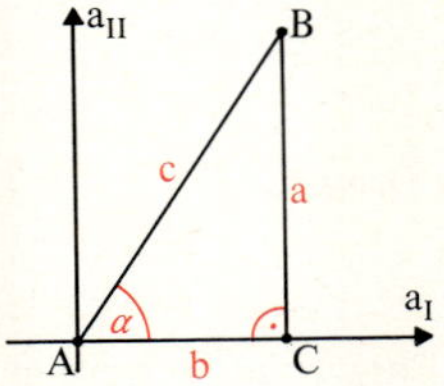

Mit Hilfe von Satz **12** ergibt sich:

$|BC|=|AB|\cdot\sin\alpha$ und $|AC|=|AB|\cdot\cos\alpha$,

also $\sin\alpha=\frac{a}{c}$ und $\cos\alpha=\frac{b}{c}$.

Aus beiden Gleichungen folgt: $\tan\alpha=\frac{\sin\alpha}{\cos\alpha}=\frac{a}{b}$.

Aufgabe 3

In einem Dreieck ABC sind gegeben

$\alpha=90°$, $\beta=35°$ und $b=2{,}9\,\text{cm}$.

Die übrigen Stücke sind zu berechnen.

Lösung:

$\frac{b}{a}=\sin\beta$ $\quad a=\frac{b}{\sin\beta}=\frac{2{,}9\,\text{cm}}{0{,}5736}=5{,}06\,\text{cm}$ $\quad$ **$a=5{,}06\,\text{cm}$**

$\frac{b}{c}=\tan\beta$ $\quad c=\frac{b}{\tan\beta}=\frac{2{,}9\,\text{cm}}{0{,}7002}=4{,}14\,\text{cm}$ $\quad$ **$c=4{,}14\,\text{cm}$**

$\gamma=180°-(\alpha+\beta)=180°-(90°+35°)$ $\quad$ **$\gamma=55°$**

Zur Übung: **4** bis **18**

Steigungswinkelgröße einer Geraden

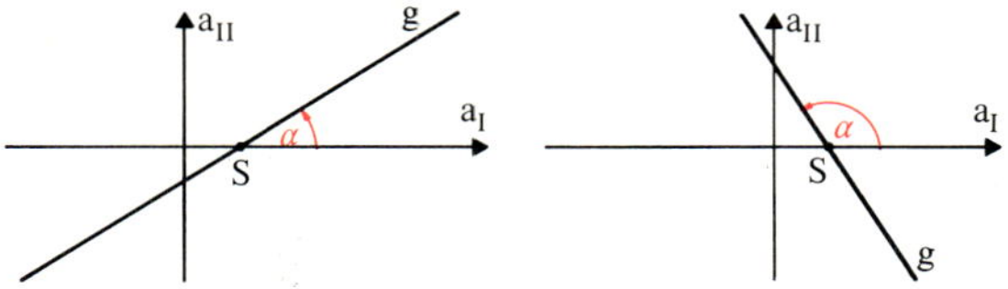

Wenn die Gerade g die Koordinatenachse a_I im Punkt S schneidet, gibt es *zwei* Drehungen mit S als Zentrum, welche a_I auf g abbilden. Das Drehmaß beider Drehungen unterscheidet sich um 180°. Das kleinere Drehmaß nennen wir die **Steigungswinkelgröße** α der Geraden g. Es gilt stets $0° \leq \alpha < 180°$.

Aufgabe 4

Eine Gerade g durch den Koordinatenursprung hat die Steigungswinkelgröße α. Wie groß ist ihre Steigung?

Lösung: Für $\alpha = 90°$ ist $g \parallel a_{II}$. In diesem Fall ist der Begriff *Steigung* nicht definiert (vgl. Abschnitt 1.3, S. 15).
Für $\alpha \neq 90°$ hat die Gerade eine Gleichung der Gestalt $y = mx$ mit $m \in \mathbb{R}$.

Der Figur entnehmen wir:

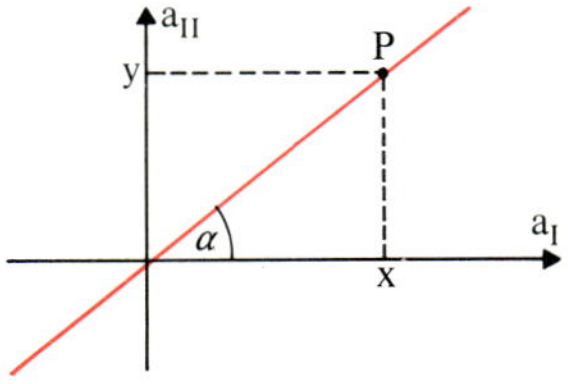

$$m = \frac{y}{x} = \frac{r \cdot \sin\alpha}{r \cdot \cos\alpha} = \tan\alpha$$

Somit gilt:

$$m = \tan\alpha \quad \text{für} \quad \alpha \neq 90°$$

Jede Gerade mit der Gleichung $y = mx + n$ und $n \neq 0$ können wir durch eine Verschiebung in eine Gerade durch den Koordinatenursprung abbilden. Da Gerade und Bildgerade zueinander parallel sind, stimmen sie in Steigung und Steigungswinkelgröße überein. Also gilt auch in diesem Fall $m = \tan\alpha$.

Satz 14: Die Steigung einer Geraden ist gleich dem Tangens der Steigungswinkelgröße.

Zur Übung: **19** und **20**

19. Bestimme die Steigungswinkelgröße der Geraden.

a) $y = 2x$

b) $y = \frac{1}{2}x + 5$

c) $y = -\frac{2}{3}x + 4$

d) $y = -\frac{1}{5}x - 7$

20. Eine Gerade durch den Ursprung hat die Steigungswinkelgröße

a) 25°; b) 47°; c) 90°; d) 0°; e) 150°; f) 115°.

Bestimme die Gleichung der Geraden.

Zur Wiederholung:

W 1. Dreieck A′B′C′ ist das Bild von Dreieck ABC bei der zentrischen Streckung mit dem Zentrum Z und dem Streckfaktor k ($k \in \mathbb{R} \setminus \{0\}$).
Für Dreieck ABC gilt:

$|AB| = 7$ cm, $|BC| = 6$ cm und $|AC| = 4$ cm.

Berechne die Seitenlängen des Bilddreiecks für

a) $k = 2$;

b) $k = \frac{3}{2}$;

c) $k = 0{,}5$;

d) $k = -1$;

e) $k = -4$;

f) $k = -0{,}25$.

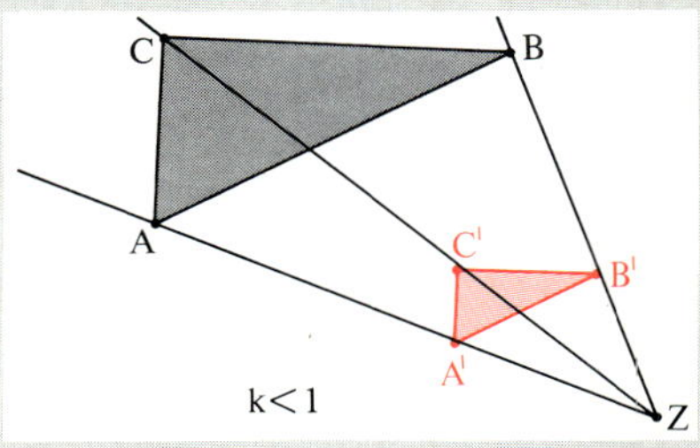

W 2. Stelle in der Gleichung $u^2 - v^2 + w^2 = 0$

a) die Variable u,

b) die Variable v,

c) die Variable w frei.

W 3. Stelle in der Gleichung $\frac{x}{y} = z$

a) die Variable x,

b) die Variable y frei.

Führe die Umformung schrittweise durch und gib jeweils die Umformungsregeln an.

7.5. Additionstheoreme der Winkelfunktionen

Aufgabe 1

Um den Ursprung O eines Koordinatensystems wird eine Drehung der Ebene mit der Drehgröße δ durchgeführt.

Wie kann man aus den beiden Koordinaten eines Punktes P die Koordinaten des Bildpunktes P′ berechnen?

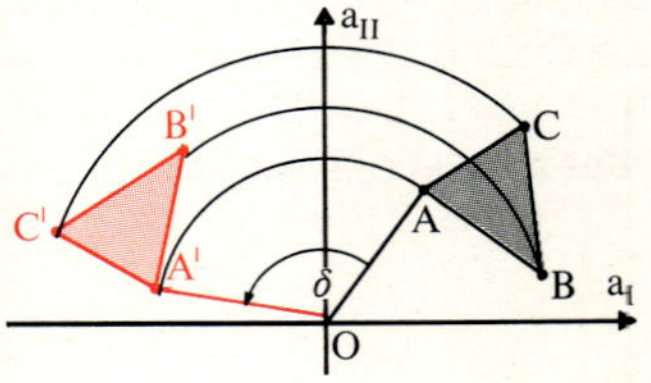

Lösung: Mit $P = p(x_1; x_2)$, $P' = p(x'_1; x'_2)$, $|OP'| = |OP| = r$ und $\alpha = w(\overline{OA}; \overline{OP})$ folgt:

(1) $x_1 = r \cos\alpha$, $\quad x_2 = r \sin\alpha$;
$\quad x'_1 = r \cos(\alpha + \delta)$, $\quad x'_2 = r \sin(\alpha + \delta)$.

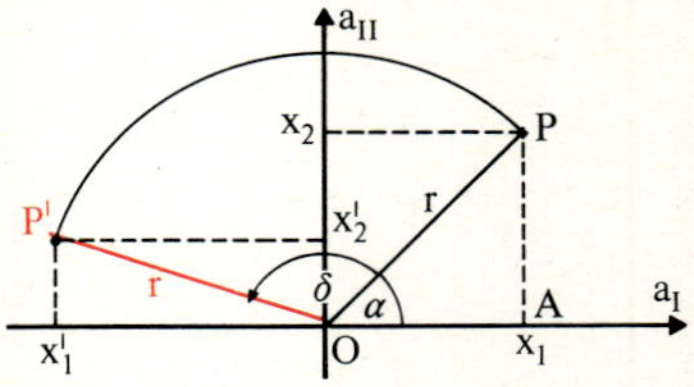

Mit Hilfe der *Additionstheoreme* Satz **15**(a) und (c) können wir die Terme $\sin(\alpha + \delta)$ und $\cos(\alpha + \delta)$ umformen:

$$\sin(\alpha + \delta) = \sin\alpha \cos\delta + \cos\alpha \sin\delta$$
$$\cos(\alpha + \delta) = \cos\alpha \cos\delta - \sin\alpha \sin\delta$$

Mit (1) ergibt sich:
$$x'_1 = x_1 \cos\delta - x_2 \sin\delta$$
$$x'_2 = x_1 \sin\delta + x_2 \cos\delta$$

Satz 15 (Additionstheoreme):

Für alle $\alpha, \beta \in \mathbb{W}$ gilt:

a) $\sin(\alpha + \beta) = \sin\alpha \cos\beta + \cos\alpha \sin\beta$

b) $\sin(\alpha - \beta) = \sin\alpha \cos\beta - \cos\alpha \sin\beta$

c) $\cos(\alpha + \beta) = \cos\alpha \cos\beta - \sin\alpha \sin\beta$

d) $\cos(\alpha - \beta) = \cos\alpha \cos\beta + \sin\alpha \sin\beta$

e) $\tan(\alpha + \beta) = \dfrac{\tan\alpha + \tan\beta}{1 - \tan\alpha \tan\beta}$ (für $\tan\alpha \tan\beta \neq 1$)

f) $\tan(\alpha - \beta) = \dfrac{\tan\alpha - \tan\beta}{1 + \tan\alpha \tan\beta}$ (für $\tan\alpha \tan\beta \neq -1$)

Beweis von (a) und (c) für $\alpha, \beta \in [0°; 90°]$:

Für $\alpha = 0°$ oder $\beta = 0°$ oder $\alpha = 90°$ oder $\beta = 90°$ folgen die beiden Aussagen wegen $\sin 0° = \cos 90° = 0$, $\sin 90° = \cos 0° = 1$ und $\sin 180° = 0$.

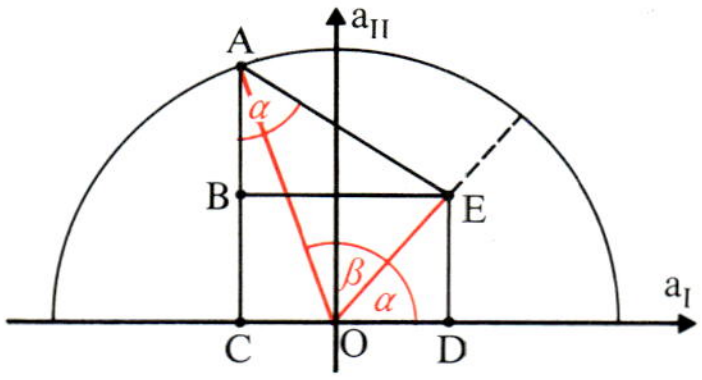

Für $\alpha, \beta \in]0°; 90°[$ entnehmen wir der Zeichnung:

$$\begin{aligned}\sin(\alpha+\beta) &= |CB| + |BA| = |DE| + |BA| \\ &= |OE| \sin\alpha + |EA| \cos\alpha \\ &= \cos\beta \sin\alpha + \sin\beta \cos\alpha\end{aligned}$$

$$\begin{aligned}\cos(\alpha+\beta) &= |OD| - |DC| = |OD| - |BE| \\ &= |OE| \cos\alpha - |EA| \sin\alpha \\ &= \cos\beta \cos\alpha - \sin\beta \sin\alpha\end{aligned}$$

Aufgabe 2: *Schnittwinkel zweier Geraden*

Gegeben sind zwei Geraden g und h durch:

g: $y = m_1 x + n_1$, h: $y = m_2 x + n_2$

Wie groß sind die Schnittwinkel der beiden Geraden, wenn weder $g \parallel h$ noch $g \perp h$ gilt?

Lösung: Wegen $g \nparallel h$ dürfen wir $m_1 < m_2$ voraussetzen. (Falls $m_2 < m_1$ vertauschen wir die Bezeichnungen.)

Sind α und β die Steigungswinkelgrößen der beiden Geraden g und h, so gilt wegen Satz **14**:

$m_1 = \tan\alpha$ und $m_2 = \tan\beta$.

Von den vier Schnittwinkeln haben jeweils zwei dieselbe Größe (Scheitelwinkelpaare). Die kleinere Winkelgröße nennen wir γ.

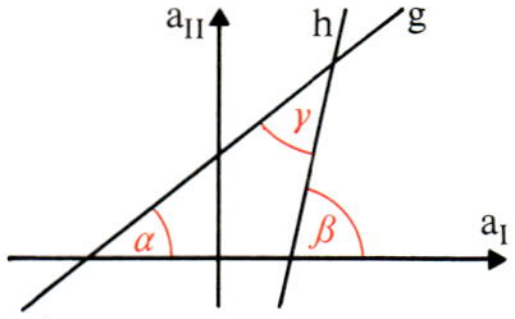

Für $\beta - \alpha < 90°$ gilt:

$\gamma = \beta - \alpha$

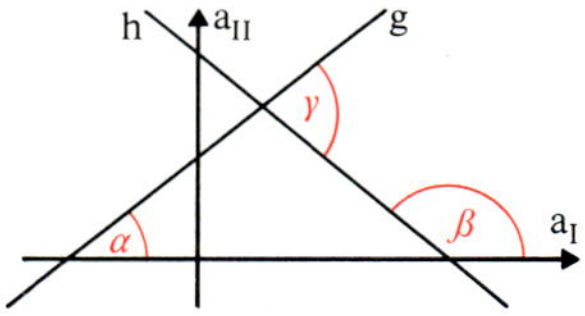

Für $\beta - \alpha > 90°$ gilt:

$180° - \gamma = \beta - \alpha$

Mit Hilfe von Satz **15**(f) folgt:

$$\tan\gamma = \frac{\tan\beta - \tan\alpha}{1 + \tan\beta \tan\alpha} \qquad -\tan\gamma = \frac{\tan\beta - \tan\alpha}{1 + \tan\beta \tan\alpha}$$

In beiden Fällen gilt: $\tan\gamma = \left|\frac{m_2 - m_1}{1 + m_1 m_2}\right|$

Übungen 7.5

1. Die Eckpunkte eines Dreiecks ABC sind gegeben durch $A = p(5; 1)$, $B = p(4; 3)$ und $C = p(2; 4)$.
Berechne die Koordinaten der Bildpunkte bei der Drehung um den Koordinatenursprung mit der Drehgröße

a) $\delta = 75°$; b) $\delta = 137°$; c) $\delta = 257°$.

2. Berechne aus $\sin 45° = \cos 45° = \frac{1}{2}\sqrt{2}$, $\sin 30° = \frac{1}{2}$ und $\cos 30° = \frac{1}{2}\sqrt{3}$ (vgl. Übungsaufgabe **12** zu 7.4):
$\sin 75°$, $\cos 75°$, $\sin 15°$ und $\cos 15°$.

3. Beweise mit Hilfe der Additionstheoreme für alle $\alpha \in \mathbb{W}$:

a) $\cos\alpha = \sin(\alpha + 90°)$;

b) $\sin\alpha = \cos(\alpha - 90°)$.

4. Beweise mit Hilfe der Additionstheoreme für $\alpha \in \mathbb{W}$:

a) $\cos 2\alpha = \cos^2\alpha - \sin^2\alpha$;

b) $\sin 2\alpha = 2 \sin\alpha \cos\alpha$.

5. Beweise mit Hilfe der in Übungsaufgabe **4** hergeleiteten Formeln, daß für alle $\alpha \in [0°; 180°]$ gilt:

a) $\cos\frac{\alpha}{2} = \sqrt{\frac{1}{2}(1 + \cos\alpha)}$

b) $\sin\frac{\alpha}{2} = \sqrt{\frac{1}{2}(1 - \cos\alpha)}$

6. Gegeben ist $\sin 36° = 0{,}587785$ (vgl. Übungsaufgabe **14** zu 7.4). Berechne die Funktionswerte der Sinusfunktion für 3°, 6°, 9°, 12°, usw.
△ (Benutze einen Taschenrechner.)

7. Berechne die Größen der Schnittwinkel der beiden angegebenen Geraden.

a) $y = x$, $y = 2x - 5$

b) $y = \frac{1}{2}x - 4$, $y = -2x + 1$

c) $y = -x + 1$, $y = -\frac{1}{3}x + 5$

8. Berechne die Innenwinkel von Dreieck ABC in Übungsaufgabe **1**.

7.6. Die Winkelfunktionen im Definitionsbereich ℝ

Bogenmaß einer Winkelgröße

Für die Funktionenlehre ist es zweckmäßig, die Winkelfunktionen – ebenso wie z.B. die Potenzfunktionen, die Exponentialfunktionen und die Logarithmusfunktionen – als Funktionen auf der Menge der *reellen Zahlen* zu definieren.

Dazu führen wir das sogenannte *Bogenmaß* einer Winkelgröße $\alpha \in \mathbb{W}$ ein. Sei zunächst $\alpha \in [0°; 360°[$ und $\sphericalangle ab$ ein Winkel mit der Winkelgröße α. Wir zeichnen um den Scheitel M des Winkels einen Kreis mit beliebigem Radius r. Sei u der Umfang des Kreises und s die Länge des Kreisbogens, der von dem Winkel aus dem Kreis ausgeschnitten wird.

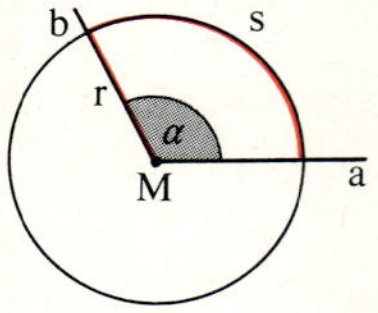

Wegen $\frac{s}{u} = \frac{\alpha}{360°}$ und $u = 2\pi r$ folgt $\frac{s}{r} = \alpha \cdot \frac{\pi}{180}$.

Wir betrachten jetzt die Zuordnung $\alpha \mapsto \frac{s}{r}$, die jedem $\alpha \in [0°; 360°[$ die reelle Zahl $\frac{s}{r}$ zuordnet.

Offensichtlich ist die reelle Zahl $\frac{s}{r}$ ein geeignetes Maß für die Winkelgröße α.

> Wir nennen $\frac{s}{r}$ das **Bogenmaß** der Winkelgröße α:
>
> $\frac{s}{r} = \alpha \cdot \frac{\pi}{180°}$

Beispiele:

a) Zu $\alpha = 1°$ gehört das Bogenmaß $1° \cdot \frac{\pi}{180°} \approx 0{,}0175$.

b) Zu $\alpha = 243°$ gehört das Bogenmaß $243° \cdot \frac{\pi}{180°} \approx 4{,}24$.

Für eine Winkelgröße α, die nicht im Intervall $[0°; 360°[$ liegt, können wir den Quotienten $\frac{s}{r}$ nicht bilden. In diesem Fall definieren wir das zu α gehörende Bogenmaß durch den Term $\alpha \cdot \frac{\pi}{180°}$.

Somit gilt für alle $\alpha \in \mathbb{W}$:

> Das Bogenmaß von α ist die reelle Zahl $\alpha \cdot \frac{\pi}{180°}$.

Beispiele:

a) Zur Winkelgröße 563,7° gehört das Bogenmaß

$563{,}7° \cdot \frac{\pi}{180°} \approx 9{,}84.$

b) Zum Bogenmaß $-2{,}9$ gehört die Winkelgröße

$-2{,}9 \; \frac{180°}{\pi} \approx -166{,}16°.$

Insbesondere merke man sich:

Winkelgröße in Grad	360°	180°	90°	45°	30°
Bogenmaß	2π	π	$\pi/2$	$\pi/4$	$\pi/6$

Winkelfunktionen mit $\mathbb{R}$ *als Definitionsbereich*

Wir erhalten die Funktionen Sinus, Kosinus und Tangens als Funktionen auf der Menge der reellen Zahlen, indem wir zunächst zu jedem $x \in \mathbb{R}$ die zugehörige Winkelgröße $x \cdot \frac{180°}{\pi}$ berechnen:

Definition 3:

(1) $\sin x =_{\text{def}} \sin\left(x \cdot \frac{180°}{\pi}\right)$ für alle $x \in \mathbb{R}$

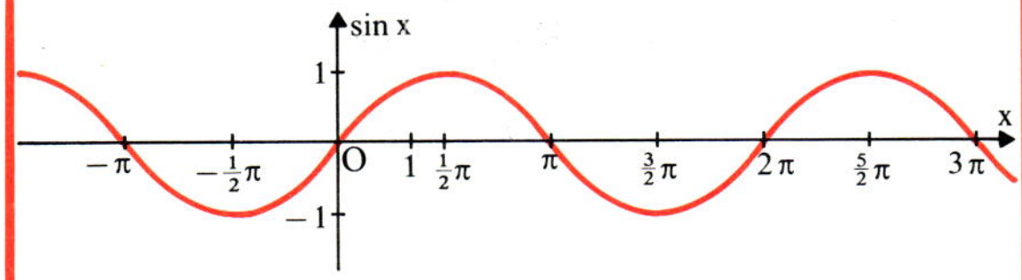

(2) $\cos x =_{\text{def}} \cos\left(x \cdot \frac{180°}{\pi}\right)$ für alle $x \in \mathbb{R}$

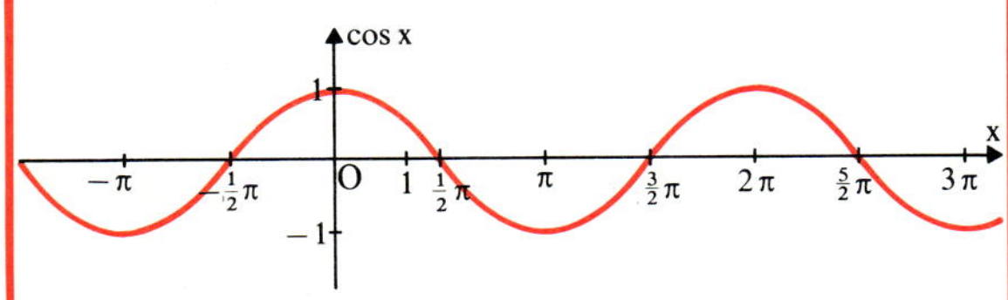

(3) $\tan x =_{\text{def}} \tan\left(x \cdot \frac{180°}{\pi}\right)$ für alle $x \in \mathbb{R}$ und $\cos x \neq 0$

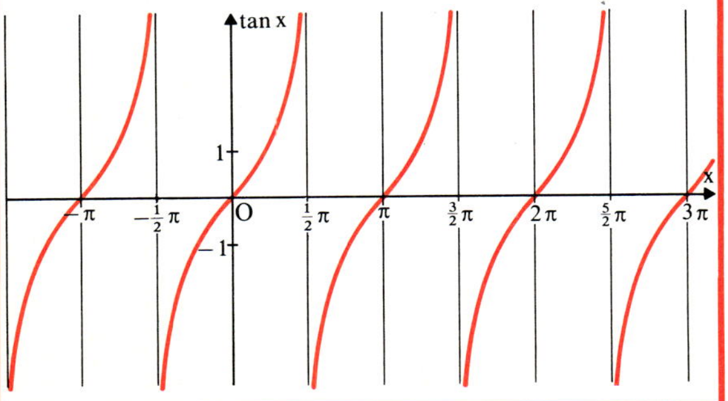

Übungen 7.6

1. Berechne jeweils das zu der Winkelgröße gehörende Bogenmaß.

37,7°; 109°; 257,1°; 339°;
811,14°; −55°; −279,4°; −3576°

2. Berechne jeweils die zu dem Bogenmaß gehörende Winkelgröße.

2,67; 5,14; 1,00; 10,34; −3,25;
$\frac{3}{8}\pi$; $\frac{17}{12}\pi$; −23,6; -5π

3. Zeichne einen Winkel mit dem Bogenmaß 1,00.

4. Berechne die Funktionswerte mit Hilfe der Funktionentafel.

a) sin 2,3 d) cos 6,3

b) sin(−4,7) e) cos(−9,1)

c) sin 127 f) tan 7,1

5. Formuliere die Aussagen der Sätze **3** bis **6** für $\mathbb{R}$ anstelle von $\mathbb{W}$ als Definitionsbereich.

6. Bestimme Amplitude, Phase und Periode der Sinusfunktion.

a) $\left[x \mapsto 3\sin\frac{1}{2}(x+2\pi);\, x\in\mathbb{R}\right]$

b) $\left[t \mapsto A\sin\frac{2\pi}{T}\left(t+\frac{T}{2}\right);\, t\in\mathbb{R}\right]$

c) $\left[x \mapsto r\sin\left(\frac{x}{2}+\frac{\pi}{4}\right);\, x\in\mathbb{R}\right]$

d) $[x \mapsto \cos x;\, x\in\mathbb{R}]$

Beispiele zur Berechnung von Funktionswerten:

a) $\sin 22{,}9 = \sin\left(22{,}9\cdot\frac{180°}{\pi}\right)$
$\approx \sin 1312{,}1° \approx -0{,}7888$

b) $\cos(-2{,}45) = \cos\left(-2{,}45\cdot\frac{180°}{\pi}\right)$
$\approx \cos(-140{,}4°) \approx -0{,}7702$

c) $\tan 90 = \tan\left(90\cdot\frac{180°}{\pi}\right)$
$\approx \tan 5156{,}6° \approx -1{,}9952$

Bei Taschenrechnern mit einprogrammierten Winkelfunktionen kann man die Stellen sowohl in Grad als auch im Bogenmaß eingeben.

Zur Übung: **1** bis **5**

Funktionen der Gestalt $[x \mapsto a\sin b(x+c);\, x\in\mathbb{R}]$

Wir nehmen die Erweiterung der Funktion $[x \mapsto \sin x;\, x\in\mathbb{R}]$ zu dieser allgemeinen Funktionenklasse schrittweise vor und geben jeweils die Entstehungsweise des zugehörigen Funktionsgraphen an.

a) Ausgangsfunktion $x \mapsto \sin x$

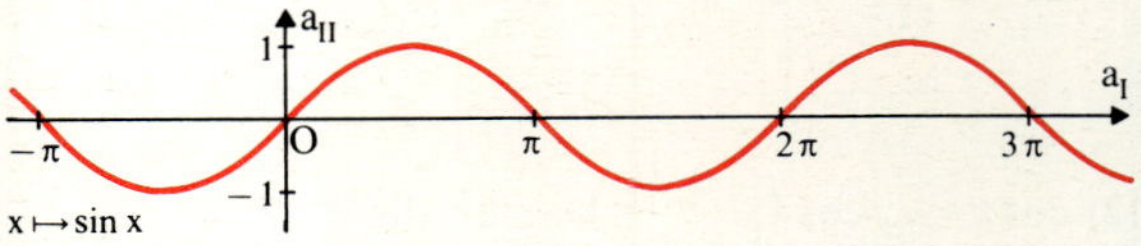

b) Anwendung einer Achsenstreckung parallel zu a_{II} mit dem Streckfaktor a (vgl. Abschnitt 3.4, S. 46) liefert die Funktion $x \mapsto a\sin x$

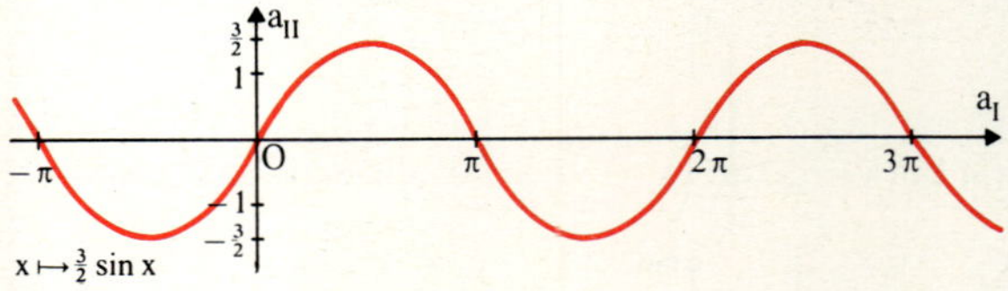

c) Anwendung einer Achsenstreckung parallel zu a_I mit dem Streckfaktor $\frac{1}{b}$ (vgl. S. 46) liefert die Funktion $x \mapsto a\sin(bx)$

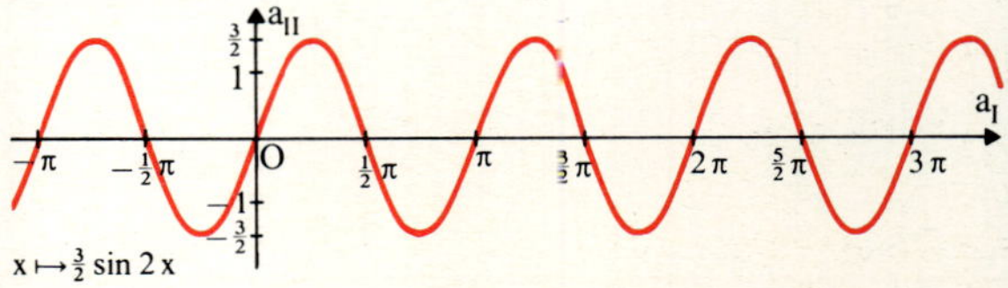

d) Anwendung einer Verschiebung um $\binom{-c}{0}$ (vgl. Abschn. 3.1, S. 38) liefert die Funktion $x \mapsto a \sin b(x+c)$

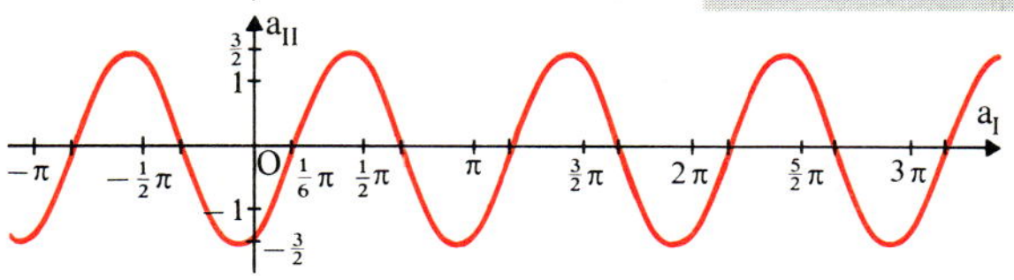

$x \mapsto \frac{3}{2} \sin 2\left(x - \frac{1}{6}\pi\right)$

Im weiteren Sinne als bisher nennt man jede Funktion der Gestalt $[x \mapsto a \sin b(x+c);\ x \in \mathbb{R}]$ mit $a, b \in \mathbb{R} \setminus \{0\}$ und $0 \leq c < \frac{2\pi}{b}$ eine **Sinusfunktion.** Der Parameter a heißt **Amplitude,** der Parameter c heißt **Phase** der Sinusfunktion. Wegen

$$a \sin b\left(x + c + n \cdot \frac{2\pi}{b}\right) = a \sin[b(x+c) + n \cdot 2\pi]$$
$$= a \sin b(x+c)$$

ist $\frac{2\pi}{b}$ die **Periode** der Sinusfunktion $[x \mapsto a \sin b(x+c);\ x \in \mathbb{R}]$.

Zur Übung: **6** bis **8**

Aufgabe

Die Schwingung einer durch eine Masse belasteten Schraubenfeder um ihre Ruhelage wird durch eine Sinusfunktion beschrieben. Die Schwingungsdauer sei T, die Amplitude der Schwingung r. Ferner sei zur Zeit $t=0$ die Auslenkung $-r$.

Bestimme die Auslenkung x aus der Ruhelage als Funktion der Zeit.

Lösung:

$$x = r \cdot \sin \frac{2\pi}{T}\left(t + \frac{3}{4}T\right)$$

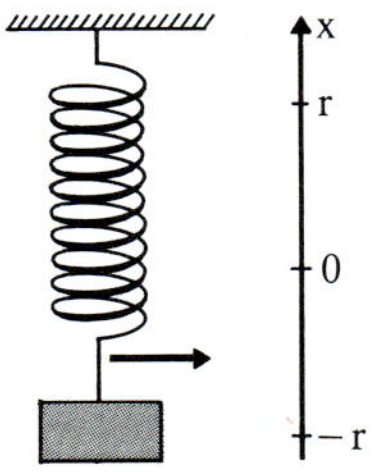

Begründung: Da die Schwingung durch eine Sinusfunktion beschrieben wird, gilt $x = a \sin b(t+c)$.

Mit $a = r$ und $b = \frac{2\pi}{T}$ folgt $x = r \sin \frac{2\pi}{T}(t+c)$.

Schließlich folgt für $t=0$:

$$-r = r \sin \frac{2\pi}{T} c, \quad \text{somit} \quad \frac{2\pi c}{T} = \frac{3}{2}\pi, \quad c = \frac{3}{4}T.$$

Zur Übung: **9** und **10**

7. Skizziere den Graphen der Funktion (im Definitionsbereich $\mathbb{R}$).

a) $x \mapsto 1{,}5 \sin x$

b) $x \mapsto \sin\left(x + \frac{\pi}{3}\right)$

c) $x \mapsto 2 \sin\left(x + \frac{3}{4}\pi\right)$

d) $x \mapsto \sin 3x$

e) $x \mapsto \sin 2\left(x + \frac{\pi}{2}\right)$

f) $x \mapsto 3 \sin 0{,}5(x + 3\pi)$

8. Zeichne den Graphen der Funktion $[x \mapsto \sin^2 x - \frac{1}{2};\ x \in \mathbb{R}]$. Zeige durch Umformen mit Hilfe der Formel $\cos 2x = \cos^2 x - \sin^2 x$ (vgl. Übungsaufgabe **4**a zu 7.5), daß es sich um eine Sinusfunktion handelt.

9. Die Schwingung eines Pendels kann bei kleiner Amplitude durch eine Sinusfunktion beschrieben werden.
Wie lautet die Funktionsgleichung, falls die Schwingungsdauer 2s beträgt und die Auslenkung A des Pendels zur Zeit $t=0$ maximal ist.

10. Der zeitliche Verlauf der Wechselspannung U des elektrischen Versorgungsnetzes ist eine Sinusfunktion mit der Amplitude $220\sqrt{2}$ V und der Schwingungsdauer (Periode) $\frac{1}{50}$ s. Wie lautet die Funktionsgleichung, falls die Spannung zur Zeit $t=0$ den Wert 0 hat?

Zur Wiederholung:

W 1. Stelle in der Formel $\frac{s}{r} = \alpha \frac{\pi}{180°}$

a) die Variable s,

b) die Variable α,

c) die Variable r frei.

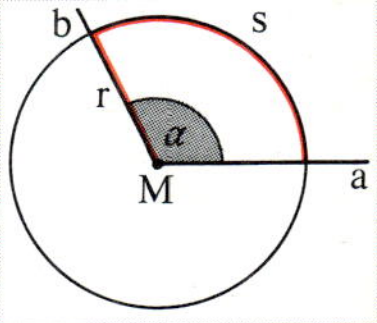

W 2. Fülle die Tabelle aus.

r	5 cm	86 mm	9 m	12 m	
α	35°	249°			149°
s			12,5 m	25 cm	52 cm

8. Beweisverfahren

8.1. Der indirekte Beweis

Beispiel 1

Man beweise den Satz: Es gibt keine rationale Zahl x, für die $x^2=2$ gilt.

Beweis: *Indirekt*

Wenn der Satz nicht gilt, dann gibt es eine rationale Zahl a mit $a^2=2$.
Wir können a sogar als positiv ansehen. Jede positive rationale Zahl läßt sich durch einen gekürzten Bruch darstellen: $a=\frac{p}{q}$.
Weil sich der Bruch nicht mehr kürzen läßt, gilt:
p und q haben keinen gemeinsamen Teiler.
Aus $a^2=2$ folgt weiter $\frac{p^2}{q^2}=2$, und somit $p^2=2q^2$. Dann muß aber p mindestens den Primfaktor 2 haben; es gilt also $p=2\cdot r$.
Dies eingesetzt ergibt: $(2r)^2=2q^2$.
Daraus folgt: $4r^2=2q^2$ und $2r^2=q^2$.
Also muß auch q den Primfaktor 2 haben. Es folgt:
p und q haben einen gemeinsamen Teiler (nämlich 2).
Das ist ein Widerspruch.
Es gibt aber nur zwei Möglichkeiten: Entweder der Satz gilt oder er gilt nicht. Die zweite Möglichkeit führt zu einem Widerspruch. Es bleibt nur die erste bestehen. Der Satz ist bewiesen.

Beispiel 2

Man beweise: Es gibt unendlich viele Primzahlen.

Beweis: *Indirekt*

Wenn der Satz nicht gilt, dann gibt es nur endlich viele Primzahlen:
$p_1=2,\ p_2=3,\ p_3=5,\ p_4=7,\ p_5=11, \ldots, p_n$.
p_n ist die größte Primzahl.
Wir bilden das Produkt aller Primzahlen und addieren 1:

$$b=p_1\cdot p_2\cdot p_3\cdot p_4\cdot p_5\cdot \ldots \cdot p_n+1$$

Die entstehende Zahl b ist keine Primzahl, weil sie größer als die größte Primzahl p_n ist. Sie muß sich daher aus den Primzahlen $p_1, p_2, \ldots, p_n$ multiplikativ zusammensetzen.
b muß daher durch mindestens eine der Primzahlen $p_1, p_2, p_3, \ldots, p_n$ teilbar sein.
Andererseits erkennt man bei Division von b durch eine der Primzahlen, daß b wegen der Addition von 1 durch keine der Primzahlen teilbar ist. Widerspruch.

Übungen 8.1

1. Gib in den folgenden indirekten Beweisen die Aussagen A, $\neg A$ und die beiden sich widersprechenden Folgerungen C, $\neg C$ an. (Einige der Sätze könnte man auch anders beweisen.)

a) *Satz:* Für alle reellen Zahlen x gilt:
Wenn $0<x<1$, dann ist $x^2<x$.

Beweis: Wenn der Satz nicht gilt, dann gibt es eine reelle Zahl x, für die gilt:
$0<x<1$ und $x^2\geq x$.
Division der letzten Ungleichung durch x liefert $x\geq 1$.
Das ist ein Widerspruch.

b) *Satz:* Für alle positiven reellen Zahlen a und b gilt:
$\frac{1}{2}(a+b)\geq\sqrt{a\cdot b}$.
Beweis: Wenn der Satz nicht gilt, dann gibt es Zahlen a und b, für die gilt:
$\frac{1}{2}(a+b)<\sqrt{a\cdot b}$.
Daraus folgt dann nacheinander:
$(a+b)<2\sqrt{a\cdot b}$
$(a+b)^2<(2\sqrt{a\cdot b})^2$
$a^2+2ab+b^2<4ab$
$a^2-2ab+b^2<0$
$(a-b)^2<0$
Andererseits ist $(a-b)^2$ als Quadrat der Zahl $a-b$ größer oder gleich 0.
Das ist ein Widerspruch.

c) *Satz:* Für alle natürlichen Zahlen n gilt:
Wenn n^2 ungerade ist, dann ist auch n ungerade.
Beweis: Wenn der Satz nicht gilt, dann gibt es eine natürliche Zahl n, für die gilt:
n^2 ist ungerade und n ist gerade.
Dann folgt:
$n=2\cdot k$ (mit $k\in\mathbb{N}$).
Daraus folgt wieder:
$n^2=(2k)^2=2\cdot 2k^2=2\cdot m$ (mit $m=2k^2\in\mathbb{N}$).
Das bedeutet: n^2 ist gerade. (Widerspruch.)

Es gibt aber nur zwei Möglichkeiten: Entweder der Satz gilt oder er gilt nicht. Die zweite Möglichkeit führt zu einem Widerspruch. Es bleibt nur die erste bestehen. Der Satz ist bewiesen.

Analyse der beiden indirekten Beweise

Den zu beweisenden Satz bezeichnen wir mit A.
A lautet in
- Beispiel 1: Es gibt keine rationale Zahl x mit $x^2=2$.
- Beispiel 2: Es gibt unendlich viele Primzahlen.

In beiden Beispielen wird von der Negation $\neg A$ (gelesen: *nicht A*) ausgegangen. $\neg A$ lautet in
- Beispiel 1: Es gibt eine rationale Zahl x mit $x^2=2$.
- Beispiel 2: Es gibt endlich viele Primzahlen.

Dann werden in beiden Beweisen aus $\neg A$ Folgerungen gezogen, die zu einem Widerspruch führen. Es werden nämlich eine Aussage C *und* die Negation $\neg C$ gefolgert.
C lautet in
- Beispiel 1: p und q haben keinen gemeinsamen Teiler.
- Beispiel 2: b ist durch mindestens eine Primzahl teilbar.

Die ebenfalls gefolgerte Negation $\neg C$ lautet in
- Beispiel 1: p und q haben einen gemeinsamen Teiler.
- Beispiel 2: b ist durch keine Primzahl teilbar.

In beiden Beweisen erhält man:

$\neg A \Rightarrow C$ *und* $\neg A \Rightarrow \neg C$.

Daraus folgt A, denn nur eine der beiden Möglichkeiten A bzw. $\neg A$ kann gelten.
$\neg A$ führt aber zu dem Widerspruch C, $\neg C$.

Man kann den letzten Schluß auch durch die folgende Schlußregel beschreiben:

$$\frac{\begin{array}{l}\neg A \Rightarrow C\\ \neg A \Rightarrow \neg C\end{array}}{A}$$

Der waagerechte Strich wird „also" gelesen.

In einem indirekten Beweis geht man von der Negation $\neg A$ des zu beweisenden Satzes A aus und folgert daraus einen Widerspruch C, $\neg C$.
Daraus kann man auf A schließen.
Die folgende Schlußregel wird dabei angewendet:

$$\frac{\begin{array}{l}\neg A \Rightarrow C\\ \neg A \Rightarrow \neg C\end{array}}{A}$$

2. Verfahre ebenso wie in Übungsaufgabe **1**.

a) *Satz:* Die leere Menge $\emptyset$ ist Untermenge einer jeden Menge.

Beweis: Wenn der Satz nicht gilt, dann gibt es eine Menge M, die $\emptyset$ nicht als Untermenge hat.
Daraus folgt: Es gibt ein Element, das zu $\emptyset$, nicht aber zu M gehört.
Andererseits hat die leere Menge $\emptyset$ kein Element. Es gibt also kein Element, das zu $\emptyset$, nicht aber zu M gehört. Widerspruch.

b) *Satz:* Es ist nicht möglich, Zahlen so aufzuschreiben, daß jede der Ziffern 0, 1, 2, 3, 4, 5, 6, 7, 8, 9 genau einmal vorkommt und die Summe der Zahlen 100 ist.

Beweis: Wenn der Satz nicht gilt, so gibt es solche Zahlen $x_1, x_2, x_3, \ldots, x_n$.
Mindestens eine der Zahlen muß zweistellig sein, denn für die einstelligen Zahlen gilt nur:
$0+1+2+3+4+5+6+7+8+9=45$.
Z sei die Summe der Ziffern, welche Zehner bezeichnen.
Dann folgt: Z ist eine natürliche Zahl.
Ferner ist $45-Z$ die Summe der übrigbleibenden Ziffern. Es muß also gelten:
$10\cdot Z+(45-Z)=100$.
Daraus folgt:
$10Z+45-Z=100; \quad 9Z=55; \quad Z=\frac{55}{9}$.
Z ist keine natürliche Zahl. Widerspruch.

c) *Satz (Umkehrung des Pythagoras):* Wenn in einem Dreieck gilt $a^2+b^2=c^2$, so ist das Dreieck rechtwinklig.

Beweis: Wenn der Satz nicht gilt, dann gibt es ein Dreieck, für das gilt: $a^2+b^2=c^2$ und keiner der Winkel ist ein Rechter. Nach dem Kosinussatz gilt:
$c^2=a^2+b^2-2ab\cdot\cos\gamma$.
Da $\gamma\neq 90°$, ist $\cos\gamma\neq 0$. Dann folgt aber: $c^2\neq a^2+b^2$. Widerspruch.

3. Beweise indirekt und gib die Aussagen A, $\neg A$ sowie die Folgerungen C, $\neg C$ an.

a) Für alle reellen Zahlen x gilt:
Wenn $1<x$, dann $x<x^2$.

b) Für alle positiven reellen Zahlen a, b gilt:
$\sqrt{a\cdot b}\geq\frac{2ab}{a+b}$.

c) Für alle natürlichen Zahlen n gilt:
Wenn n^2 gerade ist, dann ist n gerade.

d) Es ist unmöglich, Zahlen so hinzuschreiben, daß jede Ziffer 0, 1, 2, 3, 4, 5 genau einmal vorkommt und die Summe der Zahlen 50 ist.

8.2. Das Beweisverfahren der vollständigen Induktion

Aufgabe

Addiere die ungeraden Zahlen von 1 angefangen bis zu einer bestimmten ungeraden Zahl, z.B. 7 oder 11. Vergleiche die Ergebnisse.

Lösung: $1+3+5+7=16$

$1+3+5+7+9+11=36$

$1+3+5=9$

Es entstehen immer Quadratzahlen.
Wir wollen versuchen, durch ein systematisches, schrittweises Vorgehen herauszufinden, ob das nur zufällig oder immer so ist.

1. Schritt: Im einfachsten Fall besteht die Summe der ungeraden Zahlen nur aus der Zahl 1.
1 ist aber Quadratzahl: $1=1^2$.

2. Schritt: Wir addieren auf beiden Seiten die nächste ungerade Zahl 3.
Aus $1=1^2$ folgt dann nacheinander:

$$\begin{aligned}1+3&=1^2+3\\&=1^2+2\cdot 1+1\\&=(1+1)^2=2^2\end{aligned}$$

3. Schritt: Wir addieren auf beiden Seiten die nächste ungerade Zahl.
Aus $1+3=2^2$ folgen die Gleichungen:

$$\begin{aligned}1+3+5&=2^2+5\\&=2^2+2\cdot 2+1\\&=(2+1)^2=3^2\end{aligned}$$

4. Schritt: Wir addieren wieder auf beiden Seiten die nächste ungerade Zahl 7.
Aus $1+3+5=3^2$ folgen die Gleichungen:

$$\begin{aligned}1+3+5+7&=3^2+7\\&=3^2+2\cdot 3+1\\&=(3+1)^2=4^2\end{aligned}$$

5. Schritt: Wir addieren auf beiden Seiten die nächste ungerade Zahl 9.
Aus $1+3+5+7=4^2$ folgen die Gleichungen:

$$\begin{aligned}1+3+5+7+9&=4^2+9\\&=4^2+2\cdot 4+1\\&=(4+1)^2=5^2\end{aligned}$$

So könnte man immer nach demselben Schema fortfahren. Wir versuchen es allgemein zu beschreiben.

Man beachte: Die k-te gerade Zahl ist $2\cdot k$, die k-te ungerade Zahl also $2\cdot k-1$.

Allgemeine Beschreibung des Verfahrens

Wenn für die Summe der k ersten ungeraden Zahlen $1+3+5+\ldots+(2k-1)=k^2$ gilt, dann erhält man die Summe der (k+1)ten ungeraden Zahlen durch Addition der nächsten ungeraden Zahl $2k-1+2=2k+1$.

$$\begin{aligned} 1+3+5+\ldots+(2k-1)+(2k+1) &= k^2+(2k+1) \\ &= (k+1)^2 \end{aligned}$$

Fast alle Einzelschritte hätten wir uns sparen können, wenn wir nur diese letzte Überlegung und Rechnung durchgeführt hätten, da in sie die Einzelrechnungen als Spezialfall eingeschlossen sind. Überflüssig waren die Schritte 2, 3, 4, nicht dagegen Schritt 1, der Anfang der Überlegung.

Der ganze Beweis läßt sich daher auf *zwei* Teile verkürzen.

Zu beweisen ist die Formel:

$$1+3+5+\ldots+(2n-1)=n^2.$$

D.h. zu beweisen ist die Behauptung:

Die Summe der n ersten ungeraden Zahlen ist eine Quadratzahl, nämlich n^2.

1. Teil: Anfang der Überlegung

Die Formel gilt für $n=1$, denn links vom Gleichheitszeichen steht nur die Zahl 1 und rechts 1^2.

2. Teil: Schluß von k auf k+1

Zu beweisen ist: *Wenn die Formel für n=k gilt, dann auch für n=k+1.*

Für $n=k$ lautet die Formel:

$$1+3+5+\ldots+(2k-1)=k^2.$$

Wir addieren auf beiden Seiten die (k+1)te ungerade Zahl $2(k+1)-1$.

$$\begin{aligned} 1+3+5+\ldots+(2k-1)+[2(k+1)-1] &= k^2+[2(k+1)-1] \\ &= k^2+2k+2-1 \\ &= k^2+2k+1 \\ &= (k+1)^2 \end{aligned}$$

Hierbei kann man sich vorstellen, daß k nacheinander die Zahlen 1, 2, 3, 4, … durchläuft.

Die vorher durchgeführten Einzelschritte sind überflüssig. Sie werden durch den Schluß von k auf k+1 zusammengefaßt.

Das durchgeführte Verfahren trägt den Namen: **vollständige Induktion.** Der Anfang der Überlegung wird **Induktionsanfang,** der Schluß von k auf k+1 **Induktionsschluß** genannt.

Zur Übung: **1**

Übungen 8.2

1. Beweise die Formel.

$$\frac{1}{1\cdot 2}+\frac{1}{2\cdot 3}+\frac{1}{3\cdot 4}+\ldots+\frac{1}{n(n+1)}=\frac{n}{n+1}$$

Gehe hierbei folgendermaßen vor:

a) Beweise die Formel zunächst für $n=1$, d.h. für ein Glied in der Summe.

b) Beweise dann die Formel schrittweise für $n=2, 3, 4, 5, \ldots$

c) Versuche, das immer wiederkehrende Schema der einzelnen Schritte allgemein zu fassen.

d) Verkürze den Beweis auf die beiden wesentlichen Teile.

2. Beweise durch vollständige Induktion.

a) $1+2+3+4+\ldots+n=\frac{n(n+1)}{2}$

b) $1^2+2^2+3^2+\ldots+n^2=\frac{n(n+1)(2n+1)}{6}$

c) $1^3+2^3+3^3+\ldots+n^3=\left(\frac{n(n+1)}{2}\right)^2$

d) $1\cdot 2+2\cdot 3+3\cdot 4+\ldots+n(n+1)$
$=\frac{n(n+1)(n+2)}{3}$

e) $1\cdot 2\cdot 3+2\cdot 3\cdot 4+\ldots+n(n+1)(n+2)$
$=\frac{n(n+1)(n+2)(n+3)}{4}$

f) $\frac{1}{1\cdot 3}+\frac{1}{3\cdot 5}+\frac{1}{5\cdot 7}+\ldots+\frac{1}{(2n-1)(2n+1)}$
$=\frac{n}{2n+1}$

g) $\frac{1}{1\cdot 4}+\frac{1}{4\cdot 7}+\frac{1}{7\cdot 10}+\ldots+\frac{1}{(3n-2)(3n+1)}$
$=\frac{n}{3n+1}$

3. Beweise durch vollständige Induktion.
Für alle $n\in\mathbb{N}$ gilt:

a) 7 ist Teiler von $2^{3n}+13$;

b) 3 ist Teiler von 13^n+2;

c) 5 ist Teiler von 7^n-2^n;

d) 4 ist Teiler von 5^n+7;

e) 7 ist Teiler von 50^n+6;

f) 8 ist Teiler von $3^{2n}-1$;

g) 3 ist Teiler von $2^{3n}-5^n$;

h) 3 ist Teiler von n^3+5n+3.

4. Beweise durch vollständige Induktion.

a) Die Anzahl der Untermengen einer Menge mit n Elementen ist 2^n.

b) $(1+a)^n \geq 1+n\cdot a$ (für $a>-1$)
(Bernoullische Ungleichung)

▲ c) Ist ein Rechteck durch n Geraden in Teilgebiete zerlegt, so läßt es sich mit 2 Farben so färben, daß benachbarte Gebiete verschiedene Farben haben.

5. Für $n\in\mathbb{N}$ gilt: $4n\leq n^2+4$.

a) Formuliere für dieses Beispiel den Induktionsschluß und beweise die Ungleichung durch vollständige Induktion.

b) Beweise die Ungleichung durch Umformen und Anwenden der binomischen Formel.

Beweisverfahren der vollständigen Induktion

Um die Gültigkeit der Formel $\mathscr{A}(n)$ (oder eines mathematischen Satzes) für alle *natürlichen Zahlen* n zu beweisen, genügt der Beweis folgender Teile:

1. Teil: **Induktionsanfang**

Nachweis der Gültigkeit der Formel $\mathscr{A}(n)$ für $n=1$.

2. Teil: **Induktionsschluß von k auf k + 1**

Nachweis des Satzes: Für alle k gilt:
Wenn $\mathscr{A}(k)$, dann $\mathscr{A}(k+1)$.

Das Verfahren der vollständigen Induktion läßt sich nur anwenden, wenn die zu beweisende Behauptung schon vorher bekannt ist oder vermutet wird.

Beispiele für Beweise durch vollständige Induktion

Beispiel 1

Man beweise durch vollständige Induktion:

$2+4+6+\ldots+2n=n(n+1)$.

d.h. die Summe der n ersten geraden Zahlen ist gleich $n\cdot(n+1)$.

1. Induktionsanfang:

Die Formel gilt für $n=1$, denn links vom Gleichheitszeichen steht dann nur die Zahl 2 und rechts $1\cdot(1+1)=2$.

2. Induktionsschluß:

Zu beweisen ist:
Wenn $2+4+6+\ldots+2k=k\cdot(k+1)$,
dann $2+4+6+\ldots+2(k+1)=(k+1)\cdot((k+1)+1)$.

Es sei:

$2+4+6+\ldots+2k=k(k+1)$ (Induktionsannahme).

Wir addieren auf beiden Seiten die $(k+1)$te gerade Zahl $2(k+1)$:

$$\begin{aligned}2+4+6+\ldots+2k+2(k+1)&=k\cdot(k+1)+2(k+1)\\&=(k+1)\cdot(k+2)\\&=(k+1)\cdot((k+1)+1)\end{aligned}$$

Zur Übung: **2**

Beispiel 2

Man beweise durch vollständige Induktion:
5 ist ein Teiler von 6^n+4.

1. Induktionsanfang:

Die Behauptung gilt für $n=1$, denn 5 ist ein Teiler von 6^1+4, d.h. von 10.

2. Induktionsschluß:

Zu beweisen ist:
Wenn 5 ein Teiler von 6^k+4 ist, dann ist 5 auch ein Teiler von $6^{k+1}+4$.

5 sei ein Teiler von 6^k+4 (Induktionsannahme).

Es gilt: $6^{k+1}+4 = 6^k \cdot 6^1 + 4 = 5 \cdot 6^k + 1 \cdot 6^k + 4$
$= 5 \cdot 6^k + (6^k+4)$

Nun wissen wir:
5 ist Teiler von 6^k+4 (Induktionsannahme), und 5 ist auch Teiler von $5 \cdot 6^k$.

Wir können daraus schließen:
5 ist Teiler von $5 \cdot 6^k + (6^k+4)$, also von $6^{k+1}+4$.

Zur Übung: **3** bis **8**

8.3. Beweisen in der Mathematik

Kennzeichen eines Beweises

Indirekte Beweise und Beweise durch vollständige Induktion sind Spezialfälle von Beweisen.

1. Ein Beweis besteht aus einer Kette von Folgerungen.
2. Beim Übergang von einem Glied der Folgerungskette zum nächsten dürfen verwendet werden:
   a) Die Voraussetzung des Satzes,
   b) schon bewiesene Sätze,
   c) Gesetze der Logik, insbesondere des logischen Schließens (Schlußregeln) sowie Einsetzungs- und Ersetzungsregeln.
3. Das letzte Glied in der Folgerungskette ist die Behauptung des Satzes.
4. Innerhalb eines Beweises wird die Behauptung des zu beweisenden Satzes nicht verwendet.

Zur Übung: **1**

Zur Verwendung der Gesetze der Logik in den Beweisen

Die Gesetze der Logik sind innerhalb eines Beweises immer dann im Spiel, wenn Ausdrücke wie „also", „daraus folgt", „dann ergibt sich", „man erhält daraus", „darum gilt" vorkommen. Man macht sie sich in den seltensten Fällen bewußt. Im allgemeinen empfindet man sie als selbstverständlich. Ihre Anwendung hat man meist durch häufigen Gebrauch gelernt.

6. Zeige, daß der Induktionsschluß von k auf k+1 durchführbar ist, daß die Formel jedoch für alle $n \in \mathbb{N}$ falsch ist.

a) $\frac{1}{2^1}+\frac{1}{2^2}+\frac{1}{2^3}+\ldots+\frac{1}{2^n}=2-\frac{1}{2^n}$

b) $1 \cdot 2 + 2 \cdot 3 + 3 \cdot 4 + \ldots + n \cdot (n+1)$
$= \frac{1}{3}n(n+1) \cdot (n+2) + 5$

c) 2 ist Teiler von 3^n+4

7. Für die Behauptung $1 \cdot 2 \cdot 3 \cdot \ldots \cdot n = 1$ ist der Induktionsanfang gültig. Warum ist der Induktionsschluß nicht durchführbar?

8. Beweise: Für $n \in \mathbb{N}$ und $n > 7$ gilt:
▲ $2^{n-1} > n^2$.

Übungen 8.3

1. Gib bei den Beweisen auf den Seiten 73 (Satz 2), 83 (Satz 5) und 106 (Satz 4) dieses Buches an:

a) An welcher Stelle wird die Voraussetzung des Satzes verwendet?

b) Welche anderen mathematischen Sätze bzw. Definitionen werden angewendet und auch im Beweis genannt?

c) Welche mathematischen Sätze werden möglicherweise stillschweigend (d.h. ohne ausdrückliche Erwähnung) angewendet?

2. Entscheide, ob die Abtrennungsregel angewendet wird. Wenn nein, entscheide, ob der Schluß überhaupt korrekt ist.

a) Wenn Markus in Köln wohnt, dann wohnt er in NRW.
Markus wohnt in Köln.
―――
Markus wohnt in NRW.

b) Wenn Uwe in Stuttgart wohnt, dann wohnt er in Baden-Württemberg.
Uwe wohnt nicht in Baden-Württemberg.
―――
Uwe wohnt nicht in Stuttgart.

c) Wenn Sabine Deutsche ist, dann ist sie Europäerin.
Sabine ist keine Deutsche.
―――
Sabine ist keine Europäerin.

d) Wenn Michael 18 Jahre ist, dann ist er volljährig.
Michael ist volljährig.
―――
Michael ist 18 Jahre alt.

e) Wenn Elke in Kassel wohnt, dann wohnt sie in Hessen.
Elke wohnt in Hessen.
―――
Elke wohnt in Kassel.

3. Begründe, warum die folgende Schlußregel als Schlußregel der vollständigen Induktion bezeichnet wird.

$$\frac{\begin{array}{c}\mathcal{A}(1)\\ \text{Für alle } k\in\mathbb{N}: \mathcal{A}(k)\Rightarrow\mathcal{A}(k+1)\end{array}}{\text{Für alle } n\in\mathbb{N}: \mathcal{A}(n)}$$

4. Gib für jede der Schlußregeln drei Beispiele an und entscheide, ob die Schlußregel korrekt ist.

a) $\dfrac{\begin{array}{c}A\Rightarrow B\\ \neg B\end{array}}{\neg A}$

b) $\dfrac{\begin{array}{c}A\Rightarrow B\\ \neg A\end{array}}{\neg B}$

c) $\dfrac{\begin{array}{c}A\Rightarrow B\\ B\end{array}}{A}$

d) $\dfrac{\begin{array}{c}A\Rightarrow B\\ B\Rightarrow C\\ A\end{array}}{C}$

e) $\dfrac{\begin{array}{c}A \text{ oder } B\\ \neg A\end{array}}{B}$

f) $\dfrac{\begin{array}{c}\neg A\Rightarrow B\\ \neg B\end{array}}{\neg A}$

g) $\dfrac{\begin{array}{c}A\Rightarrow B\\ \neg B\end{array}}{A}$

h) $\dfrac{\begin{array}{c}A\Rightarrow B\\ B\Rightarrow C\end{array}}{A\Rightarrow C}$

i) $\dfrac{\begin{array}{c}\neg A\Rightarrow B\\ \neg A\end{array}}{\neg B}$

Es würde den Rahmen dieses Abschnittes sprengen, wenn wir alle Gesetze des logischen Schließens, die sogenannten Schlußregeln, aufzählen würden, die man bei mathematischen Beweisen intuitiv richtig verwendet. Bisher haben wir nur eine Schlußregel, nämlich die des indirekten Beweises, kennengelernt.

$$\frac{\begin{array}{c}\neg A\Rightarrow C\\ \neg A\Rightarrow\neg C\end{array}}{A}$$

Schlußregel des indirekten Beweises

Wir geben noch eine weitere Regel an, die sogenannte Abtrennungsregel.

Beispiele für eine Anwendung der Abtrennungsregel

Wenn die natürliche Zahl x durch 6 teilbar ist, dann ist sie auch durch 3 teilbar.
Die Zahl x ist durch 6 teilbar.
―――
Die Zahl x ist durch 3 teilbar.

Wenn die Figur ABCD ein Quadrat ist, dann ist sie auch ein Rechteck.
Die Figur ABCD ist ein Quadrat.
―――
Die Figur ABCD ist ein Rechteck.

Aus beiden Beispielen gewinnt man leicht die Regel. Der waagerechte Strich wird „also" gelesen.

$$\frac{\begin{array}{c}A\Rightarrow B\\ A\end{array}}{B}$$

Abtrennungsregel

Zur Übung: **2** bis **4**

Zum deduktiven Aufbau der Mathematik

Beim Beweis eines mathematischen Satzes benötigt man andere schon bewiesene Sätze. Beim Beweis dieser Sätze braucht man wieder andere Sätze. So kann man fortfahren. Selbstverständlich muß man bei diesem Verfahren irgendwo Schluß machen. Sätze, auf deren Beweis man verzichtet und die man an die Spitze einer mathematischen Theorie stellt, nennt man **Axiome.** Aus den Axiomen werden die anderen Sätze der betreffenden Theorie gefolgert (deduziert). Auf diese Weise entsteht der sogenannte *deduktive Aufbau der Mathematik.*

9. Folgenbegriff – Eigenschaften von Folgen

9.1. Der Begriff der Zahlenfolge

Aufgabe 1: *Einführung der Begriffe Folge, Glied und Platznummer*

Notiere in einer Tabelle zu jeder natürlichen Zahl n (mit $n>0$) die Anzahl A(n) ihrer Teiler.

Lösung:

n	1	2	3	4	5	6	...
A(n)	1	2	2	3	2	4	...

Jeder natürlichen Zahl n ist eindeutig die Anzahl der Teiler A(n) zugeordnet: $n \mapsto A(n)$. Es liegt eine Funktion vor, deren Definitionsbereich die Menge $\mathbb{N}$ der natürlichen Zahlen größer als 0 ist. Die Tabelle oben ist die Wertetafel dieser Funktion.

Solche Funktionen nennt man auch **Folgen,** weil man die einzelnen Funktionswerte der Reihe nach, also aufeinander folgend, notieren kann.

Wir erhalten in unserem Beispiel die Folge:

1, 2, 2, 3, 2, 4, ...

Wir sprechen vom **1. Glied, 2. Glied,** ... der Folge.

Die Funktionswerte einer Folge heißen *Glieder*. Das 1. Glied unseres Beispiels ist 1, das 3. Glied ist 2, das 6. Glied ist 4, usw.

Man bezeichnet die einzelnen Glieder häufig mit a_1, a_2, a_3, a_4, ... Dann gilt in unserem Beispiel:

$a_1=1, \quad a_2=2, \quad a_3=2, \quad a_4=3, \quad a_5=2, \quad a_6=4, \ldots$

Der Index 3 bei a_3 gibt an, daß a_3 der Zahl 3 zugeordnet ist. 3 heißt auch die **Platznummer** des Folgengliedes.

In der Zuordnungsvorschrift von Folgen verwendet man meist die Variable n. *Beispiel:* $n \mapsto A(n)$.

Wie bei jeder Funktion kann man auch in unserem Beispiel Pfeildiagramm und Graph zeichnen.

Pfeildiagramm

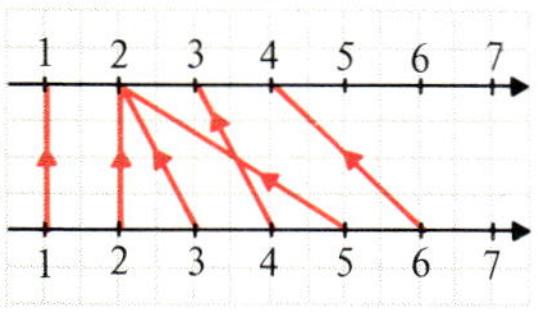

Graph

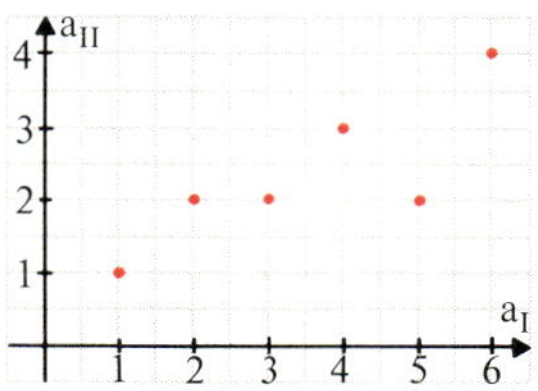

Zur Übung: **1** und **2**

Übungen 9.1

1. Gegeben sind die Folgen: $n \mapsto Q(n)$, $n \mapsto \sigma(n)$, $n \mapsto p(n)$, $n \mapsto \varphi(n)$.
Hierbei sei:

a) $Q(n)=$ Quersumme von n;

b) $\sigma(n)=$ Summe der Teiler von n;

c) $p(n)=$ Produkt der Teiler von n;

d) $\varphi(n)=$ Anzahl der Zahlen kleiner als n, die zu n teilerfremd sind (d.h. die mit n keinen gemeinsamen Teiler außer 1 haben).

Lege jeweils für die ersten 7 Glieder Wertetabelle, Pfeildiagramm und Graph an. Wie heißt das 16. Glied der jeweiligen Folge?

2. Untersuche, für welche Platznummern der Folge in Aufgabe **1** das Folgenglied A(n) eine ungerade Zahl ist.

3. Ein Pendel werde 20 cm [1,25 m] nach rechts aus seiner Ruhelage entfernt und dann losgelassen. Rechne die Amplituden (maximale Ausschläge) nach links negativ und nach rechts positiv. Der Betrag einer Amplitude ist 80 % [$\frac{2}{3}$] des Betrages der vorhergehenden Amplitude. Berechne die ersten 5 Glieder, gib die Zuordnungsvorschrift an und zeichne Pfeildiagramm und Graph.

4. Das Wasser in einem U-Rohr wird um 30 cm [45 cm] aus dem Gleichgewicht gebracht. Es führt danach Schwingungen aus, deren Amplituden eine Folge bilden. Rechne die Amplituden unterhalb der Gleichgewichtslage negativ und oberhalb positiv. Der Betrag einer Amplitude beträgt angenähert 40 % [$\frac{1}{3}$] der vorhergehenden Amplitude. Gib die Zuordnungsvorschrift an.

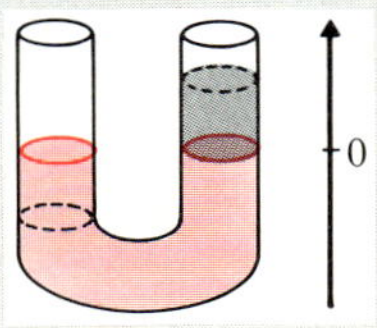

5. Zu Beginn eines Jahres werden DM 1200 [4000] auf ein Konto eingezahlt. Der Zinssatz beträgt 4 % [3 %]. Die Kontostände zu Beginn eines Jahres bilden eine Folge. Wie heißt die Zuordnungsvorschrift? Welche Platznummer hat das Glied 1297,92 DM [4370,91 DM]?

Anleitung: K bringt bei einem Zinssatz von 4 % in einem Jahr $K \cdot \frac{4}{100}$ an Zinsen. Das neue Kapital beträgt:

$$K + K \cdot \frac{4}{100} = K \cdot \left(1 + \frac{4}{100}\right) = K \cdot 1{,}04.$$

6. Nähere $\frac{5}{6}\left[\frac{2}{3};\ \frac{1}{37};\ \frac{1}{22};\ \frac{7}{12};\ \frac{5}{11};\ \frac{4}{7}\right]$ immer genauer durch eine Folge von Dezimalzahlen an. Wie heißt das 11. [20.] Glied?

7. Die Zuordnungsvorschrift $n \mapsto a_n$ einer Folge ist gegeben. Lege für die ersten 6 Glieder Wertetabelle, Pfeildiagramm und Graph an. Wie heißt das 20. Glied?

a) $a_n = \frac{1}{n}$ | g) $a_n = -\frac{3}{4}n$

b) $a_n = (-1)^n \cdot n$ | h) $a_n = (-1)^n$

c) $a_n = 1 + \frac{1}{n}$ | i) $a_n = (-1)^n \cdot n + 1$

d) $a_n = 2n^2$ | j) $a_n = 1 + (-1)^n$

e) $a_n = \frac{1}{3}n^2$ | k) $a_n = n \cdot (-1)^{n+1}$

f) $a_n = \frac{2}{3}n$ | l) $a_n = \frac{1}{2}n(1 + (-1)^n)$

8. Versuche, eine Gesetzmäßigkeit zu erkennen und setze die Folge um 5 Glieder fort.

a) 1; 2; 3; 2; 3; 4; 3; 4; 5; 4; ...

b) $\frac{1}{2}$; $\frac{2}{3}$; $\frac{3}{4}$; ...

c) 1; $\frac{1}{2}$; 3; $\frac{1}{4}$; 5; $\frac{1}{6}$; ...

d) 1; 1; 2; $\frac{1}{2}$; 3; $\frac{1}{3}$; 4; $\frac{1}{4}$; 5; ...

e) 11; 10; 8; 5; 1; ...

9. Gib eine Zuordnungsvorschrift an.

a) $\frac{1}{2}$; $\frac{1}{3}$; $\frac{1}{4}$; $\frac{1}{5}$; $\frac{1}{6}$; ...

b) 1; 8; 27; 64; ...

c) $-\frac{1}{1}$; $+\frac{1}{2}$; $-\frac{1}{3}$; $+\frac{1}{4}$; ...

d) +1; −2; +3; −4; +5; ...

e) $\frac{1}{4}$; $\frac{1}{2}$; $\frac{3}{4}$; 1; $1\frac{1}{4}$; $1\frac{1}{2}$; $1\frac{3}{4}$; 2; $2\frac{1}{4}$; ...

Aufgabe 2: *Anwendung des Folgenbegriffs; Auftreten negativer Glieder*

Ein gedämpftes Pendel werde 100 cm nach links aus seiner Ruhelage entfernt und dann losgelassen. Die maximalen Ausschläge nach beiden Seiten, die sogenannten Amplituden, bilden dann eine Folge $a_1, a_2, a_3, a_4, \ldots$

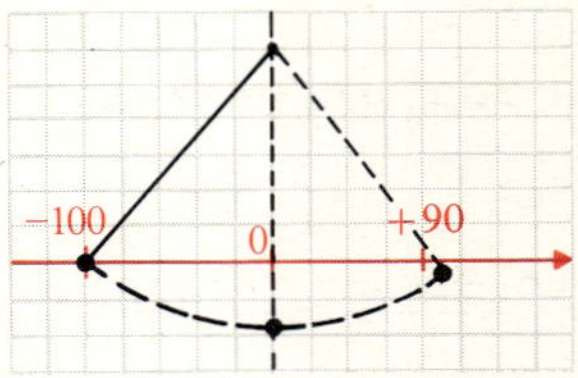

Wir rechnen die Amplituden nach links, also $a_1, a_3, a_5, \ldots$, negativ und die nach rechts, also $a_2, a_4, a_6, \ldots$, positiv.

Es gilt dann $a_1 = -100$, wenn wir die Einheit cm fortlassen. Wegen der Dämpfung ist unter geeigneten Versuchsbedingungen der Betrag einer Amplitude stets 90 % des Betrages der vorhergehenden Amplitude.

Berechne die einzelnen Glieder der Folge und gib die Zuordnungsvorschrift an.

Lösung: Es gilt

$$|a_1| \xrightarrow{\cdot 0{,}9} |a_2| \xrightarrow{\cdot 0{,}9} |a_3| \xrightarrow{\cdot 0{,}9} |a_4| \xrightarrow{\cdot 0{,}9} |a_5| \ldots$$

Da $a_1 = -100$ ist und die Vorzeichen wechseln, können wir schreiben:

$$-100 \xrightarrow{\cdot(-0{,}9)} +90 \xrightarrow{\cdot(-0{,}9)} -81 \xrightarrow{\cdot(-0{,}9)} +72{,}9 \xrightarrow{\cdot(-0{,}9)} -65{,}61 \ldots$$

Somit gilt:

$a_1 = -100$; $a_2 = 90$; $a_3 = -81$;
$a_4 = 72{,}9$; $a_5 = -65{,}61$; ...

Das erste Glied der Folge ist −100; das vierte +72,9. Welches Glied ist gleich −81?

Antwort: Das dritte Glied.

Die Zuordnungsvorschrift erhalten wir, indem wir zunächst die Werte der einzelnen Glieder unausgerechnet lassen.

$$(-100) \xrightarrow{\cdot(-0{,}9)} (-100)\cdot(-0{,}9) \xrightarrow{\cdot(-0{,}9)} (-100)\cdot(-0{,}9)^2 \xrightarrow{\cdot(-0{,}9)}$$
$$\ldots \xleftarrow{\cdot(-0{,}9)} (-100)\cdot(0{,}9)^4 \xleftarrow{\cdot(-0{,}9)} (-100)\cdot(-0{,}9)^3$$

Wir erhalten: $a_n = (-100)\cdot(-0{,}9)^{n-1}$ für alle $n \in \mathbb{N}$.

Zuordnungsvorschrift: $n \mapsto (-100)\cdot(-0{,}9)^{n-1}$

Zur Übung: **3** bis **5**

Aufgabe 3: *Dezimale Näherungsfolgen; erste Erfahrungen zum Grenzwert einer Folge*

Wir wissen $\frac{8}{11} = 0,\overline{72}$. Nähere $\frac{8}{11}$ immer genauer durch eine Folge von Dezimalzahlen (dargestellt durch endliche Dezimalbrüche) an.

Lösung: Die gesuchte Folge lautet:

0,7; 0,72; 0,727; 0,7272; 0,72727; ...

Ihre Glieder nähern sich immer mehr der Zahl $\frac{8}{11}$. Es gilt:

$a_1 = 0{,}7;\quad a_2 = 0{,}72;\quad a_3 = 0{,}727;\quad a_4 = 0{,}7272; \ldots$

Die Zahl $\frac{8}{11}$ werden wir später den Grenzwert der Folge nennen. Siehe dazu S. 142.

Beispiele weiterer Zahlenfolgen sind:

Die Folge der Quadratzahlen: 1, 4, 9, 16, ...
Zuordnungsvorschrift: $n \mapsto n^2$

Die Folge der ungeraden Zahlen: 1, 3, 5, 7, ...
Zuordnungsvorschrift: $n \mapsto 2n - 1$

Die Folge der Vielfachen von 7: 7, 14, 21, ...
Zuordnungsvorschrift: $n \mapsto 7 \cdot n$

Die Folge der negativen Stammbrüche: $-\frac{1}{1}, -\frac{1}{2}, -\frac{1}{3}, \ldots$
Zuordnungsvorschrift: $n \mapsto -\frac{1}{n}$

Die Folge der abwechselnd positiven und negativen Potenzen der Zahl 3: $+3^1, -3^2, +3^3, -3^4, \ldots$
Zuordnungsvorschrift: $n \mapsto (-1)^{n+1} \cdot 3^n$

Zur Übung: **6** bis **14**

> **Definition 1:** Eine Funktion mit der Menge $\mathbb{N}$ der natürlichen Zahlen ohne 0 als Definitionsbereich heißt **Folge.** Die Funktionswerte sind Elemente aus $\mathbb{R}$.
> Die einzelnen Funktionswerte heißen die **Glieder der Folge.**
> Eine Folge notiert man häufig so:
>
> $a_1, a_2, a_3, a_4, \ldots, a_n, \ldots$
>
> Für jedes $n \in \mathbb{N}$ ist a_n das der Zahl n zugeordnete Element.
> n heißt die **Platznummer** des Folgengliedes a_n.
> Die Zuordnungsvorschrift lautet: $n \mapsto a_n$.
> Die vollständige Schreibweise für eine Folge lautet: $[n \mapsto a_n; n \in \mathbb{N}]$.
> Die Folge $[n \mapsto a_n, n \in \mathbb{N}]$ bezeichnet man abkürzend häufig mit $\langle a_n \rangle$.

Wie bei jeder Funktion kann man auch zu jeder Folge Wertetabelle, Pfeildiagramm und Graph anfertigen.

10. Gib die ersten 10 Glieder an. Versuche, mit Hilfe der Terme $1 + (-1)^n$ bzw. $1 - (-1)^n$ eine einzige Zuordnungsvorschrift anzugeben.

a) $n \mapsto \begin{cases} \frac{1}{n}, & \text{falls n ungerade} \\ n, & \text{falls n gerade} \end{cases}$

b) $n \mapsto \begin{cases} -n, & \text{falls n ungerade} \\ n^2, & \text{falls n gerade} \end{cases}$

c) $n \mapsto \begin{cases} 1, & \text{falls n ungerade} \\ 1 + \frac{1}{n}, & \text{falls n gerade} \end{cases}$

d) $n \mapsto \begin{cases} n, & \text{falls n ungerade} \\ 2n, & \text{falls n gerade} \end{cases}$

11. Gib die ersten 7 Glieder der durch die folgenden Angaben festgelegten Folge an.

a) $a_1 = 3;\quad a_{n+1} = a_n + 2$

b) $a_1 = -4;\quad a_{n+1} = 2a_n + 1$

c) $a_3 = 5;\quad a_{n+1} = a_n - n$

d) $a_4 = 5;\quad a_{n+1} = \frac{2}{a_n} - 1$

12. Gib die ersten 6 Glieder für drei Folgen an, für die gilt:

$a_{n+1} = a_n(n+1)\ [a_{n+2} = a_{n+1} + a_n]$.

Warum ist eine Folge durch die Angabe nicht eindeutig bestimmt?

13. Berechne mit einem Taschenrechner angenähert das Glied mit der Platznummer 25 [200; 700; 8000; 150000; 270000]. Stelle eine Wertetabelle auf.

a) $a_n = \frac{3+n}{4+n}$

b) $a_n = \sqrt{\frac{3+n}{2n}}$

c) $a_n = \frac{\sqrt{n} - n}{5 \cdot \sqrt{n}}$

d) $a_n = \frac{1}{\sqrt{n}} + 5$

14. Bestimme mit einem Taschenrechner die ersten 15 Folgenglieder.

a) Beginne mit 10000000 und ziehe sukzessive die Wurzel.

b) Beginne mit 1,001 und quadriere sukzessive.

c) Beginne mit 3,8 und multipliziere sukzessive mit 1,05 [subtrahiere 1,05].

d) Beginne mit 1,5. Bilde dann abwechselnd das Reziproke und das Quadrat.

Übungen 9.2

1. Notiere die ersten 6 Glieder der arithmetischen Folge mit dem Anfangsglied a_1 und der konstanten Differenz d. Zeichne auch den Graphen der Folge.

a) $a_1 = 2$; $d = 0{,}5$

b) $a_1 = -7$; $d = 2$

c) $a_1 = 4$; $d = -1{,}3$

d) $a_1 = 0$; $d = -0{,}75$

e) $a_1 = -\frac{11}{4}$; $d = \frac{5}{2}$

f) $a_1 = 2{,}8$; $d = 0$

2. Gib an, ob die Zahlenfolge eine arithmetische Folge ist.

a) 1, 2, 3, 4, 5, 6, …

b) 8, 4, 0, 4, 8, 12, …

c) $3^2, 5^2, 7^2, 9^2, 11^2, \ldots$

d) $\frac{1}{5}, \frac{1}{6}, \frac{1}{7}, \frac{1}{8}, \frac{1}{9}, \frac{1}{10}, \ldots$

e) $\frac{2}{3}, \frac{1}{2}, \frac{1}{3}, \frac{1}{6}, 0, -\frac{1}{6}, \ldots$

3. Bestimme das Anfangsglied und die konstante Differenz der arithmetischen Folge; berechne a_{10} und a_{30}.

a) $a_2 = 14$, $a_3 = 20$

b) $a_3 = 15$, $a_4 = 9$

c) $a_4 = 3$, $a_8 = 4$

4. Prüfe nach, ob es sich um eine arithmetische Folge handelt.

a) $a_1 = 3$; $a_{n+1} = a_n - 3$

b) $a_1 = 4$; $a_{n+1} = a_n$

c) $a_3 = 3$; $a_{n+1} = \frac{1}{2} a_n$

d) $a_1 = 2$; $a_2 = 5$; $a_{n+1} = 2a_n - a_{n-1}$

5. Gegeben ist die arithmetische Folge mit $a_n = -3 + 4n$.

a) Zeige, daß für die Folge gilt: $a_8 = \frac{1}{2}(a_7 + a_9)$.

b) Beweise, daß für die gegebene Folge allgemein gilt: $a_{n+1} = \frac{1}{2}(a_n + a_{n+2})$.

c) Zeige, daß sich die Eigenschaft im Aufgabenteil b) für jede beliebige arithmetische Folge beweisen läßt.

9.2. Arithmetische Folgen und Reihen

Aufgabe 1: *Arithmetische Folge*

Bei einer Folge entstehe ein Glied aus dem vorhergehenden durch Addition einer festen Zahl d, d.h. es gelte:

$a_{n+1} = a_n + d$ bzw. $a_n \xrightarrow{+d} a_{n+1}$.

a) Berechne (z.B. mit einem Taschenrechner) die ersten 5 Glieder für den Fall $a_1 = -4$, $d = 1{,}45$.

b) Berechne für den allgemeinen Fall die ersten 5 Glieder und gib die Zuordnungsvorschrift an.

Lösung:

a) $-4 \xrightarrow{+1,45} -2{,}55 \xrightarrow{+1,45} -1{,}1 \xrightarrow{+1,45} +0{,}35 \xrightarrow{+1,45} +1{,}8 \ldots$

b) a_1; $a_2 = a_1 + d$; $a_3 = a_1 + 2d$; $a_4 = a_1 + 3d$;

$a_5 = a_1 + 4d$; …; $a_n = a_1 + (n-1) \cdot d$; …

Zuordnungsvorschrift: $n \mapsto a_1 + (n-1) \cdot d$

Folgen dieser Art heißen **arithmetische Folgen.**
a_1 heißt **Anfangsglied.**
Weil $d = a_{n+1} - a_n$ ist, heißt d auch **konstante Differenz.**

Definition 2: Eine Folge heißt **arithmetische Folge,** falls gilt: $a_{n+1} = a_n + d$.

$a_n \xrightarrow{+d} a_{n+1}$

Jede arithmetische Folge hat die Zuordnungsvorschrift $n \mapsto a_1 + (n-1) \cdot d$. Aber auch die Umkehrung ist richtig (siehe Übungsaufgabe **6**). Daher gilt:

Satz 1: Eine Folge ist genau dann eine arithmetische Folge, wenn sie eine Zuordnungsvorschrift der Form $n \mapsto a_1 + (n-1) \cdot d$ hat.

Aus der Umformung $a_1 + (n-1) \cdot d = (a_1 - d) + n \cdot d$ folgt:

Eine Folge ist genau dann eine arithmetische Folge, wenn sie eine lineare Funktion mit $\mathbb{N}$ als Definitionsbereich und d als Steigung ist.

Bei einer arithmetischen Folge liegen also die Punkte, die den Graphen bilden, auf einer Geraden.

Zur Übung: **1** bis **6**

Aufgabe 2: *Folge der Teilsummen*

s_n sei die Summe der n ersten geraden Zahlen. Schreibe die Glieder der Folge $\langle s_n \rangle$ ausführlich auf.

Lösung: $s_1 = 2$

$s_2 = 2 + 4$

$s_3 = 2 + 4 + 6$

$\vdots$

$s_n = 2 + 4 + 6 + \ldots + (2 + (n-1) \cdot 2)$

$\vdots$

Die Glieder der einzelnen Summen sind jeweils die ersten Glieder einer arithmetischen Folge mit $a_1 = 2$ und $d = 2$. Die Folge $\langle s_n \rangle$ heißt *Teilsummenfolge* dieser arithmetischen Folge.

> **Definition 3:** Ist $a_1, a_2, a_3, a_4, \ldots, a_n, \ldots$ eine arithmetische Folge, so entsteht die zu dieser Folge gehörende Folge $\langle s_n \rangle$ der Teilsummen durch Summenbildung.
>
> $s_1 = a_1 \qquad = a_1$
>
> $s_2 = a_1 + a_2 \qquad = a_1 + (a_1 + d)$
>
> $s_3 = a_1 + a_2 + a_3 \qquad = a_1 + (a_1 + d) + (a_1 + 2d)$
>
> $\vdots$
>
> $s_n = a_1 + a_2 + \ldots + a_n = a_1 + (a_1 + d) + \ldots + (a_1 + (n-1) \cdot d)$
>
> $\vdots$
>
> Für alle $n \in \mathbb{N}$ gilt: $s_{n+1} = s_n + a_{n+1}$.
> Die Folge $\langle s_n \rangle$ heißt auch **arithmetische Reihe.**

Zur Übung: **7** und **8**

Aufgabe 3: *Formel für die Summe der ersten n Glieder einer arithmetischen Folge*

Drücke s_n durch das Anfangsglied a_1 und die konstante Differenz d aus.

Lösung:

$$\left.\begin{aligned} s_n &= a_1 + (a_1 + d) + (a_1 + 2d) + \ldots \\ s_n &= a_1 + (n-1)d + a_1 + (n-2)d + a_1 + (n-3)d + \ldots \end{aligned}\right\} +$$

$$2s_n = 2a_1 + (n-1)d + 2a_1 + (n-1)d + 2a_1 + (n-1)d + \ldots$$

$$2s_n = n \cdot 2a_1 + n \cdot (n-1) \cdot d$$

$$s_n = n \cdot a_1 + \frac{n \cdot (n-1)}{2} \cdot d$$

Beispiel einer Anwendung der Formel

$a_1 = 2, \quad d = 2, \quad n = 30$

$$s_{30} = 30 \cdot 2 + \frac{30 \cdot 29}{2} \cdot 2 = 930$$

Zur Übung: **9** bis **15**

6. Beweise den Satz **1**.

7. s_n sei die Summe der ersten n ungeraden Zahlen. Schreibe s_n ausführlich auf.

8. Gib zu der arithmetischen Folge die zugehörige Folge $\langle s_n \rangle$ der Teilsummen an.

a) $a_1 = 4; \quad d = 3$

b) $a_1 = -2; \quad d = 5$

c) $a_1 = -4; \quad d = -2{,}5$

9. Bestimme die Summe der ersten 20 Glieder der arithmetischen Folgen von Übungsaufgabe **8**.

10. Auf dem trapezförmigen Teil eines Daches befinden sich 14 Reihen Dachziegel. Die oberste Reihe enthält 23 Dachziegel. Jede weitere Reihe hat 4 Ziegel mehr. Wie viele Dachziegel befinden sich auf dem Dach? Wie viele Dachziegel sind in der 14. Reihe?

11. In einem Freilichttheater hat die erste (vorderste) Sitzreihe 25 [35] Plätze. Jede weitere Reihe hat 2 [4; 6] Plätze mehr als die vorhergehende. Wie viele Plätze sind in der 15. Reihe? Das Theater hat 20 Reihen. Wie viele Plätze hat das Theater?

12. a) Berechne die fehlende Angabe.

s_n	n	a_1	d
589	19	4	
1400	24		−8
624		8	8
	27	4	9

b) Löse die Formel für die Summe der n ersten Glieder einer arithmetischen Folge nach der Variablen a_1 [d; n] auf.

13. In einem alten Weinkeller sollen 220 [950] Weinflaschen aufgeschichtet werden. In der obersten Reihe soll nur eine Flasche liegen. Jede weitere Reihe hat eine Flasche mehr als die darüberliegende. Wieviel Reihen sind notwendig? Wieviel Flaschen bleiben übrig?

14. Beweise: Für die Summe der ersten n Glieder einer arithmetischen Folge gilt:

$$s_n = a_1 + a_2 + \ldots + a_n = \frac{n}{2} \cdot (a_1 + a_n).$$

15. Beweise die Summenformel auf dieser Seite durch vollständige Induktion. Beachte:

$s_{k+1} = s_k + a_{k+1} \quad$ mit $\quad a_{k+1} = a_1 + k \cdot d$.

Übungen 9.3

1. Notiere die ersten 5 Glieder der geometrischen Folge.

a) $a_1 = 6;$ $\quad q = 2$
b) $a_1 = 100;$ $\quad q = 1{,}4$
c) $a_1 = 0{,}17;$ $\quad q = 10$
d) $a_1 = 7800;$ $\quad q = 0{,}1$
e) $a_1 = 7{,}29;$ $\quad q = \frac{2}{3}$
f) $a_1 = 10;$ $\quad q = \sqrt{2}$
g) $a_1 = 4;$ $\quad q = -2$
h) $a_1 = 2;$ $\quad q = -\frac{1}{4}$
i) $a_1 = 48;$ $\quad q = -1$
j) $a_1 = -6;$ $\quad q = 2$

2. Berechne jeweils das 10. Glied der geometrischen Folge.

a) $a_1 = 0{,}25;$ $\quad q = 2$
b) $a_1 = 2500;$ $\quad q = 0{,}5$
c) $a_1 = 0{,}0001;$ $\quad q = -10$
d) $a_1 = -2{,}5;$ $\quad q = -2$

3.

a_1	1	17	-81	125	
q	3	-2	$-\frac{1}{3}$		2,5
n	5	10		5	4
a_n			-1	0,2	15,625

4. Zeichne in ein gleichseitiges Dreieck mit 12 cm Seitenlänge ein zweites Dreieck durch Verbinden der Seitenmitten. Zeichne ein drittes Dreieck durch Verbinden der Seitenmitten des zweiten. Fahre so fort. Notiere die ersten 5 Glieder der Folge der Maßzahlen

a) der Seitenlänge dieser Dreiecke;
b) der Umfänge dieser Dreiecke;
c) der Flächeninhalte dieser Dreiecke.

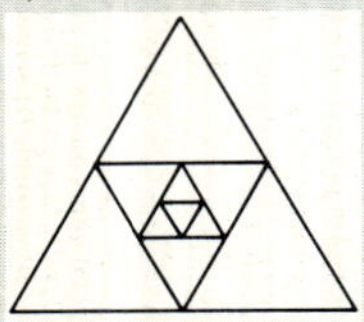

5. Ein Kapital von 5000 DM [2500 DM] wird zu Beginn des Jahres auf ein Bankkonto eingezahlt. Der Zinssatz beträgt 4% [3,5%]. Die Zinsen werden am Jahresende dem Kapital zugeschlagen. Bilden die Maßzahlen der Kontostände zu Beginn der einzelnen Jahre eine geometrische Folge?

9.3. Geometrische Folgen und Reihen

Aufgabe 1: *Geometrische Folge*

Bei einer Folge entstehe ein Glied aus dem vorhergehenden durch Multiplikation mit einer festen Zahl q, d.h. es gelte: $a_{n+1} = a_n \cdot q$ bzw. $a_n \xrightarrow{\cdot q} a_{n+1}$.

a) Berechne (z.B. mit einem Taschenrechner) die ersten 5 Glieder für den Fall $a_1 = 4$, $q = -0{,}75$.
b) Gib die ersten 4 Glieder und die Zuordnungsvorschrift für den allgemeinen Fall an.

Lösung:

a) $4 \xrightarrow{\cdot(-0{,}75)} -3 \xrightarrow{\cdot(-0{,}75)} +2{,}25 \xrightarrow{\cdot(-0{,}75)} 1{,}6875$

b) $a_1;\quad a_2 = a_1 \cdot q;\quad a_3 = a_1 \cdot q^2;\quad a_4 = a_1 \cdot q^3;\quad \ldots$
$a_n = a_1 \cdot q^{n-1};\ \ldots$

Zuordnungsvorschrift: $n \mapsto a_1 \cdot q^{n-1}$

Folgen dieser Art heißen **geometrische Folgen.** a_1 heißt **Anfangsglied,** die Zahl q heißt auch **konstanter Quotient,** weil $q = \frac{a_{n+1}}{a_n}$ ist.

> **Definition 4:** Eine Folge heißt **geometrische Folge,** falls gilt: $a_{n+1} = a_n \cdot q$. mit $a_1 \neq 0$.

Wir wissen bereits, daß jede geometrische Folge die Zuordnungsvorschrift $n \mapsto a_1 \cdot q^{n-1}$ hat. Es gilt jedoch auch die Umkehrung (siehe Übungsaufgabe **6**). Daher gilt zusammengefaßt:

> **Satz 2:** Eine Folge ist genau dann eine geometrische Folge, wenn sie eine Zuordnungsvorschrift der Form $n \mapsto a_1 \cdot q^{n-1}$ hat.

Es gilt für $q \neq 0$: $a_1 \cdot q^{n-1} = \frac{a_1}{q} \cdot q^n$. Daher folgt:

> Für $q \neq 0$ ist eine Folge genau dann eine geometrische Folge, wenn sie eine Exponentialfunktion mit $\mathbb{N}$ als Definitionsbereich, q als Basis und $\frac{a_1}{q}$ als Anfangswert ist.

Zur Übung: **1** bis **8**

Aufgabe 2: *Folge der Teilsummen*

Wir wissen $3\frac{1}{3} = 3{,}333\ldots$. Nähere $3\frac{1}{3}$ durch eine Folge von Dezimalzahlen immer mehr an.

Lösung:

$$3{,}3 = 3 + 3 \cdot \frac{1}{10}$$

$$3{,}33 = 3 + 3 \cdot \frac{1}{10} + 3 \cdot \frac{1}{10^2}$$

$$3{,}333 = 3 + 3 \cdot \frac{1}{10} + 3 \cdot \frac{1}{10^2} + 3 \cdot \frac{1}{10^3}$$

$$3{,}3333 = 3 + 3 \cdot \frac{1}{10} + 3 \cdot \frac{1}{10^2} + 3 \cdot \frac{1}{10^3} + 3 \cdot \frac{1}{10^4} \quad \text{usw.}$$

$\vdots$

Die Glieder der einzelnen Summen bilden eine geometrische Folge mit $a_1 = 3$ und $q = \frac{1}{10}$.
Die Näherungsfolge 3; 3,3; 3,33; 3,333; ... ist die Folge der **Teilsummen dieser geometrischen Folge.**

> **Definition 5:** Ist $a_1, a_2, a_3, a_4, \ldots, a_n, \ldots$ eine geometrische Folge, so entsteht die zu dieser Folge gehörende Folge $\langle s_n \rangle$ der Teilsummen durch Summenbildung:
>
> $$s_1 = a_1 \qquad = a_1$$
> $$s_2 = a_1 + a_2 \qquad = a_1 + a_1 \cdot q^1$$
> $$s_3 = a_1 + a_2 + a_3 \qquad = a_1 + a_1 \cdot q^1 + a_1 \cdot q^2$$
> $$\vdots$$
> $$s_n = a_1 + a_2 + \ldots + a_n = a_1 + a_1 \cdot q^1 + \ldots + a_1 \cdot q^{n-1}$$
> $$\vdots$$
>
> Für alle $n \in \mathbb{N}$ gilt: $s_{n+1} = s_n + a \cdot q^n$.
> Die Folge $\langle s_n \rangle$ heißt auch **geometrische Reihe.**

Aufgabe 3: *Formel für die Summe der ersten n Glieder*

Drücke s_n durch a_1 und q aus.

Lösung:

$$s_n = a_1 + a_1 \cdot q + a_1 \cdot q^2 + a_1 \cdot q^3 + \ldots + a_1 \cdot q^{n-1}$$

(jedes Glied $\cdot q$)

$$s_n \cdot q = a_1 \cdot q + a_1 \cdot q^2 + a_1 \cdot q^3 + \ldots + a_1 \cdot q^{n-1} + a_1 \cdot q^n$$

(Subtraktion)

$$s_n - s_n \cdot q = a_1 - a_1 \cdot q^n \Leftrightarrow s_n \cdot (1-q) = a_1(1-q^n)$$

$$s_n = a_1 \cdot \frac{1-q^n}{1-q} = a_1 \cdot \frac{q^n-1}{q-1} \qquad (q \neq 1)$$

Beispiel einer Anwendung der Summenformel

$a_1 = 2; \quad q = 2; \quad n = 10$

$$s_{10} = 2 + 4 + 8 + \ldots + 1024 = 2 \cdot \frac{2^{10}-1}{2-1} = 2046$$

Zur Übung: **9** bis **11**

6. Beweise Satz **2** von Seite 134.

7. Beweise:

a) Ist $n \mapsto a_n$ eine geometrische Folge mit $a_n \neq 0$, so ist auch $n \mapsto \frac{1}{a_n}$ eine geometrische Folge.

b) Multipliziert man die Glieder mit gleicher Platznummer zweier geometrischer Folgen, so entsteht wieder eine geometrische Folge.

c) Multipliziert man jedes Glied einer geometrischen Folge mit einer konstanten Zahl k ($k \neq 0$), so entsteht wieder eine geometrische Folge.

d) Gilt für zwei Glieder a_k und a_m ($k \neq m$) einer geometrischen Folge $a_k = a_m$, so gilt:
$q = +1$ oder $q = -1$ oder $q = 0$.

e) Ist f eine Exponentialfunktion mit der Basis b, so bilden f(1), f(2), f(3), f(4), ... eine geometrische Folge.

f) Ist $n \mapsto a_n$ eine arithmetische Folge und $\alpha > 0$, so ist $n \mapsto \alpha^{a_n}$ eine geometrische Folge.

g) Die Logarithmen einer geometrischen Folge bilden eine arithmetische Folge (vergleiche die Teilaufgaben e) und f)).

8. Von einer geometrischen Folge sind a_1 und a_5 bekannt. Gib die ersten 5 Glieder an. Zeige, daß es zwei Lösungen gibt.

a) $a_1 = 2; \quad a_5 = 32$

b) $a_1 = 1; \quad a_5 = \frac{1}{81}$

c) $a_1 = -5; \quad a_5 = -\frac{1}{125}$

9. Bestimme:

a) $3^1 + 3^2 + 3^3 + \cdots + 3^{20}$;

b) $1 + (\frac{1}{2}) + (\frac{1}{2})^2 + \ldots + (\frac{1}{2})^{10}$;

c) $1 - 5 + 25 - \ldots + \ldots - 3125$.

10. Beweise die Summenformel auf dieser Seite durch vollständige Induktion.

11. Sessa, der Erfinder des Schachspiels, verlangte von dem indischen König Schehram als Belohnung für seine Erfindung: 1 Weizenkorn auf das erste Feld, 2 Körner auf das zweite, auf jedes weitere doppelt so viele Körner wie auf das vorhergehende.
Gib annähernd an, wie viele Körner Sessa für alle 64 Felder zusammen erhielt. Wieviel Tonnen wiegen diese ungefähr, wenn 20 Körner 1 g wiegen. (Beachte: $2^{10} \approx 1000$.)

9.4. Beispiele von Folgen und ihre Veranschaulichung auf der Zahlengeraden

Wir stellen zunächst einige Beispiele von Folgen zusammen, um an diesen Beispielen besser die verschiedenen Eigenschaften von Folgen erkennen zu können. Hierbei wird uns eine neue Veranschaulichung auf der Zahlengeraden gute Dienste leisten. Auf die Beispiele greifen wir später immer wieder zurück; sie sind daher mit großen Buchstaben gekennzeichnet.

Beispiel A

Gegeben sei die Folge $n \mapsto 3 - \frac{1}{n}$.

Man lege eine Wertetabelle an und zeichne den Graphen und das Pfeildiagramm.

Wertetabelle

n	1	2	3	4	5
$3-\frac{1}{n}$	2	$2\frac{1}{2}$	$2\frac{2}{3}$	$2\frac{3}{4}$	$2\frac{4}{5}$

Graph

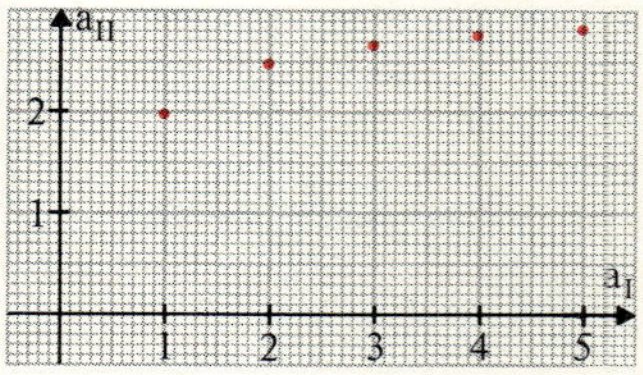

Pfeildiagramm

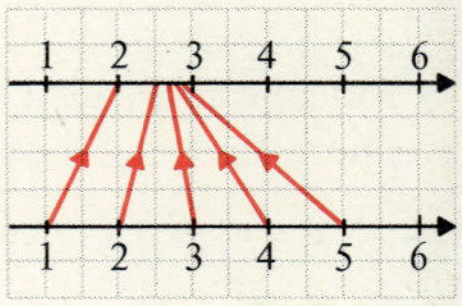

Weniger zeichnerischen Aufwand als Graph und Pfeildiagramm verlangt die *Veranschaulichung auf der Zahlengeraden*, die aus dem Pfeildiagramm folgendermaßen entsteht: Man betrachtet nur die obere Leiter des Pfeildiagramms (Zahlengerade) und trägt auf ihr die Lage der Folgenglieder ein.

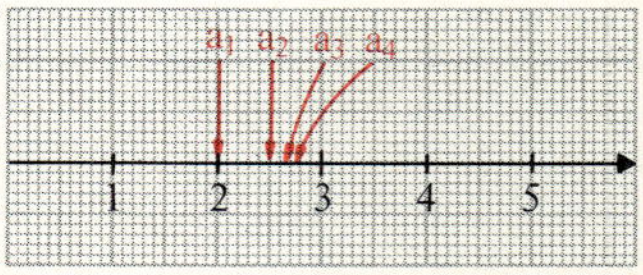

Veranschaulichung auf der Zahlengeraden

Beispiel B

Gegeben sei die Folge $\frac{1}{1}, 2, \frac{1}{3}, 4, \frac{1}{5}, 6, \ldots$

Sie ist definiert durch:

$$a_n = \begin{cases} \frac{1}{n}, & \text{falls n ungerade} \\ n, & \text{falls n gerade} \end{cases}$$

Dies kann man zusammenfassend auch in einem komplizierten Term schreiben:

$$a_n = (1-(-1)^n)\cdot\frac{1}{2n} + (1+(-1)^n)\cdot\frac{n}{2}.$$

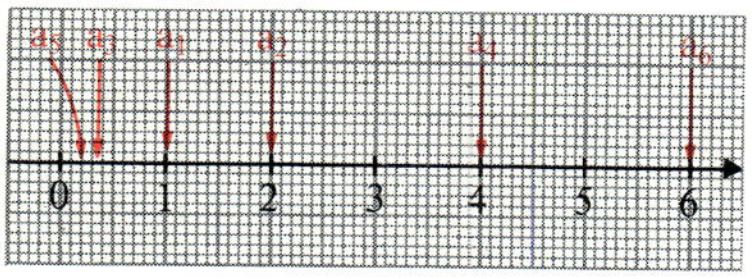

Veranschaulichung auf der Zahlengeraden

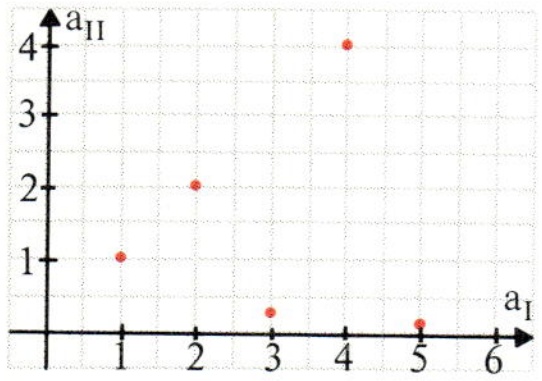

Graph

Beispiel C

Gegeben sei die Folge $\frac{1}{2}, 1, 1\frac{1}{2}, 2, 2\frac{1}{2}, 3, \ldots$ mit der Zuordnungsvorschrift $n \mapsto \frac{n}{2}$.

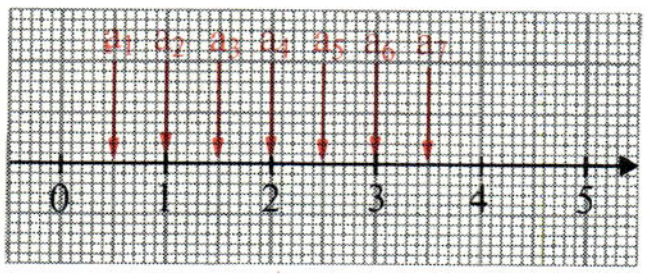

Veranschaulichung auf der Zahlengeraden

Beispiel D

Gegeben sei die Folge $+\frac{1}{1}, -\frac{1}{2}, +\frac{1}{3}, -\frac{1}{4}, +\frac{1}{5}, -\frac{1}{6}, \ldots$ mit der Zuordnungsvorschrift $n \mapsto (-1)^{n+1}\cdot\frac{1}{n}$.

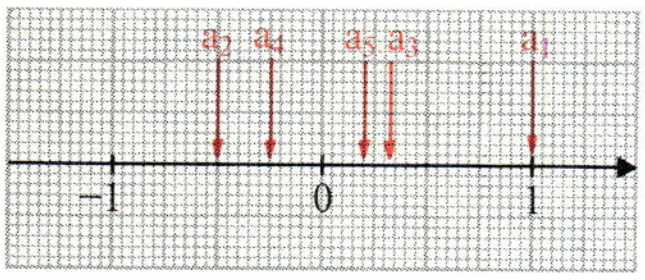

Veranschaulichung auf der Zahlengeraden

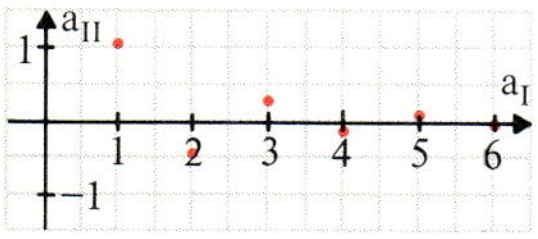

Graph

Beispiel E

Gegeben ist die Folge $-2, +2, -2, +2, \ldots$ mit der Zuordnungsvorschrift $n \mapsto (-1)^n \cdot 2$.

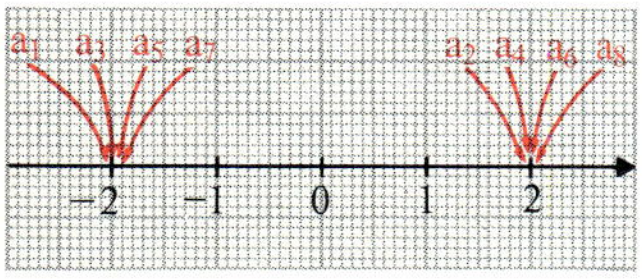

Veranschaulichung auf der Zahlengeraden

Übungen 9.4

1. Notiere die ersten 7 Glieder und veranschauliche sie auf der Zahlengeraden.

a) $n \mapsto 1 - \frac{2}{n}$

b) $n \mapsto -2 + \frac{1}{n}$

c) $n \mapsto -\frac{n}{2}$

d) $n \to (-1)^n \cdot \frac{1}{n+2}$

e) $n \mapsto 2-(-1)^{n+1}$

f) $n \mapsto (-2)^n \cdot \frac{1}{n}$

g) $n \mapsto \begin{cases} -n, & \text{falls n ungerade} \\ 1-\frac{1}{n}, & \text{falls n gerade} \end{cases}$

h) $n \mapsto (1+(-1)^n)\,\frac{1}{n^2} + (1-(-1)^n)\,n$

2. Gib eine Zuordnungsvorschrift an und veranschauliche auf der Zahlengeraden.

a) $1, \frac{1}{2}, \frac{1}{4}, \frac{1}{6}, \frac{1}{8}, \ldots$

b) $1, -\frac{1}{2}, \frac{1}{3}, -\frac{1}{4}, \frac{1}{5}, \ldots$

c) $\frac{1}{2}, \frac{2}{3}, \frac{3}{4}, \frac{4}{5}, \frac{5}{6}, \ldots$

d) $-3, 3, -3, 3, -3, 3, \ldots$

e) $\frac{1}{4}, 4, \frac{1}{4}, 4, \ldots$

f) $\frac{1}{2}, 2, \frac{1}{4}, 4, \frac{1}{6}, 6, \frac{1}{8}, \ldots$

g) $1, 2, \frac{1}{3}, 4, \frac{1}{5}, 6, \frac{1}{7}, \ldots$

h) 2; 2,3; 2,33; 2,333; 2,3333; …

3. Zeichne die Graphen der Folgen der Übungsaufgaben **1** und **2**.

9.5. Beschränktheit und Monotonie

Aufgabe 1: *Obere Schranken einer Folge*

Vergleiche die Veranschaulichungen auf der Zahlengeraden in den Beispielen **C**($\frac{1}{2}$, 1, $1\frac{1}{2}$, 2, $2\frac{1}{2}$, 3, ...) und **B**($\frac{1}{1}$, 2, $\frac{1}{3}$, 4, $\frac{1}{5}$, 6, ...) mit den Veranschaulichungen in den Beispielen **A**, **D** und **E**.

Lösung: Die Glieder der Folge von Beispiel **C** wachsen über alle Grenzen. Bei Beispiel **B** wachsen unendlich viele Glieder über alle Grenzen.
Zu jedem der anderen Beispiele kann man eine Zahl angeben, die niemals überschritten wird. Eine solche Zahl heißt **obere Schranke.**
Im Beispiel **A** (2, $2\frac{1}{2}$, $2\frac{2}{3}$, $2\frac{3}{4}$, ...) ist z.B. 4 eine obere Schranke, weil 4 niemals überschritten wird. Auch die Zahlen 5; 6; 3; 8 sind obere Schranken. Offensichtlich ist 3 die *kleinste obere Schranke*.

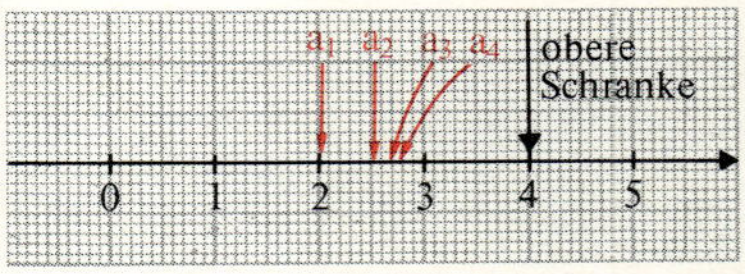

> **Definition 6:** Eine Zahl S_o heißt **obere Schranke** der Folge $\langle a_n \rangle$, falls für alle $n \in \mathbb{N}$ gilt: $a_n \leq S_o$.

Man gebe obere Schranken bei den Folgen in den Beispielen **D** und **E** an.

Beispiel D:
$+\frac{1}{1}, -\frac{1}{2}, +\frac{1}{3}, -\frac{1}{4}, \ldots$ hat z.B. 3; 8; 12 als obere Schranken. Die kleinste obere Schranke ist 1.

Beispiel E:
$-2, +2, -2, +2, \ldots$ hat z.B. 4; 7; 2,5 als obere Schranken. Die kleinste obere Schranke ist 2.

> **Definition 7:** Eine Folge heißt **nach oben beschränkt,** wenn es eine Zahl S_o gibt, die obere Schranke dieser Folge ist (kurz: wenn sie eine obere Schranke besitzt).

Nach oben beschränkt sind die Folgen der Beispiele **A**, **D** und **E**.
Aus den Beispielen wissen wir, daß eine nach oben beschränkte Folge unendlich viele obere Schranken besitzt. Ist z.B. S_o eine obere Schranke, so ist auch jede größere Zahl als S_o obere Schranke.

Zur Übung: **1** und **2**

Übungen 9.5

1. Entscheide, ob die Folge nach oben beschränkt ist. Wenn ja, gib drei obere Schranken und die kleinste obere Schranke an.

a) $-1;\ 1;\ -1;\ 1;\ -1;\ \ldots$

b) $\frac{1}{2};\ 4;\ \frac{1}{3};\ 4;\ \frac{1}{4};\ 4;\ \frac{1}{5};\ 4;\ \ldots$

c) $\frac{2}{3};\ \frac{8}{9};\ \frac{26}{27};\ \frac{80}{81};\ \frac{242}{243};\ \ldots$

d) $3\frac{1}{2};\ 4\frac{1}{3};\ 5\frac{1}{4};\ 6\frac{1}{5};\ 7\frac{1}{6};\ \ldots$

e) $-2;\ \frac{1}{2};\ -3;\ \frac{1}{3};\ -4;\ \frac{1}{4};\ \ldots$

f) $-2\frac{1}{2};\ -2\frac{1}{4};\ -2\frac{1}{8};\ -2\frac{1}{16};\ \ldots$

g) $n \mapsto \frac{1}{(-2)^n}$

h) $n \mapsto -1-\frac{1}{n}$

i) $n \mapsto 4 \cdot n - n^2$

j) $n \mapsto n \cdot (1+(-1)^n)$

k) $n \mapsto 2n+(-1)^n$

l) $n \mapsto \frac{1-n^2}{1+n}$

△ **Aufgabe 2:** *Untere Schranke, nach unten beschränkt*

Formuliere die Definition der Begriffe *untere Schranke einer Folge* und *nach unten beschränkt.*

Lösung:

> **Definition 8:** Die reelle Zahl S_u heißt **untere Schranke** der Folge $\langle a_n \rangle$, wenn alle Folgenglieder größer oder gleich S_u sind (d.h. wenn für alle $n \in \mathbb{N}$ gilt: $S_u \leq a_n$). Die Folge $\langle a_n \rangle$ heißt nach unten beschränkt, wenn es eine Zahl S_u gibt, die untere Schranke der Folge ist. (Kurz: Die Folge $\langle a_n \rangle$ heißt nach unten beschränkt, wenn sie eine untere Schranke besitzt.)

Man untersuche, ob die Folgen in den Beispielen **A** bis **E** (Seite 136 und 137) nach unten beschränkt sind.

Beispiel **A**:
Untere Schranken z.B. 0 oder -3

Beispiel **B**:
Untere Schranken z.B. -2 oder -8

Beispiel **C**:
Untere Schranken z.B. $\frac{1}{4}$ oder 0

Beispiel **D**:
Untere Schranken z.B. -1, -3

Beispiel **E**:
Untere Schranken z.B. -5, -4

Alle diese Folgen sind nach unten beschränkt. Die Folge $-1, -4, -9, -16, -25, \ldots$ mit der Zuordnungsvorschrift $n \mapsto -n^2$ besitzt keine untere Schranke.

> **Definition 9:** Die Folge $\langle a_n \rangle$ heißt **beschränkt,** wenn sie nach oben *und* nach unten beschränkt ist.

Zur Übung: **3** bis **6**

Zur Information: In den Beispielen wurde es als unmittelbar einsichtig angesehen, daß eine nach oben beschränkte Folge auch eine kleinste obere Schranke hat. Die kleinste obere Schranke (sie wird auch *obere Grenze* genannt) muß nicht unbedingt eine rationale Zahl sein. Die dezimale Näherungsfolge für π

3; 3,1; 3,14; 3,141; 3,1415; 3,14159; 3,141592; …

hat die irrationale Zahl π als kleinste obere Schranke (obere Grenze).

2. Gib eine Folge an, für die

a) 4 eine obere Schranke ist, 3 aber keine obere Schranke ist.

b) unendlich viele Glieder gleich 2 sind, 2 aber trotzdem obere Schranke ist. Wie heißt die kleinste obere Schranke?

c) 7 kleinste obere Schranke ist, aber kein Folgenglied gleich 7 ist.

d) 7 kleinste obere Schranke ist, unendlich viele Glieder gleich 7 sind, aber auch unendlich viele Folgenglieder von 7 verschieden sind.

e) -1 obere Schranke, aber nicht kleinste obere Schranke ist.

3. Entscheide, ob die Folgen von Übungsaufgabe **1** nach unten beschränkt sind. Wenn ja, gib drei untere Schranken und die größte untere Schranke an. Welche Folgen sind unbeschränkt?

4. Gib eine Folge an, für die

a) -3 größte untere Schranke und $+2$ kleinste obere Schranke ist.

b) -4 größte untere Schranke und jede positive Zahl obere Schranke ist.

c) 2 größte untere Schranke ist, unendlich viele Glieder gleich 2 sind, aber auch unendlich viele Glieder von 2 verschieden sind.

d) 2 größte untere Schranke und 8 kleinste obere Schranke ist.

e) -4 größte untere Schranke ist und die nach oben nicht beschränkt ist.

f) $\sqrt{5}$ kleinste obere und $-\sqrt{5}$ größte untere Schranke ist.

g) $\sqrt{2}$ größte untere Schranke ist.

h) $\sqrt[3]{2}$ größte untere Schranke ist.

5. a) Beweise: Ist S untere Schranke der Folge $\langle a_n \rangle$, so ist 0 untere Schranke der Folge $\langle a_n - S \rangle$.

b) Versuche einen ähnlichen Satz für obere Schranken aufzustellen und zu beweisen.

6. Entscheide, ob folgende Sätze wahr oder falsch sind.

a) Eine Folge $\langle a_n \rangle$ ist genau dann beschränkt, wenn es eine Zahl S gibt, so daß für alle a_n gilt $|a_n| \leq S$.

b) Gilt für alle Folgenglieder $|a_n| \leq S$, so ist S obere und $-S$ untere Schranke der Folge $\langle a_n \rangle$.

c) Die kleinste Zahl S, für die für alle Folgenglieder $|a_n| \leq S$ gilt, ist kleinste obere Schranke der Folge $\langle a_n \rangle$.

7. Entscheide, ob die angegebenen Folgen monoton wachsend oder monoton fallend sind.

a) $1;\ \frac{1}{2};\ \frac{1}{3};\ \frac{1}{4};\ \frac{1}{5};\ \ldots$

b) $2;\ 2\frac{1}{2};\ 2\frac{2}{3};\ 2\frac{3}{4};\ 2\frac{5}{6};\ \ldots$

c) $-1;\ 1;\ -2;\ 2;\ -3;\ 3;\ \ldots$

d) $1,\ -1,\ 2,\ 3,\ 4,\ 5,\ \ldots$

e) $n \mapsto 3n - n^2$

f) $n \mapsto \frac{1}{n} - n^2$

g) $n \mapsto 1 - \frac{1}{n}$

h) $n \mapsto \frac{1}{n} - 1$

i) $n \mapsto \frac{1}{2} + n + n^2$

j) $n \mapsto \frac{1}{n} \cdot (-1)^n$

k) $n \mapsto 2 + (1 + (-1)^n)\ \frac{1}{n} - \frac{1}{n}$

8. Entscheide, ob folgende Sätze wahr oder falsch sind.

a) Wenn eine Folge monoton wachsend ist, dann ist sie nach unten beschränkt.

b) Es gibt keine nach oben beschränkte monoton wachsende Folge.

c) Die kleinste obere Schranke einer nach oben beschränkten Folge kann nicht gleich einem Folgenglied sein.

d) Eine Folge $\langle a_n \rangle$ ist genau dann monoton wachsend, wenn für alle $m, n \in \mathbb{N}$ gilt: Wenn $m < n$, dann $a_m \leq a_n$ (vgl. Seite 27).

e) Eine Folge $\langle a_n \rangle$ ist genau dann nicht monoton wachsend, wenn es ein m und ein $n \in \mathbb{N}$ gibt, so daß $m < n$ und $a_m > a_n$ ist.

f) Eine Folge $\langle a_n \rangle$ ist genau dann monoton wachsend, wenn es ein m und ein $n \in \mathbb{N}$ gibt, so daß $m < n$ und $a_m > a_n$ ist.

g) Ist $\langle a_n \rangle$ monoton wachsend, so ist $\langle -a_n \rangle$ monoton fallend.

9. Beweise:

a) Die Folge $\langle a_n \rangle$ ist genau dann monoton wachsend, wenn für alle $n \in \mathbb{N}$ gilt: $a_{n+1} - a_n \geq 0$.

b) Die Folge $\langle a_n \rangle$ mit $a_n > 0$ ist genau dann monoton wachsend, wenn für alle $n \in \mathbb{N}$ gilt. $\frac{a_{n+1}}{a_n} \geq 1$ (Anwendung auf die Folge $\left\langle \frac{n+1}{n} \right\rangle$).

Aufgabe 3: *Monotonie*

Vergleiche die Graphen in den Beispielen **A** und **B** (Seite 136) in bezug auf Wachsen und Fallen.

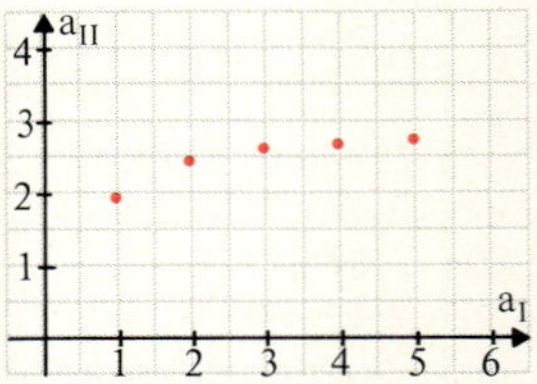

Beispiel A:

$(n \mapsto 3 - \frac{1}{n})$

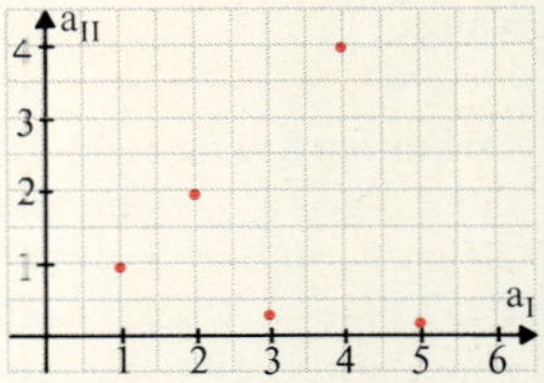

Beispiel B:

$n \mapsto \begin{cases} \frac{1}{n} & \text{für n ungerade} \\ n & \text{für n gerade} \end{cases}$

Lösung: Der Graph in Beispiel A geht niemals bergab. Das ist in Beispiel B nicht der Fall.
Geht der Graph niemals bergab, so nennt man die Folge *monoton wachsend.*

Definition 10: Die Folge $\langle a_n \rangle$ heißt **monoton wachsend,** falls gilt:
$a_1 \leq a_2 \leq a_3 \leq a_4 \leq a_5 \leq a_6 \leq \ldots$

Entsprechend definiert man *monoton fallend:*

Die Folge $\langle a_n \rangle$ heißt **monoton fallend,** falls gilt:

$a_1 \geq a_2 \geq a_3 \geq a_4 \geq a_5 \geq a_6 \geq \ldots$

Die Folge in Beispiel **A** ist monoton wachsend, denn:
$2 \leq 2\frac{1}{2} \leq 2\frac{2}{3} \leq 2\frac{3}{4} \leq 2\frac{4}{5} \leq \ldots$

Die Folge in Beispiel **C** ist monoton wachsend, denn:
$\frac{1}{2} \leq 1 \leq 1\frac{1}{2} \leq 2 \leq 2\frac{1}{2} \leq \ldots$

Die Folgen in den Beispielen **B**, **D** und **E** sind weder monoton wachsend noch monoton fallend.

Monoton fallend ist $n \mapsto 1 + \frac{1}{n}$, denn:
$2 \geq 1\frac{1}{2} \geq 1\frac{1}{3} \geq 1\frac{1}{4} \geq 1\frac{1}{5} \geq \ldots$

Monoton fallend ist auch: $n \mapsto -n^2$, denn:
$-1 \geq -4 \geq -9 \geq -16 \geq -25 \geq \ldots$

Die konstante Folge $n \mapsto 3$ ist sowohl monoton wachsend als auch monoton fallend, denn:
$3 \leq 3 \leq 3 \leq \ldots$ *und* $3 \geq 3 \geq 3 \geq \ldots$

Zur Übung: **7** bis **9**

9.6. Konvergenz

Grenzwert einer Folge

Wir betrachten die Veranschaulichungen in den Beispielen **A**, **B**, **D** und **E** auf der Zahlengeraden und grenzen Umgebungen um die rot eingetragenen Zahlen ab.

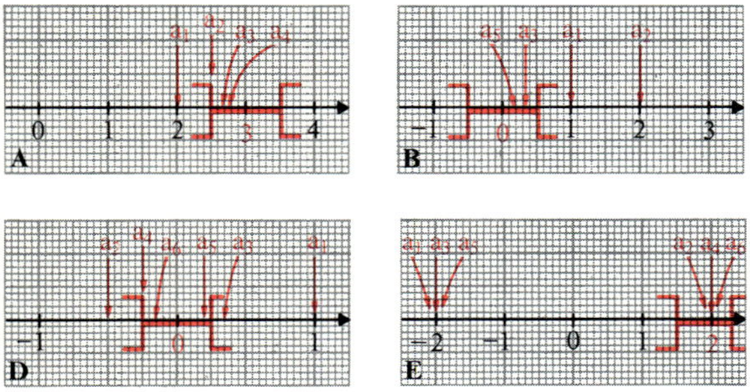

Definition 11: Unter einer **Umgebung** einer Zahl a verstehen wir ein nach beiden Seiten *offenes Intervall*, welches a als Element hat.

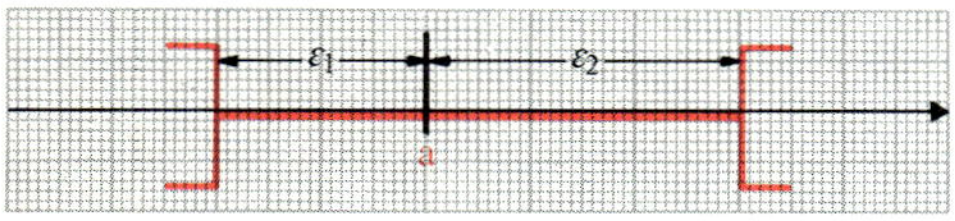

Die Entfernung des linken Randpunktes von a bezeichnen wir mit ε_1, die des rechten mit ε_2:

$$U(a) =]a - \varepsilon_1;\ a + \varepsilon_2[$$

Wir stellen folgendes fest:

Innerhalb der Umgebung liegen unendlich viele Glieder der Folge. Das gilt auch, wenn die Umgebung kleiner gewählt wird. Wie klein sie auch immer gewählt wird, stets liegen unendlich viele Glieder der Folge in der Umgebung.

Liegen auch außerhalb der betrachteten Umgebung unendlich viele Glieder der Folge?

Das trifft bei den Beispielen **B** und **E** zu. Dagegen liegen bei den Beispielen **A** und **D** nur endlich viele Glieder der Folge außerhalb. Das gilt auch dann noch, wenn die Umgebung kleiner gemacht wird. Wie klein sie auch immer gewählt wird, stets liegen in den Beispielen **A** und **D** nur endlich viele Glieder außerhalb der betrachteten Umgebung.

Zahlen, wie sie in den Beispielen **A** und **D** (rot eingetragen) vorliegen, heißen *Grenzwerte* der Folgen.

Man sagt: Die Folge *konvergiert* gegen den Grenzwert.

Übungen 9.6

1. Gegeben ist die konvergente Folge $n \mapsto a_n$. Von welcher Platznummer ab liegen alle Glieder der Folge in der jeweils angegebenen Umgebung?

a) $a_n = \frac{1}{n}$, $\quad U =]-\frac{1}{15};\ +\frac{1}{15}[$

b) $a_n = 1 + \frac{1}{n^2}$, $\quad U_1 =]1-\frac{1}{3};\ 1+\frac{1}{3}[$
$U_2 =]1-\frac{1}{10};\ 1+\frac{1}{10}[$
$U_3 =]1-\frac{1}{100};\ 1+\frac{1}{100}[$

c) $a_n = 2 + \frac{(-1)^n}{n}$, $\quad U_1 =]2-\frac{1}{3};\ 2+\frac{1}{3}[$
$U_2 =]2-\frac{1}{10};\ 2+\frac{1}{10}[$
$U_3 =]2-\frac{1}{500};\ 2+\frac{1}{500}[$

Beschreibe den Grenzwert mit dem Zeichen lim

$\left(\textit{Beispiel: } \lim\limits_{n \to \infty} \frac{1}{n} = 0\right)$.

2. Gegeben ist die konvergente Folge $\langle a_n \rangle$. Gib eine Umgebung des jeweiligen Grenzwertes an, so daß von der angegebenen Platznummer ab alle Glieder der Folge in der Umgebung liegen.

a) $a_n = 3 - \frac{(-1)^n}{n}$; $\quad$ 10 [20; 25]

b) $a_n = \frac{1-(-1)^n}{2n}$; $\quad$ 10 [15; 20; 100]

c) $a_n = \frac{1}{n^2 - 4{,}5}$; $\quad$ 10 [1000]

d) $a_n = \frac{1}{(n-4{,}5)^2}$; $\quad$ 10 [1000]

Beschreibe den Grenzwert mit dem Zeichen lim.

3. Untersuche auf Konvergenz, Häufungspunkte, Monotonie und Beschränktheit.

a) $n \mapsto (1 + (-1)^n) \cdot \frac{1}{n}$

b) $n \mapsto (1 + (-1)^{n+1}) \cdot \left(7 - \frac{1}{n}\right)$

c) $n \mapsto \frac{16}{2^{n-1}}$

d) $n \mapsto -6 + (n-1) \cdot 2$

e) $n \mapsto -4n^2 + 24n - 36$

f) $n \mapsto 5 + \frac{1}{10^{n-1}}$

g) $n \mapsto (1 + (-1)^{n+1}) \cdot n$

h) $n \mapsto \frac{2}{n^2}$

i) $n \mapsto \frac{1}{n} + (1 + (-1)^n)$

4. Untersuche wie in Übungsaufgabe **3.**

a) $n \mapsto \frac{n+1}{n}$ c) $n \mapsto \frac{n^2-1}{2n+1}$

b) $n \mapsto \frac{n-1}{2n}$ d) $n \mapsto \frac{2n^2}{3n^2-5}$

5. Entscheide, ob der Satz wahr oder falsch ist.

a) Eine arithmetische Folge kann nicht konvergent sein.

b) Eine geometrische Folge konvergiert gegen 0 genau dann, wenn $-1 < q < +1$ ist.

c) Eine geometrische Folge mit $q > 1$ ist divergent.

d) Eine geometrische Folge mit $q = -1$ hat zwei Häufungspunkte.

e) Die Teilsummenfolge einer arithmetischen Folge ist stets divergent.

6. Berechne näherungsweise mit einem Taschenrechner den Grenzwert der Folge $\langle a_n \rangle$ durch Aufstellen einer Wertetabelle.

a) $a_n = \frac{3+n}{4+n}$ b) $a_n = \sqrt{\frac{2n+1}{4n}}$

c) $a_n = \sqrt[2n]{30}$ d) $a_n = \frac{\sqrt{n}}{2\sqrt{n-1}}$

7. Beweise:

a) Jede konvergente Folge ist beschränkt.

b) Eine Folge, deren Glieder von einer gewissen Platznummer ab alle gleich (konstant) sind, ist konvergent.

▲ c) Eine beschränkte Folge mit nur einem Häufungspunkt ist konvergent.

8. Gib jeweils eine Folge mit nachstehenden Eigenschaften an. Gib so viele Glieder an, bis die Gesetzmäßigkeit zu erkennen ist.

a) 1 Häufungspunkt, nach oben beschränkt, divergent.

b) 1 Häufungspunkt, nach oben und unten beschränkt.

c) 2 Häufungspunkte, beschränkt.

d) Nach oben und unten unbeschränkt, 0 als Häufungspunkt [kein Häufungspunkt].

e) 3 Häufungspunkte [4 Häufungspunkte; unendliche viele Häufungspunkte].

Definition 12: Eine Zahl G heißt **Grenzwert** der Folge $\langle a_n \rangle$, wenn in jeder noch so kleinen Umgebung von G unendlich viele Glieder der Folge $\langle a_n \rangle$ liegen und außerhalb höchstens endlich viele liegen.

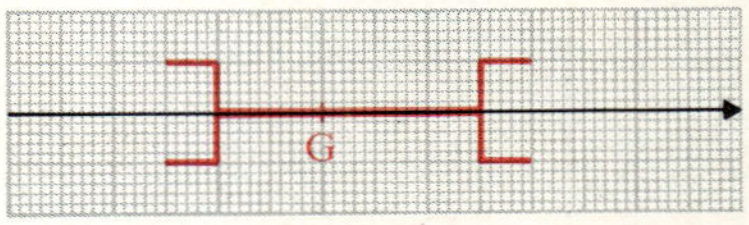

Liegen auch außerhalb einer Umgebung von G unendlich viele Glieder der Folge, so ist G kein Grenzwert.

Satz 3: Eine Folge kann höchstens einen Grenzwert haben.

Beweis (indirekt): Angenommen, eine Folge habe zwei Grenzwerte G_1 und G_2.

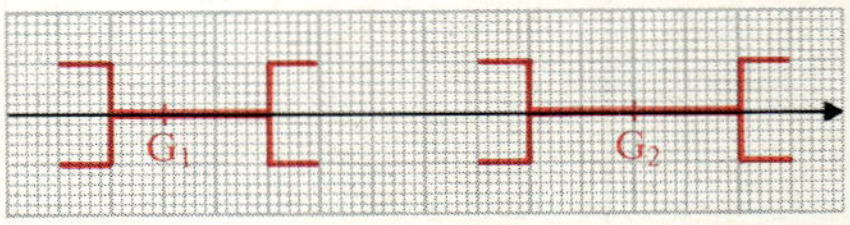

Dann legen wir um jede der Zahlen eine Umgebung. Die Umgebungen seien so klein gewählt, daß sie keine gemeinsamen Elemente haben, daß sie sich also nicht überschneiden. In jeder Umgebung liegen dann unendlich viele Glieder der Folge, weil G_1 und G_2 Grenzwerte der Folge sein sollen. Dann liegen aber auch außerhalb der Umgebung von G_1 unendlich viele Glieder der Folge. Das widerspricht der Definition des Grenzwertes. Unsere Annahme, daß zwei Grenzwerte vorliegen, kann nicht zutreffen. Eine Folge kann nur einen Grenzwert haben.

Definition 13: Die Folge $\langle a_n \rangle$ heißt **konvergent,** wenn sie einen Grenzwert besitzt, d.h. wenn es eine Zahl G gibt, die Grenzwert der Folge $\langle a_n \rangle$ ist. Anderenfalls heißt die Folge *divergent.*

Definition 14: Den Grenzwert einer konvergenten Folge $\langle a_n \rangle$ bezeichnet man mit $\lim\limits_{n \to \infty} a_n$ (gelesen: *Limes a_n für n gegen unendlich*).

Es gilt:

$\lim\limits_{n \to \infty} (3 - \frac{1}{n}) = 3;$ $\lim\limits_{n \to \infty} (-1)^{n+1} \cdot \frac{1}{n} = 0.$

Bei einer konvergenten Folge sagt man auch: „$\lim_{n\to\infty} a_n$ existiert", während man bei einer divergenten Folge sagt: „$\lim_{n\to\infty} a_n$ existiert nicht".

Wenn außerhalb einer Umgebung nur endlich viele Glieder der Folge $\langle a_n \rangle$ liegen, dann gibt es unter diesen ein Glied mit der höchsten Platznummer. Von diesem Glied ab liegen dann alle Glieder in der Umgebung. Sind umgekehrt von einer Platznummer ab alle Glieder der Folge $\langle a_n \rangle$ in einer Umgebung, dann können außerhalb der Umgebung höchstens endlich viele Glieder liegen, weil es bis zu dieser Platznummer nur endlich viele Glieder sind, die außerhalb liegen könnten.
Wir haben damit bewiesen:

Satz 4: Eine Zahl G ist genau dann Grenzwert der Folge $\langle a_n \rangle$, wenn es zu jeder (noch so kleinen) Umgebung von G eine Platznummer gibt, von der ab alle Glieder der Folge $\langle a_n \rangle$ in der Umgebung liegen.

Diesen Satz werden wir insbesondere beim Beweis der Grenzwertsätze (Seite 152 bis 157) verwenden.

Zur Übung: **1** und **2**

Häufungspunkt einer Folge

In den Beispielen **B** und **E** waren in einer Umgebung der betrachteten Zahlen unendlich viele Glieder der Folge, außerhalb aber auch unendlich viele Glieder. Um auch diesen Beispielen gerecht zu werden, führen wir den Begriff **Häufungspunkt** ein.

Definition 15: Die Zahl H heißt Häufungspunkt der Folge $\langle a_n \rangle$, falls in jeder (noch so kleinen) Umgebung von H unendlich viele Glieder der Folge liegen.

Aus der Definition folgt sofort, daß jeder Grenzwert einer Folge auch Häufungspunkt der Folge ist, aber nicht umgekehrt jeder Häufungspunkt auch Grenzwert.
Die Zahlen $+2$ und -2 sind Häufungspunkte der Folge von Beispiel **E**, aber nicht Grenzwerte. Eine Folge kann also mehr als einen Häufungspunkt haben.
Ist eine Folge mit nur einem Häufungspunkt konvergent, d.h. ist dann dieser Häufungspunkt automatisch auch Grenzwert? Nein!
Ein Gegenbeispiel liefert Beispiel **B**. Die Zahl 0 ist zwar Häufungspunkt, aber nicht Grenzwert.
Die Folge von Beispiel **C** $(\frac{1}{2}, 1, 1\frac{1}{2}, 2, 2\frac{1}{2}, \ldots)$ hat weder einen Grenzwert noch einen Häufungspunkt.

Zur Übung: **3** bis **12**

9. Widerlege durch ein Gegenbeispiel.

a) Jede nach oben beschränkte Folge besitzt mindestens einen Häufungspunkt.

b) Eine Folge besitzt genau dann einen Häufungspunkt, wenn sie beschränkt ist.

c) Jede beschränkte Folge ist genau dann konvergent, wenn sie monoton ist.

d) Jede beschränkte Folge ist konvergent.

10. Welche der Folgen sind monoton fallend (bzw. monoton steigend) und beschränkt? Welche sind konvergent? Wird dadurch der folgende Satz bestätigt oder widerlegt: Eine monoton fallende (bzw. monoton steigende) und beschränkte Folge ist konvergent?

a) $n \mapsto 8 - \frac{1}{n}$ b) $n \mapsto 8 + \frac{1}{n}$

c) $n \mapsto \frac{n}{n+1}$ d) $n \mapsto \frac{n+1}{n}$

e) $n \mapsto \frac{n^2+1}{n}$ f) $n \mapsto -\frac{1}{n}$

g) $n \mapsto \frac{1}{n^2} - \frac{1}{n}$ h) $n \mapsto \frac{n}{(n+2)^2} - \frac{1}{n}$

11. Gegeben sei die Folge $\langle a_n \rangle$. Für den Fall, daß sie konvergent ist, bestätige den in Übungsaufgabe **7**a) zu beweisenden Satz.

a) $a_n = 2 - \frac{1}{n}$

b) $a_n = 2 + (-1)^n \cdot \frac{1}{n^2}$

c) $a_n = (1 + (-1)^n) \cdot \left(1 - \frac{1}{n}\right)$

d) $a_n = n - \frac{1}{n}$

e) $a_n = (1 + (-1)^n) \cdot \frac{1}{n^2}$

f) $a_n = \frac{2n}{n+1}$

g) $a_n = \frac{1}{n+20}$

h) $a_n = \frac{n^2}{(n+5)^2}$

12. Die Zahl 0 sei untere und die Zahl 10 sei obere Schranke einer Folge. Konstruiere diese so, daß 1 Häufungspunkt [2 Häufungspunkte; 3 Häufungspunkte; unendlich viele Häufungspunkte] auftreten. Es genügt, so viele Glieder der Folge anzugeben, daß man die Gesetzmäßigkeit erkennt.

Übungen 10.1

1. Bilde die Summen-, Differenz-, Produkt- und Quotientenfolge. Es sollen jeweils die ersten fünf Glieder und das allgemeine Glied angegeben werden.

a) $n \mapsto \frac{1}{n}$; $\quad n \mapsto \frac{3}{n}$

b) $n \mapsto 2+\frac{1}{n}$; $\quad n \mapsto \frac{(-1)^n}{2}$

c) $n \mapsto 3+\frac{1}{10^n}$; $\quad n \mapsto 4-\frac{1}{10^n}$

2. Fasse die Folge als Summen- bzw. Differenz- bzw. Produkt- bzw. Quotientenfolge auf. Zerlege bis in die kleinsten Bestandteile.

a) $n \mapsto n-4$

b) $n \mapsto 3n+\frac{1}{n}$

c) $n \mapsto \frac{n^2+n}{n+1}$

d) $n \mapsto n^2-2n+\frac{1}{n^2}$

e) $n \mapsto \frac{n^2+1}{n+1}-1$

f) $n \mapsto (1+(-1)^n)\cdot\left(1-\frac{1}{n^2}\right)$

g) $n \mapsto n\cdot(-1)^n+\frac{1}{n}$

3. Auch durch Potenzieren oder Wurzelziehen kann man aus einer Folge bzw. aus zwei Folgen eine neue bilden. Gib hierfür Beispiele an.

4. Gegeben sind die Folgen $\langle a_n\rangle$ und $\langle b_n\rangle$. Bilde die neuen Folgen

$n \mapsto a_n^2$, $\quad n \mapsto \sqrt{b_n}$, $\quad n \mapsto \sqrt{\frac{a_n}{b_n}}$, $\quad n \mapsto \sqrt{\frac{a_n^2}{b_n}}$.

a) $a_n = n^2$; $\quad b_n = n$

b) $a_n = \frac{1}{n+1}$; $\quad b_n = n^2$

c) $a_n = 4$; $\quad b_n = n^3$

d) $a_n = n+4$; $\quad b_n = (n+4)^2$

5. a) Entscheide, ob folgender Satz gilt: Die aus zwei arithmetischen Folgen gebildete Summenfolge [Differenzfolge, Produktfolge, Quotientenfolge] ist wieder eine arithmetische Folge.

b) Führe entsprechende Überlegungen für geometrische Folgen durch.

10. Grenzwertsätze für Folgen

10.1. Bildung neuer Folgen aus gegebenen Folgen

Aufgabe 1: *Summen-, Differenz-, Produkt-, Quotientenfolge*

Gegeben seien die beiden Folgen

$\langle a_n\rangle$: $a_1, a_2, a_3, \ldots, a_n, \ldots$ und

$\langle b_n\rangle$: $b_1, b_2, b_3, \ldots, b_n, \ldots$.

Bilde durch gliedweises Addieren, Subtrahieren, Multiplizieren und Dividieren neue Folgen.

Lösung:

Summenfolge $\langle a_n+b_n\rangle$: $a_1+b_1,\ a_2+b_2, \ldots, a_n+b_n, \ldots$

Differenzfolge $\langle a_n-b_n\rangle$: $a_1-b_1,\ a_2-b_2, \ldots, a_n-b_n, \ldots$

Produktfolge $\langle a_n\cdot b_n\rangle$: $a_1\cdot b_1,\ a_2\cdot b_2, \ldots, a_n\cdot b_n, \ldots$

Quotientenfolge $\left\langle\frac{a_n}{b_n}\right\rangle$: $\frac{a_1}{b_1},\ \frac{a_2}{b_2}, \ldots, \frac{a_n}{b_n}, \ldots$

(sofern $b_1 \neq 0, b_2 \neq 0, \ldots$)

Beispiel

$a_1=3,\quad a_2=12,\quad a_3=27, \ldots, a_n=3n^2, \ldots$

$b_1=2,\quad b_2=\frac{2}{2},\quad b_3=\frac{2}{3}, \ldots, b_n=\frac{2}{n}, \ldots$

Summenfolge: $5,\ 13,\ 27\frac{2}{3}, \ldots, 3n^2+\frac{2}{n}\left(=\frac{3n^3+2}{n}\right), \ldots$

Differenzfolge: $1,\ 11,\ 26\frac{1}{3}, \ldots, 3n^2-\frac{2}{n}\left(=\frac{3n^3-2}{n}\right), \ldots$

Produktfolge: $6,\ 12,\ 18, \ldots, 3n^2\cdot\frac{2}{n}\ (=6n), \ldots$

Quotientenfolge: $\frac{3}{2},\ 12,\ \frac{81}{2}, \ldots, \frac{3n^2}{\frac{2}{n}}\left(=\frac{3}{2}n^3\right), \ldots$

Aufgabe 2: *Zerlegung einer gegebenen Folge*

a) Zerlege die Folge $\langle c_n\rangle$ mit $c_n=\frac{2n+3n^2}{n^3}$ in eine Summe $\langle a_n+b_n\rangle$.

b) Versuche auch $\langle a_n\rangle$ und $\langle b_n\rangle$ weiter zu zerlegen.

Lösung:

a) $a_n=\frac{2}{n^2}$; $\quad b_n=\frac{3}{n}$, $\quad$ denn $a_n+b_n=\frac{2}{n^2}+\frac{3}{n}=\frac{2n+3n^2}{n^3}$

b) $a_n=\frac{d_n}{e_n}$ mit $d_n=2$ und $e_n=n^2$

$b_n=\frac{f_n}{g_n}$ mit $f_n=3$ und $g_n=n$

△ 10.2. Die Grenzwertsätze und ihre Anwendung

Aufgabe 1: *Grenzwertsätze*

Gegeben seien die Folgen $\langle a_n \rangle$ und $\langle b_n \rangle$ mit

$$a_n = 4 - \frac{1}{n^2} \quad \text{und} \quad b_n = 2 + \frac{1}{n}.$$

a) Bestimme die Grenzwerte von $\langle a_n \rangle$ und $\langle b_n \rangle$.

b) Bilde aus den beiden Folgen die Summenfolge, Differenzfolge, Produktfolge und Quotientenfolge und bestimme jeweils deren Grenzwert.

c) Versuche aus den Ergebnissen der Teilaufgaben a) und b) eine Vermutung abzuleiten. Bestätige diese durch weitere Beispiele.

Lösung: a) Es gilt:

$$\lim_{n\to\infty} a_n = \lim_{n\to\infty}\left(4 - \frac{1}{n^2}\right) = 4; \qquad \lim_{n\to\infty} b_n = \lim_{n\to\infty}\left(2 + \frac{1}{n}\right) = 2$$

b) $$a_n + b_n = \left(4 - \frac{1}{n^2}\right) + \left(2 + \frac{1}{n}\right) = 6 + \frac{1}{n} - \frac{1}{n^2}$$

Es gilt: $$\lim_{n\to\infty}(a_n + b_n) = \lim_{n\to\infty}\left(6 + \frac{1}{n} - \frac{1}{n^2}\right) = 6$$

6 ist die *Summe* aus dem Grenzwert 4 der Folge $\langle a_n \rangle$ und dem Grenzwert 2 der Folge $\langle b_n \rangle$.

$$a_n - b_n = \left(4 - \frac{1}{n^2}\right) - \left(2 + \frac{1}{n}\right) = 2 - \frac{1}{n} - \frac{1}{n^2}$$

$$\lim_{n\to\infty}(a_n - b_n) = \lim_{n\to\infty}\left(2 - \frac{1}{n} - \frac{1}{n^2}\right) = 2$$

2 ist die *Differenz* aus dem Grenzwert 4 der Folge $\langle a_n \rangle$ und dem Grenzwert 2 der Folge $\langle b_n \rangle$.

$$a_n \cdot b_n = \left(4 - \frac{1}{n^2}\right) \cdot \left(2 + \frac{1}{n}\right) = 8 + \frac{4}{n} - \frac{2}{n^2} - \frac{1}{n^3}$$

$$\lim_{n\to\infty}(a_n \cdot b_n) = \lim_{n\to\infty}\left(8 + \frac{4}{n} - \frac{2}{n^2} - \frac{1}{n^3}\right) = 8$$

8 ist das *Produkt* der Grenzwerte von $\langle a_n \rangle$ und $\langle b_n \rangle$.

$$\frac{a_n}{b_n} = \frac{4 - \frac{1}{n^2}}{2 + \frac{1}{n}} = \frac{(2 + \frac{1}{n})(2 - \frac{1}{n})}{2 + \frac{1}{n}} = 2 - \frac{1}{n}$$

$$\lim_{n\to\infty} \frac{a_n}{b_n} = \lim_{n\to\infty}\left(2 - \frac{1}{n}\right) = 2$$

2 ist der *Quotient* der Grenzwerte von $\langle a_n \rangle$ und $\langle b_n \rangle$.

Zur Übung: **1**

c) Als Vermutung ergeben sich die im folgenden formulierten Grenzwertsätze.

Übungen 10.2

1. Bestimme die Grenzwerte der einzelnen Folgen $\langle a_n \rangle$ und $\langle b_n \rangle$, bestimme den Grenzwert der Summenfolge, Differenzfolge, Produktfolge und (wenn möglich) der Quotientenfolge und bestätige die Gültigkeit der Grenzwertsätze.

a) $a_n = 1 - \frac{4}{n^2}$; $\quad b_n = 1 - \frac{2}{n}$

b) $a_n = 2 + \frac{3}{n} + \frac{1}{n^2}$; $\quad b_n = 2 + \frac{1}{n}$

c) $a_n = 8 + \frac{1}{n}$; $\quad b_n = 2$

d) $a_n = 3 + \frac{1}{n}$; $\quad b_n = \frac{1}{n}$

2. Stelle ähnlich wie bei der Hinführung zur Kurzfassung des Grenzwertsatzes für Summenfolgen eine Übersicht als Hinführung zu den Grenzwertsätzen für Differenzfolgen, Produktfolgen, Quotientenfolgen auf.

3. Warum gilt der Grenzwertsatz für Quotientenfolgen nicht in den folgenden Beispielen?

a) $a_n = \frac{4}{n}$; $\quad b_n = \frac{2}{n}$

b) $a_n = 2 + \frac{1}{n}$; $\quad b_n = \frac{1}{n}$

c) $a_n = 3$; $\quad b_n = \frac{1}{n^2}$

d) $a_n = 2$; $\quad b_n = 1 + (-1)^n$

4. Bestimme den Grenzwert durch Anwenden der Grenzwertsätze.

a) $n \mapsto \frac{n^3 + n}{n^4}$

b) $n \mapsto \frac{3 + \frac{1}{n}}{4 - \frac{(-1)^n}{n}}$

c) $n \mapsto \frac{\frac{1}{n} + n}{n}$

d) $n \mapsto \frac{1}{n}\left(n + \frac{1}{n}\right)$

e) $n \mapsto \frac{4n^2 + 7n + 8}{2n^2 + 3n + 7}$

f) $n \mapsto \frac{(4n+1)(2n+3)}{7n^2 + 4n + 2}$

5. Untersuche auf Konvergenz und bestimme den Grenzwert.

a) $n \mapsto \frac{n+5}{n^2+1}$ $\qquad$ g) $n \mapsto \frac{1 - \frac{1}{n}}{3 - \frac{1}{n^2}}$

b) $n \mapsto \frac{n^2+1}{n+5}$ $\qquad$ h) $n \mapsto \frac{\frac{1}{n^3}}{\frac{1}{n^2}}$

c) $n \mapsto \frac{2n}{n^2 - 4{,}5}$ $\qquad$ i) $n \mapsto \frac{2n-1}{n^2-2}$

d) $n \mapsto \frac{2n^2}{n^2 - 10}$ $\qquad$ j) $n \mapsto \frac{10+n}{10n}$

e) $n \mapsto \frac{4n+3}{2n-5}$ $\qquad$ k) $n \mapsto \frac{n^2-1}{n^4+n^3}$

f) $n \mapsto \frac{n - \frac{1}{n}}{n^2 - \frac{1}{n^2}}$ $\qquad$ l) $n \mapsto \frac{4n^3 + 5n^2 + 2}{2n^2 + n + 3}$

Grenzwertsätze für Folgen

Die Folge $\langle a_n \rangle$ konvergiere gegen A (d.h. $\lim\limits_{n \to \infty} a_n = A$).

Die Folge $\langle b_n \rangle$ konvergiere gegen B (d.h. $\lim\limits_{n \to \infty} b_n = B$).

Dann gilt:

1. Grenzwertsatz für Summenfolgen

Die Folge $\langle a_n + b_n \rangle$ konvergiert gegen $A + B$.

In Zeichen: $\lim\limits_{n \to \infty} (a_n + b_n) = A + B$

2. Grenzwertsatz für Differenzfolgen

Die Folge $\langle a_n - b_n \rangle$ konvergiert gegen $A - B$.

In Zeichen: $\lim\limits_{n \to \infty} (a_n - b_n) = A - B$

3. Grenzwertsatz für Produktfolgen

Die Folge $\langle a_n \cdot b_n \rangle$ konvergiert gegen $A \cdot B$.

In Zeichen: $\lim\limits_{n \to \infty} (a_n \cdot b_n) = A \cdot B$

4. Grenzwertsatz für Quotientenfolgen

Die Folge $\left\langle \frac{a_n}{b_n} \right\rangle$ konvergiert gegen $\frac{A}{B}$, sofern $b_n \neq 0$ und $B \neq 0$.

In Zeichen: $\lim\limits_{n \to \infty} \frac{a_n}{b_n} = \frac{A}{B}$

Diese Grenzwertsätze sind bisher nur durch Beispiele bestätigt. Die Beweise findet man auf den Seiten 152 bis 157.

Die vier Grenzwertsätze lassen sich in Kurzform formulieren: Die folgende Übersicht liefert am Beispiel der Summenfolgen die Hinführung zu diesen Kurzformulierungen.

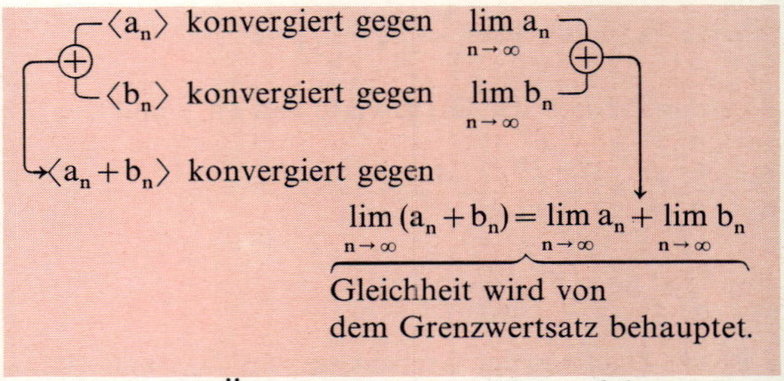

Entsprechende Übersichten für Differenzfolgen, Produktfolgen und Quotientenfolgen führen zu der folgenden Kurzform.

Zur Übung: **2** und **3**

Kurzform der Grenzwertsätze

Für Summenfolgen: $\lim\limits_{n\to\infty}(a_n+b_n)=\lim\limits_{n\to\infty}a_n+\lim\limits_{n\to\infty}b_n$

Für Differenzfolgen: $\lim\limits_{n\to\infty}(a_n-b_n)=\lim\limits_{n\to\infty}a_n-\lim\limits_{n\to\infty}b_n$

Für Produktfolgen: $\lim\limits_{n\to\infty}(a_n\cdot b_n)=\lim\limits_{n\to\infty}a_n\cdot\lim\limits_{n\to\infty}b_n$

Für Quotientenfolgen: $\lim\limits_{n\to\infty}\frac{a_n}{b_n}=\frac{\lim\limits_{n\to\infty}a_n}{\lim\limits_{n\to\infty}b_n}$

(sofern $b_n\neq 0$, $\lim\limits_{n\to\infty}b_n\neq 0$)

Aufgabe 2: *Anwendungen der Grenzwertsätze*

Bestimme durch Anwenden der Grenzwertsätze die Grenzwerte der Folgen:

a) $n\mapsto\left(2+\frac{1}{n}\right)\cdot\left(2-\frac{1}{n}\right)$; b) $n\mapsto\frac{3n^2+4n+7}{9n^2+7n}$.

Lösung:

a) Wir wissen: $\lim\limits_{n\to\infty}\left(2+\frac{1}{n}\right)=2$, $\lim\limits_{n\to\infty}\left(2-\frac{1}{n}\right)=2$

Nach dem Grenzwertsatz für Produktfolgen gilt:

$$\lim_{n\to\infty}\left(2+\frac{1}{n}\right)\left(2-\frac{1}{n}\right)=\lim_{n\to\infty}\left(2+\frac{1}{n}\right)\cdot\lim_{n\to\infty}\left(2-\frac{1}{n}\right)=2\cdot 2=4$$

Anmerkung: Wir wissen zwar, daß $\lim\limits_{n\to\infty}\left(2+\frac{1}{n}\right)=2$ ist. Dies folgt jedoch auch aus dem Grenzwertsatz für Summenfolgen: $\lim\limits_{n\to\infty}\left(2+\frac{1}{n}\right)=\lim\limits_{n\to\infty}2+\lim\limits_{n\to\infty}\frac{1}{n}=2+0=2$

Entsprechend gilt nach dem Grenzwertsatz für Differenzfolgen: $\lim\limits_{n\to\infty}\left(2-\frac{1}{n}\right)=\lim\limits_{n\to\infty}2-\lim\limits_{n\to\infty}\frac{1}{n}=2-0=2$

b) Eine Anwendung des Grenzwertsatzes für Quotientenfolgen ist nicht möglich, da $\lim\limits_{n\to\infty}(3n^2+4n+7)$ und $\lim\limits_{n\to\infty}(9n^2+7n)$ nicht existieren. Wir kürzen daher mit n^2 und wenden dann nacheinander die Grenzwertsätze für Quotientenfolgen und Summenfolgen an.

$$\lim_{n\to\infty}\frac{3n^2+4n+7}{9n^2+7n}=\lim_{n\to\infty}\frac{3+\frac{4}{n}+\frac{7}{n^2}}{9+\frac{7}{n}}=\frac{\lim\limits_{n\to\infty}\left(3+\frac{4}{n}+\frac{7}{n^2}\right)}{\lim\limits_{n\to\infty}\left(9+\frac{7}{n}\right)}$$

$$=\frac{\lim\limits_{n\to\infty}3+\lim\limits_{n\to\infty}\frac{4}{n}+\lim\limits_{n\to\infty}\frac{7}{n^2}}{\lim\limits_{n\to\infty}9+\lim\limits_{n\to\infty}\frac{7}{n}}=\frac{3+0+0}{9+0}=\frac{1}{3}$$

Zur Übung: **4** bis **10**

6. Beweise durch Zurückführen auf die Grenzwertsätze.

a) $\lim\limits_{n\to\infty}(k\cdot a_n)=k\cdot\lim\limits_{n\to\infty}a_n$

b) $\lim\limits_{n\to\infty}a_n^2=(\lim\limits_{n\to\infty}a_n)^2$

Wie lautet für diese in Kurzform angegebenen Sätze die ausführliche Formulierung?

7. Beweise oder widerlege:

a) Es gibt divergente Folgen, deren Differenzfolge [Quotientenfolge] konvergent ist.

b) Es gibt divergente Folgen, deren Summenfolge [Produktfolge] konvergent ist.

c) Die Folge $\langle a_n\rangle$ konvergiert genau dann gegen den Grenzwert g, wenn $\langle a_n-g\rangle$ eine Nullfolge ist (d.h. gegen 0 konvergiert).

d) Die Folge $\langle a_n\rangle$ konvergiert genau dann gegen den Grenzwert g, wenn $\left\langle\frac{a_n}{g}\right\rangle$ gegen 1 konvergiert.

8. a) Beweise mit Hilfe der Grenzwertsätze: Wenn zwei der drei Folgen $\langle a_n\rangle$, $\langle b_n\rangle$, $\langle a_n+b_n\rangle$ konvergieren, dann konvergiert auch die dritte Folge.

Anleitung: Unterscheide 3 Fälle.

b) Formuliere entsprechende Sätze für Differenz-, Produkt- und Quotientenfolge und beweise sie.

9. Bestimme den Grenzwert der als konvergent vorausgesetzten Folge $\langle a_n\rangle$ mit

a) $a_1=1$; $a_{n+1}=\frac{1}{2}\left(a_n+\frac{3}{a_n}\right)$;

b) $a_1=2$; $a_{n+1}=\frac{1}{2}\cdot a_n$;

c) $a_1=\sqrt{2}$; $a_{n+1}=\sqrt{a_n+2}$;

d) $a_1=\sqrt{2}$; $a_{n+1}=\sqrt{2\cdot a_n}$;

e) $a_1=\sqrt{2}$; $a_{n+1}=\sqrt{2a_n+1}$.

f) Bestätige die Ergebnisse durch näherungsweises Berechnen der Folge mit einem Taschenrechner.

Anleitung: Beachte: $\lim\limits_{n\to\infty}a_n=\lim\limits_{n\to\infty}a_{n+1}$

10. a) Prüfe, ob folgender Beschränktheitssatz gilt:
Wenn $\langle a_n\rangle$ und $\langle b_n\rangle$ beschränkt sind, dann ist auch $\langle a_n+b_n\rangle$ beschränkt.

b) Formuliere entsprechende Sätze für Differenzfolgen und Quotientenfolgen. Prüfe, ob diese Sätze gültig sind.

Übungen 10.3

1. Welche rationale Zahl wird dargestellt? Mache anschließend die Probe durch Division.

a) 0,7777 ...
b) 0,212121 ...
c) 0,454545 ...
d) 4,636363 ...
e) 0,34444 ...
f) 2,8343434 ...
g) 1,020202 ...
h) 8,83434 ...
i) 0,3003003 ...
j) 0,99999 ... (!)

2. Notiere die ersten 5 Glieder der Teilsummenfolge und bestimme ihren Grenzwert.

a) $a_1 = 2; \quad q = \frac{1}{2}$
b) $a_1 = -4; \quad q = \frac{1}{4}$
c) $a_1 = 3; \quad q = -\frac{1}{3}$
d) $a_1 = -2; \quad q = -0{,}6$
e) $a_1 = 81; \quad q = -\frac{1}{3}$
f) $a_1 = 0; \quad q = 0{,}15$

3. Bestimme den Summenwert der geometrischen Reihe.

a) $1 + \frac{1}{3} + (\frac{1}{3})^2 + (\frac{1}{3})^3 + \ldots$
b) $1 + \frac{3}{4} + (\frac{3}{4})^2 + (\frac{3}{4})^2 + \ldots$
c) $1 - \frac{1}{2} + \frac{1}{4} - \frac{1}{8} + \frac{1}{16} - + \ldots$
d) $1 + \frac{5}{6} + \frac{25}{36} + \ldots$
e) $1 - \frac{2}{3} + \frac{4}{9} - + \ldots$
f) $1 + 0{,}7 + 0{,}49 + \ldots$
g) $1 - 0{,}4 + 0{,}16 - + \ldots$
h) $2{,}4 + 1{,}2 + 0{,}6 + \ldots$
i) $0{,}1 - 0{,}02 + 0{,}004 - + \ldots$
j) $\frac{1}{4} + \frac{1}{4^4} + \frac{1}{4^7} + \ldots$
k) $\frac{1}{3} - \frac{1}{3^5} + \frac{1}{3^9} - + \ldots$

4. Der Grenzwert s der Folge der Teilsummen einer geometrischen Folge und deren Anfangsglied a_1 sind gegeben. Notiere die ersten fünf Glieder der geometrischen Folge.

a) $s = 4; \quad a_1 = 2$
b) $s = 8; \quad a_1 = 4$
c) $s = 2; \quad a_1 = 3$
d) $s = -6; \quad a_1 = -9$

10.3. Das Konvergenzverhalten der Folge der Teilsummen einer geometrischen Folge

Aufgabe 1: *Die von einem periodischen Dezimalbruch dargestellte Zahl*

Welche rationale Zahl s wird durch 0,272727 ... dargestellt?

Lösung: Wir betrachten die Näherungsfolge:

$$0{,}27 = \frac{27}{100}$$

$$0{,}2727 = \frac{27}{100} + \frac{27}{100} \cdot \frac{1}{100}$$

$$0{,}272727 = \frac{27}{100} + \frac{27}{100} \cdot \frac{1}{100} + \frac{27}{100} \cdot \left(\frac{1}{100}\right)^2$$

$$0{,}27272727 = \frac{27}{100} + \frac{27}{100} \cdot \frac{1}{100} + \frac{27}{100} \cdot \left(\frac{1}{100}\right)^2 + \frac{27}{100} \cdot \left(\frac{1}{100}\right)^3$$

Rechts vom Gleichheitszeichen steht die Folge der Teilsummen einer geometrischen Folge mit dem Anfangsglied $a_1 = \frac{27}{100}$ und dem Quotienten $q = \frac{1}{100}$. Das n-te Glied s_n dieser Teilsummenfolge hat den Wert

$$s_n = a_1 \cdot \frac{1 - q^n}{1 - q} = \frac{27}{100} \cdot \frac{1 - (\frac{1}{100})^n}{1 - \frac{1}{100}}$$

Offensichtlich ist der Grenzwert dieser Folge die dargestellte rationale Zahl s. Nach den Grenzwertsätzen gilt:

$$s = \lim_{n \to \infty} \left[\frac{27}{100} \cdot \frac{1 - (\frac{1}{100})^n}{1 - \frac{1}{100}}\right] = \frac{27}{100} \cdot \frac{1 - \lim\limits_{n \to \infty} (\frac{1}{100})^n}{1 - \frac{1}{100}}$$

$$= \frac{27}{100} \cdot \frac{1 - 0}{1 - \frac{1}{100}} = \frac{27 \cdot 100}{100 \cdot 99} = \frac{27}{99} = \frac{3}{11}$$

Es ist: $0{,}27272727 \ldots = \frac{3}{11}$

Zur Übung: **1**

Aufgabe 2: *Bedingung für die Konvergenz der Teilsummenfolge einer geometrischen Folge*

In der vorhergehenden Aufgabe wurde festgestellt, daß die Teilsummenfolge einer bestimmten geometrischen Folge konvergent ist. Untersuche, ob die Teilsummenfolgen aller geometrischen Folgen konvergent sind. Hierbei sei $a_1 \neq 0$ vorausgesetzt.

Lösung: Die geometrische Folge lautet:

$$a_1, \; a_1 \cdot q, \; a_1 \cdot q^2, \; a_1 \cdot q^3, \ldots \; a_1 \cdot q^{n-1}, \ldots$$

Wir setzen zunächst $q \neq 1$ voraus.
Dann gilt für die Folge der Teilsummen:

$$s_1 = a_1 \qquad\qquad\qquad\qquad = a_1 \cdot \frac{1-q^1}{1-q}$$

$$s_2 = a_1 + a_1 q \qquad\qquad\qquad = a_1 \cdot \frac{1-q^2}{1-q}$$

$$s_3 = a_1 + a_1 q + a_2 q^2 \qquad\qquad = a_1 \cdot \frac{1-q^3}{1-q}$$

$$s_4 = a_1 + a_1 q + a_1 q^2 + a_1 q^3 \qquad = a_1 \cdot \frac{1-q^4}{1-q}$$

$$s_5 = a_1 + a_1 q + a_1 q^2 + a_1 q^3 + a_1 q^4 = a_1 \cdot \frac{1-q^5}{1-q}$$

$$\vdots$$

$$s_n = a_1 + a_1 q + a_1 q^2 + \ldots + a_1 q^{n-1} = a_1 \cdot \frac{1-q^n}{1-q}$$

$$\vdots$$

1. Fall: $q > 1$. Dann ist $\langle q^n \rangle$ nach oben nicht beschränkt und der Zähler von $a_1 \cdot \frac{1-q^n}{1-q}$ ist nach unten nicht beschränkt. Die Teilsummenfolge ist divergent.

2. Fall: $-1 < q < 1$. Dann ist $\lim\limits_{n\to\infty} q^n = 0$ und nach den Grenzwertsätzen gilt:

$$\lim_{n\to\infty} s_n = \lim_{n\to\infty} a_1 \cdot \frac{1-q^n}{1-q} = a_1 \cdot \frac{1}{1-q}$$

3. Fall: $q = -1$. Dann ist die Folge $\langle q^n \rangle$ divergent mit den beiden Häufungspunkten $+1$ und -1. Der Zähler von $\frac{1-q^n}{1-q}$ wird abwechselnd 0 und 2, die Teilsummenfolge ist divergent.

4. Fall: $q < -1$. Dann ist q^n nach oben und nach unten unbeschränkt. Der Zähler von $\frac{1-q^n}{1-q}$ ist dann ebenfalls nach oben und unten nicht beschränkt. Die Teilsummenfolge ist divergent.

Ist $q = 1$, so sind alle Glieder der geometrischen Folge gleich a_1, und es gilt für die Folge der Teilsummen:

$$s_1 = a_1, \quad s_2 = 2a_1, \quad s_3 = 3a_1, \quad \ldots, s_n = n \cdot a_1, \ldots$$

$\langle s_n \rangle$ ist divergent.

Zusammenfassend erhalten wir den Satz

Satz 1: Die Teilsummenfolge einer geometrischen Folge mit dem Anfangsglied a_1 $(a_1 \neq 0)$ und dem konstanten Quotienten q ist genau dann konvergent, wenn $-1 < q < +1$ ist.

Bei Konvergenz ist der Grenzwert gleich $\frac{a_1}{1-q}$.

5. Die Ausgangsfigur

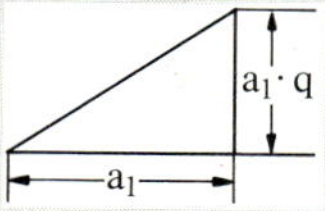

werde folgendermaßen erweitert:

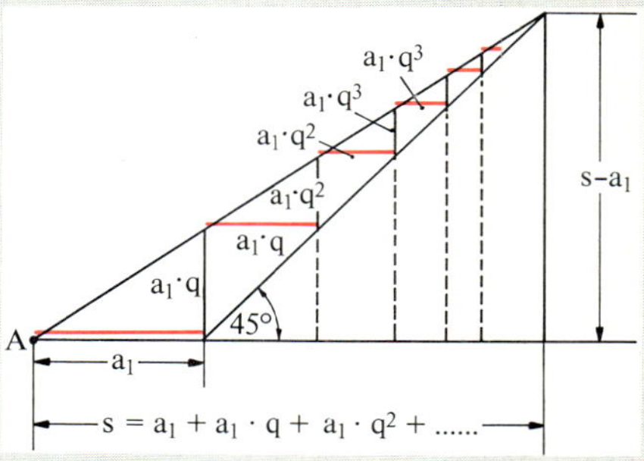

a) Begründe die Richtigkeit der eingetragenen Längenangaben.

b) Zeige mit Hilfe des 2. Strahlensatzes (Zentrum A):

$$\frac{a_1}{a_1 \cdot q} = \frac{s}{s - a_1}$$

c) Bestimme aus dieser Gleichung den Summenwert s.

d) Für welche a_1 und q liefert diese Überlegung einen Beweis der Summenformel von Satz **1**?

6. Gib einen geschlossenen Ausdruck an. Für welche x konvergiert die Reihe?

a) $1 + x + x^2 + x^3 + \ldots$

b) $1 + x^2 + x^4 + x^6 + \ldots$

c) $1 - x + x^2 - x^3 + - \ldots$

d) $x + x^3 + x^5 + x^7 + \ldots$

e) $1 + \frac{1}{3}x + \frac{1}{9}x^2 + \frac{1}{27}x^3 + \frac{1}{81}x^4 + \ldots$

f) $1 + \frac{2}{5}x + \frac{4}{25}x^2 + \frac{8}{125}x^3 + \frac{16}{625}x^4 + \ldots$

g) $2 - \frac{1}{2}x + \frac{1}{8}x^2 - \frac{1}{32}x^3 + - \ldots$

7. Bricht man in der Formel

$$\frac{1}{1-x}=1+x+x^2+x^3+x^4+\ldots$$

nach dem zweiten Glied ab, so erhält man die Näherungsformel $\frac{1}{1-x}\approx 1+x$

a) Berechne mit der Formel näherungsweise:

$$\frac{1}{0{,}98};\quad \frac{1}{0{,}94};\quad \frac{1}{0{,}975};\quad \frac{1}{1{,}07};\quad \frac{1}{1{,}005};\quad \frac{1}{1{,}011}.$$

b) Zeige, daß für den Fehler r_n bei Anwendung der Formel gilt: $r_n=\frac{x^2}{1-x}$

c) Begründe entsprechend: $\frac{1}{1+x}\approx 1-x$.

8. Entwickle in eine geometrische Reihe. Für welche x konvergiert die Reihe?

Beispiel: $\frac{2}{1-x^3}=2+2\cdot x^3+2x^6+2x^9+\ldots$

Die Reihe konvergiert für $-1<x^3<+1$. Das ist äquivalent zu $-1<x<+1$.

a) $\frac{3}{1+x}$ d) $\frac{2x^2}{1-x^2}$ g) $\frac{4}{3-2x}$

b) $\frac{4}{1-x^2}$ e) $\frac{1}{1-2x}$ h) $\frac{x}{3-4x}$

c) $\frac{x}{1-x}$ f) $\frac{2}{2-x}$

9. Entscheide, ob die folgende Aussage wahr oder falsch ist.

a) Ist a_1 fest vorgegeben, so kann man durch geeignete Wahl von q eine geometrische Reihe bestimmen, deren Summenwert s eine beliebige vorgegebene reelle Zahl ist.

b) Sind von einer konvergenten geometrischen Reihe der Quotient q und die Summe s vorgegeben, so liegt auch das Anfangsglied a_1 fest.

10. In der Formulierung von Satz **1** wurde $a_1 \neq 0$ vorausgesetzt. Man kann bei der Definition einer geometrischen Folge auch die Voraussetzung $a_1 \neq 0$ weglassen. Untersuche, ob die Teilsummenfolge einer so definierten geometrischen Folge mit $a_1=0$ konvergiert.

11. Eine Folge von Würfeln werde so aufeinandergelegt, daß der folgende Würfel jeweils die halbe Kantenlänge des vorherigen und der erste Würfel die Kantenlänge 10 cm besitzt.

a) Wie hoch ist der hieraus zu bildende Treppenkörper?

b) Wie groß ist sein Volumen?

Wir erinnern daran, daß man die Folge der Teilsummen einer geometrischen Folge auch *geometrische Reihe* nennt (vgl. Seite 135). Den Grenzwert der Folge nennt man dann folgerichtig auch den *Summenwert der geometrischen Reihe.* Falls kein Grenzwert existiert, hat die geometrische Reihe keinen Summenwert. Falls die Teilsummenfolge konvergiert, nennt man auch die geometrische Reihe konvergent, anderenfalls heißt die geometrische Reihe divergent.

Bei einer konvergenten geometrischen Reihe mit dem Anfangsglied a_1, dem Quotienten q und dem Summenwert s schreibt man auch:

$$s=a_1+a_1\cdot q+a_1\cdot q^2+a_1\cdot q^3-a_1\cdot q^4+\ldots=\frac{a_1}{1-q}$$

Zur Übung: **2** bis **10**

Aufgabe 3: *Anwendungen*

In einem Winkel von der Größe 45° ist von einem Punkt A des einen Schenkels das Lot auf den anderen Schenkel gefällt. Vom Fußpunkt dieses Lotes wird erneut das Lot auf den anderen Schenkel gefällt, vom Fußpunkt dieses Lotes erneut das Lot auf den anderen Schenkel usw. Der Prozeß soll ohne Ende sein.

Wie lang sind alle so entstehenden Lote zusammen, wenn $|A_0S|=1$ angenommen wird?

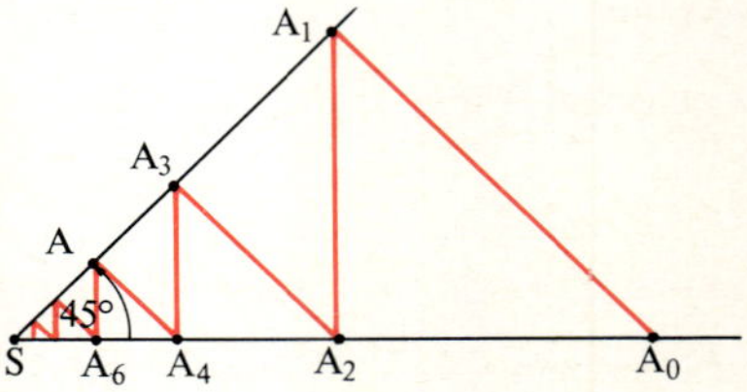

Lösung: Die einzelnen Lote sind die Katheten eines gleichschenklig rechtwinkligen Dreiecks, in welchem jeweils das vorhergehende Lot die Hypotenuse ist.

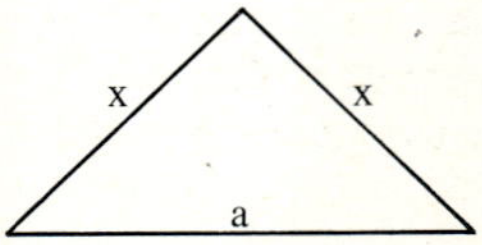

Ist a nun die Länge der Hypotenuse irgendeines gleichschenklig-rechtwinkligen Dreiecks, so gilt für die Länge x jeder Kathete

$$x^2+x^2=a^2 \iff 2x^2=a^2$$

$$\iff x^2=\frac{a^2}{2} \iff x=\frac{a}{\sqrt{2}}=a\frac{\sqrt{2}}{2}$$

Man erhält also die Länge des einzelnen Lotes, indem man die Länge des vorhergehenden Lotes mit $\frac{\sqrt{2}}{2}$ multipliziert. Die Längen der Lote bilden eine geometrische Folge mit dem konstanten Quotienten $q=\frac{\sqrt{2}}{2}$.
Das Anfangsglied a_1 ist die Länge des ersten Lotes $|A_0A_1|$. Es gilt: $a_1=|SA_0|\cdot\frac{\sqrt{2}}{2}=\frac{\sqrt{2}}{2}$.
Für die Folge $\langle s_n\rangle$ der Teilsummen dieser geometrischen Folge gilt:

$$s_1=\frac{\sqrt{2}}{2} \qquad = \text{Länge des ersten Lotes}$$

$$s_2=\frac{\sqrt{2}}{2}+\frac{\sqrt{2}}{2}\cdot\frac{\sqrt{2}}{2} \qquad = \text{Länge der ersten zwei Lote}$$

$$s_3=\frac{\sqrt{2}}{2}+\frac{\sqrt{2}}{2}\cdot\frac{\sqrt{2}}{2}+\frac{\sqrt{2}}{2}\cdot\left(\frac{\sqrt{2}}{2}\right)^2 \qquad = \text{Länge der ersten drei Lote}$$

$$s_4=\frac{\sqrt{2}}{2}+\frac{\sqrt{2}}{2}\cdot\frac{\sqrt{2}}{2}+\frac{\sqrt{2}}{2}\left(\frac{\sqrt{2}}{2}\right)^2+\frac{\sqrt{2}}{2}\left(\frac{\sqrt{2}}{2}\right)^3 = \text{Länge der ersten vier Lote}$$

$$\vdots$$

$$s_n=a_1\cdot\frac{1-q^n}{1-q}=\frac{\sqrt{2}}{2}\cdot\frac{1-(\frac{\sqrt{2}}{2})^n}{1-\frac{\sqrt{2}}{2}} \qquad = \text{Länge der ersten n Lote}$$

Da $0<\frac{\sqrt{2}}{2}<1$ ist, konvergiert die Folge $\langle s_n\rangle$, und man kann den Grenzwert als die Gesamtlänge aller Lote ansehen.

$$s=\lim_{n\to\infty} s_n=\frac{\sqrt{2}}{2}\cdot\frac{1}{1-\frac{\sqrt{2}}{2}}=\frac{\sqrt{2}\cdot 2}{2\cdot(2-\sqrt{2})}=\frac{\sqrt{2}(2+\sqrt{2})}{4-2}$$

$$=\frac{2\sqrt{2}+2}{2}=\sqrt{2}+1$$

Die Länge aller Lote beträgt $\sqrt{2}+1$.

Zur Übung: **11** bis **16**

Anmerkung zu Aufgabe 3:

Die Gesamtlänge der Lote kann man auch ohne Grenzwertbetrachtungen aus der folgenden Zeichnung bestimmen. Erkläre dies. (Vgl. auch Übungsaufgabe **5.**)

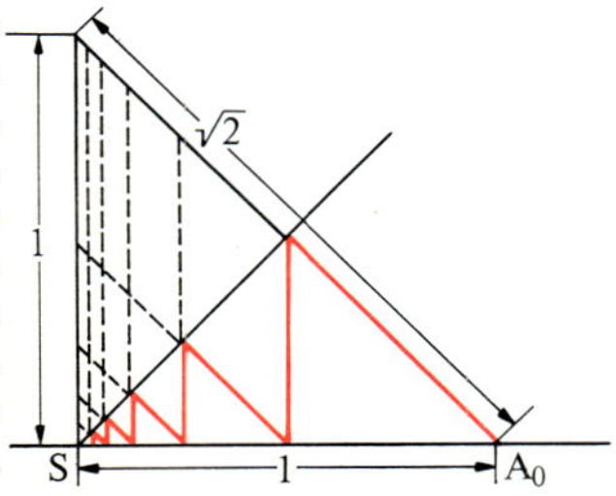

12. Man kann auf folgende Weise eine „Spirale" bilden: An einen Halbkreis ($r=5$ cm Radius) wird ein zweiter mit halbem Radius angesetzt usw.

a) Wie groß ist die Gesamtlänge der Spirale?

b) Wie groß ist der Flächeninhalt aller verwendeten Halbkreisflächen?

13. Bei einem Glücksspiel setzt ein Spieler zunächst 1000,– DM, dann bei Verlust des Spiels jeweils 80 % seines letzten Einsatzes ein. Wieviel hat er bei einem Spiel „beliebiger Länge" eingesetzt, falls er ständig verliert?

14. In einem Winkel α der Größe $w(\alpha)<90°$ ist von einem Punkt A des einen Schenkels das Lot auf den anderen Schenkel gefällt. Vom Fußpunkt dieses Lotes wird erneut das Lot auf den anderen Schenkel gefällt usw. Der Prozeß soll unendlich oft durchgeführt werden. Wie lang sind alle so entstehenden Lote zusammen, wenn der Punkt A vom Scheitel S des Winkels die Entfernung a hat?

15. Der griechische Philosoph und Sophist Zenon (um 450 v. Chr.) behauptete, Achilles könne nicht eine Schildkröte einholen. Angenommen, die Schildkröte habe einen Vorsprung von 1 Stadion (ca. 185 m). Wenn Achilles diese Strecke zurückgelegt hat, sei die Schildkröte $\frac{1}{10}$ der Streckenlänge weitergekrochen. Wenn Achilles diese Strecke zurückgelegt habe, sei die Schildkröte erneut $\frac{1}{10}$ dieser Streckenlänge weitergekrochen.

a) Zeige, daß die Längen der jeweiligen Vorsprünge der Schildkröte eine geometrische Folge bilden.

b) Zeige, daß der Summenwert der zugehörigen geometrischen Reihe gleich der Länge des Weges ist, den die Schildkröte bis zum Einholen zurückgelegt hat.

c) Wie ist jetzt die Argumentation von Zenon zu beurteilen?

16. Gegeben sei eine arithmetische Folge mit dem Anfangsglied a_1 und der konstanten Differenz d.

a) Notiere die ersten fünf Glieder der Folge der Teilsummen.

▲ b) Untersuche, ob die Folge der Teilsummen konvergent sein kann.

10.4. Beweis der Grenzwertsätze für Summen- und Differenzfolgen

Die Grenzwertsätze wurden bisher nur durch Beispiele bestätigt, obgleich wir sie schon häufig angewendet haben. Wir wollen zunächst die Beweise für Summen- und Differenzfolgen angeben.

> **Grenzwertsatz für Summenfolgen**
>
> Wenn die Folge $\langle a_n \rangle$ gegen A und die Folge $\langle b_n \rangle$ gegen B konvergiert, dann konvergiert die Summenfolge $\langle a_n + b_n \rangle$ gegen $A + B$.

Beweis: Wir müssen zeigen, daß man zu jeder Umgebung U der Zahl $A+B$ eine Platznummer finden kann, von der ab alle Glieder der Summenfolge $\langle a_n + b_n \rangle$ in der Umgebung U liegen (vgl. Satz **4** Seite 143).

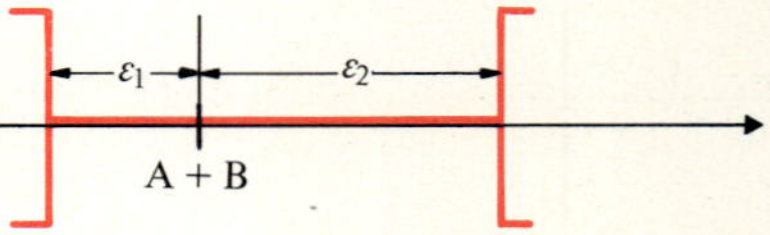

Wir geben zu dem Zweck die beliebige Umgebung $U =]A+B-\varepsilon_1;\ A+B+\varepsilon_2[$ vor. ε_1 ist die Entfernung des unteren Endes und ε_2 die Entfernung des oberen Endes der Umgebung von dem Punkt $A+B$.
Nun konvergiert $\langle a_n \rangle$ gegen A und $\langle b_n \rangle$ gegen B. Zu jeder Umgebung von A (bzw. B) kann man daher eine Platznummer finden, von der ab alle Glieder von $\langle a_n \rangle$ (bzw. $\langle b_n \rangle$) in dieser Umgebung liegen.
Wir wählen um A und B jeweils Umgebungen, die halb so groß wie die Umgebung von $A+B$ sind.

$U(A) = \left]A - \frac{\varepsilon_1}{2};\ A + \frac{\varepsilon_2}{2}\right[$

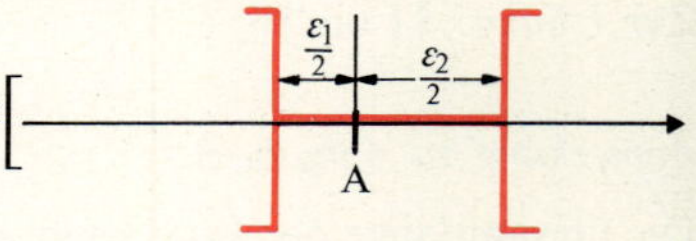

$U(B) = \left]B - \frac{\varepsilon_1}{2};\ B + \frac{\varepsilon_2}{2}\right[$

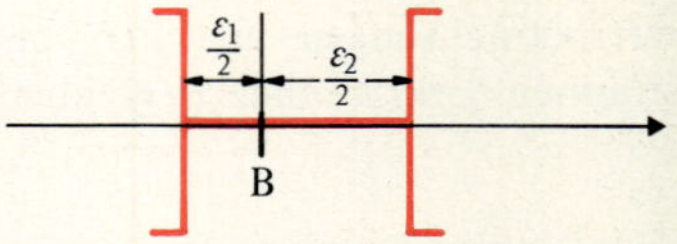

Dann liegen von einer Platznummer ab alle Glieder von $\langle a_n \rangle$ in U(A) und von einer eventuell anderen Platznummer ab alle Glieder von $\langle b_n \rangle$ in U(B). Sei n_0 die größere der beiden Platznummern. Dann liegen alle Glieder von $\langle a_n \rangle$ mit größerer Platznummer als n_0 in U(A), d.h. es gilt für $n > n_0$:

(1) $A - \frac{\varepsilon_1}{2} < a_n < A + \frac{\varepsilon_2}{2}$

Übungen 10.4

1. Gegeben seien die Folgen $\langle a_n \rangle$ und $\langle b_n \rangle$ mit $a_n = 1 + \frac{2}{n}$ und $b_n = 2 + \frac{1}{n}$. Gegeben sei weiter die Umgebung $U = \left]3 - \frac{1}{10};\ 3 + \frac{1}{5}\right[$ von der Zahl 3.

a) Bestimme die Platznummer, von der ab alle Glieder der Folge $\langle a_n \rangle$ in der Umgebung von 1 liegen, die halb so groß ist wie U.

b) Bestimme die Platznummer, von der ab alle Glieder der Folge $\langle b_n \rangle$ in der Umgebung von 2 liegen, die halb so groß ist wie U.

c) Welche ist die größere der beiden Platznummern?
Zeige, daß von dieser Platznummer ab alle Glieder von $\langle a_n + b_n \rangle$ in der Umgebung U liegen.

d) Führe dieselbe Überlegung mit

$a_n = 4 - \frac{2}{n}$, $b_n = 1 + \frac{3}{n}$ und

$U = \left]5 - \frac{1}{5};\ 5 + \frac{1}{10}\right[$

$\left[\text{mit } a_n = -1 + \frac{2}{n},\quad b_n = -2 + \frac{1}{n} \text{ und } U = \left]-3 - \frac{1}{10};\ -3 + \frac{1}{5}\right[\right]$ durch.

Alle Glieder von $\langle b_n \rangle$ mit größerer Platznummer als n_0 liegen in U(B), d.h. es gilt für $n > n_0$:

(2) $B - \frac{\varepsilon_2}{2} < b_n < B + \frac{\varepsilon_2}{2}$

Durch Addition der beiden Ungleichungen (1) und (2) erhalten wir für $n > n_0$:

$$A + B - \varepsilon_1 < a_n + b_n < A + B + \varepsilon_2$$

Das bedeutet aber: Von der Platznummer n_0 ab liegen alle Glieder der Folge $\langle a_n + b_n \rangle$ in der vorgegebenen Umgebung U. U war eine beliebige Umgebung von A + B. Unsere Überlegung gilt also für jede Umgebung von A + B. Man kann also zu jeder Umgebung U von A + B eine Platznummer finden, von der ab alle Glieder der Folge $\langle a_n + b_n \rangle$ in der Umgebung U liegen A + B ist Grenzwert der Summenfolge $\langle a_n + b_n \rangle$.

Zur Übung: **1**

Grenzwertsatz für Differenzfolgen

Wenn die Folge $\langle a_n \rangle$ gegen A und die Folge $\langle b_n \rangle$ gegen B konvergiert, dann konvergiert die Differenzfolge $\langle a_n - b_n \rangle$ gegen A − B.

Beweisgedanke: Wir beweisen diesen Satz, indem wir ihn auf den Grenzwertsatz für Summenfolgen zurückführen: $a_n - b_n = a_n + (-1) \cdot b_n$.

Zu dem Zweck benötigen wir den folgenden Hilfssatz:

Hilfssatz 1: Wenn die Folge $\langle b_n \rangle$ gegen B konvergiert, dann konvergiert die Folge $\langle (-1) \cdot b_n \rangle$ gegen $(-1) \cdot B$.

Beweis: Siehe Übungsaufgabe **3**.

Beweis des Grenzwertsatzes für Differenzfolgen:

Es gilt: $a_n - b_n = a_n + (-1) \cdot b_n$.

Nach dem Grenzwertsatz für Summenfolgen und Hilfssatz *1* konvergiert die Differenzfolge $\langle a_n - b_n \rangle$ also gegen $A + (-1) \cdot B$, also gegen A − B.

Zur Übung: **2** bis **4**

Anmerkungen zu Hilfssatz 1

(1) Eine Kurzformulierung von Hilfssatz *1* lautet:

$$\lim_{n \to \infty} (-b_n) = -\lim_{n \to \infty} b_n.$$

(2) Hilfssatz *1* kann als Spezialfall des Grenzwertsatzes für Produktfolgen angesehen werden für $a_n = -1$.

2. Gegeben sei die Folge $\langle b_n \rangle$ mit $b_n = 2 + \frac{1}{n}$ und die Umgebung $U = \left]-2-\frac{2}{5};\ -2+\frac{3}{10}\right[$ der Zahl −2.

a) Spiegele U am Nullpunkt auf der Zahlengeraden. Wie heißt das Spiegelbild U*?

b) Gib eine Platznummer an, von der ab alle Glieder der Folge $\langle b_n \rangle$ in der Umgebung U* liegen. Trage das erste Glied, das in U* liegt, auf der Zahlengeraden ein.

c) Spiegele das erste Glied von $\langle b_n \rangle$, das in U* liegt, am Nullpunkt. Liegt es in U?

3. Beweise Hilfssatz *1*.

Anleitung:
Wähle zunächst eine beliebige Umgebung U von $(-1) \cdot B$ und spiegele sie am Nullpunkt, um so die Umgebung U* von B zu erhalten.

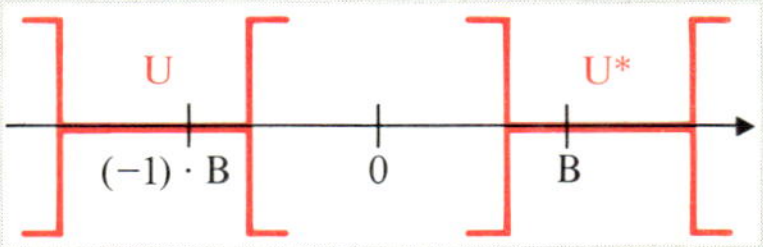

Beachte: Die Folge $\langle b_n \rangle$ konvergiert gegen B, d.h. von einer Platznummer ab liegen .... Spiegele dann die Folgenglieder am Nullpunkt.

4. Vervollständige die folgende Überlegung zu einem Beweis von Hilfssatz *1*:

Sei eine Umgebung U von $(-1) \cdot C$ vorgegeben. Wir denken sie uns auf der 2. Achse eines Koordinatensystems eingezeichnet. Zusätzlich ist der Graph von $[x \mapsto -x; x \in \mathbb{R}]$ eingezeichnet. Die Zeichnung zeigt, wie man eine Umgebung U* von C findet.
Weil $\langle b_n \rangle$ gegen C konvergiert, liegen von einer Platznummer ab ....
Dann liegen von derselben Platznummer ab alle Glieder der Folge $\langle (-1) \cdot b_n \rangle$ in ...

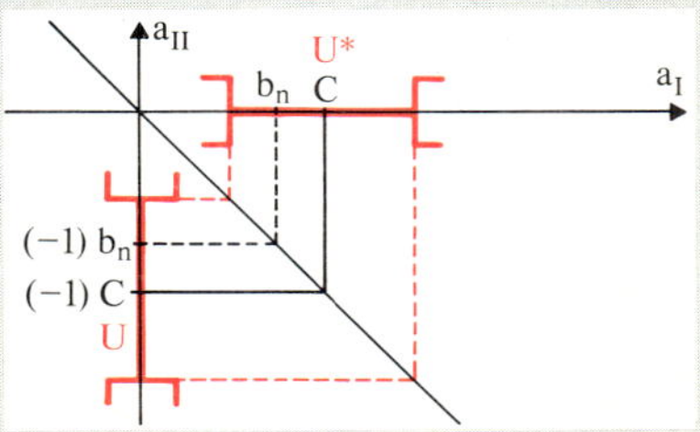

10.5. Beweis des Grenzwertsatzes für Produktfolgen

Wir beweisen zunächst einen Spezialfall dieses Grenzwertsatzes, bei dem $a_n = b_n$ ist.

Satz 2: Wenn die Folge $\langle c_n \rangle$ gegen C konvergiert, dann konvergiert $\langle c_n^2 \rangle$ gegen C^2.

Beweis: Wir müssen zeigen, daß man zu jeder Umgebung U von C^2 eine Platznummer finden kann, von der ab alle Glieder der Folge $\langle c_n^2 \rangle$ in U liegen. Sei eine Umgebung U von C^2 vorgegeben. Wir denken sie uns auf der Achse a_{II} eines Koordinatensystems eingezeichnet (zusätzlich ist der Graph von $x \mapsto x^2$ eingezeichnet).

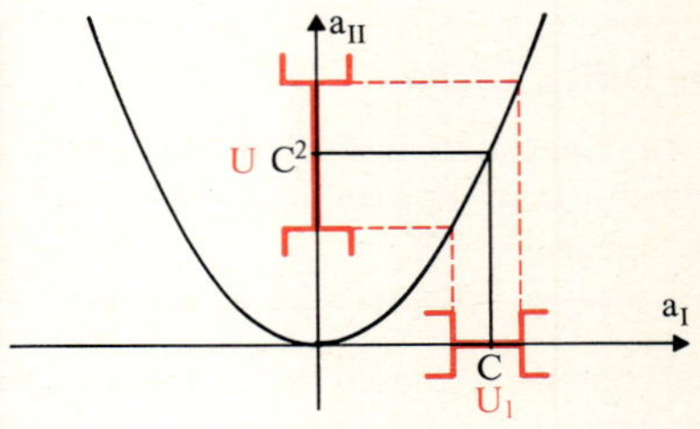

1. Fall: $C > 0$

Wie in der Zeichnung angedeutet, finden wir dann eine Umgebung $U_1(C)$. Weil $\langle c_n \rangle$ gegen C konvergiert, liegen von einer Platznummer ab alle Glieder der Folge $\langle c_n \rangle$ in $U_1(C)$. Die Quadrate dieser Glieder $\langle c_n^2 \rangle$ liegen von dieser Platznummer ab in der vorgegebenen Umgebung U von C^2, wie man an der Zeichnung deutlich erkennt (siehe auch Übungsaufgabe 3).

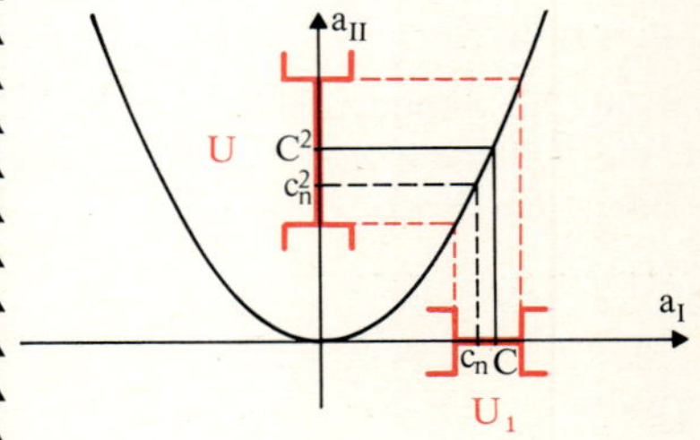

Ähnlich beweist man die Fälle $C < 0$ und $C = 0$.

Zur Übung: **1** bis **3**

Jetzt sind wir auch in der Lage, den allgemeinen Fall des Grenzwertsatzes für Produktfolgen zu beweisen.

Grenzwertsatz für Produktfolgen

Wenn die Folge $\langle a_n \rangle$ gegen A konvergiert und die Folge $\langle b_n \rangle$ gegen B, dann konvergiert die Produktfolge $\langle a_n \cdot b_n \rangle$ gegen $A \cdot B$.

Beweisgedanke:

Wir wissen, daß mit $\langle a_n \rangle$ und $\langle b_n \rangle$ auch $\langle a_n + b_n \rangle$ und nach Satz **2** auch $\langle a_n^2 \rangle$, $\langle b_n^2 \rangle$ und $\langle (a_n + b_n)^2 \rangle$ konvergieren.

Es liegt nahe, die Klammer nach der binomischen Formel auszurechnen:

$$(a_n + b_n)^2 = a_n^2 + 2a_n \cdot b_n + b_n^2$$

und nach $a_n \cdot b_n$ aufzulösen:

$$a_n \cdot b_n = \frac{1}{2} \cdot [(a_n + b_n)^2 - a_n^2 - b_n^2]$$

Nun konvergiert $\langle a_n + b_n \rangle$ gegen $A + B$ und nach dem vorhergehenden Satz $\langle (a_n + b_n)^2 \rangle$ gegen $(A+B)^2$. $\langle a_n^2 \rangle$ bzw. $\langle b_n^2 \rangle$ konvergieren gegen A^2 bzw. B^2.

Dann konvergiert die in der eckigen Klammer angegebene Folge gegen $(A+B)^2 - A^2 - B^2$, also gegen $2AB$.

Es liegt dann die Vermutung nahe, daß

$$\frac{1}{2}[(a_n + b_n)^2 - a_n^2 - b_n^2],$$

also $\langle a_n \cdot b_n \rangle$ gegen $\frac{1}{2} \cdot 2 \cdot AB$, d.h. gegen $A \cdot B$ konvergiert.

Der Beweis dieser Vermutung folgt sofort aus dem folgenden Hilfssatz:

Hilfssatz 2: Wenn die Folge $\langle c_n \rangle$ gegen C konvergiert, so konvergiert die Folge $\langle \frac{1}{2} c_n \rangle$ gegen $\frac{1}{2}C$.

Beweis: Wir müssen zeigen, daß man zu jeder Umgebung U von $\frac{1}{2}C$ eine Platznummer finden kann, von der ab alle Glieder der Folge $\langle \frac{1}{2} c_n \rangle$ in der Umgebung liegen.

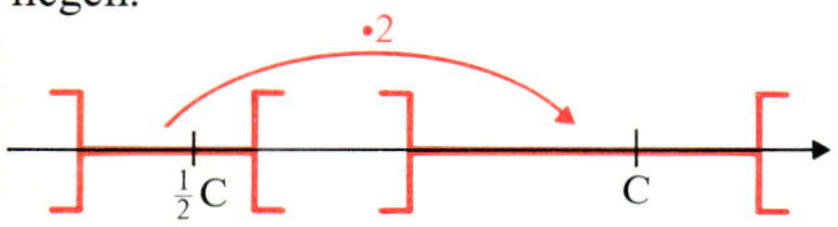

Es sei $U(\frac{1}{2}C) =]\frac{1}{2}C - \varepsilon_1; \frac{1}{2}C + \varepsilon_2[$ eine beliebige Umgebung von $\frac{1}{2}C$. Dann strecken wir die Umgebung mit dem Faktor 2. Wir erhalten dann die Umgebung $U_1(C) =]C - 2\varepsilon_1; C + 2\varepsilon_2[$. Weil die Folge $\langle c_n \rangle$ gegen C konvergiert, kann man eine Platznummer n_0 angeben, von der ab alle Glieder der Folge $\langle c_n \rangle$ in der Umgebung $U_1(C)$ liegen.

Übungen 10.5

1. Gegeben sei die Folge $\langle c_n \rangle$ mit $c_n = 2 + \frac{1}{n}$.
Dann ist ihr Grenzwert $C = 2$, und es gilt $C^2 = 4$. Gegeben sei ferner die Umgebung
$U(4) =]4 - 0{,}39;\ 4 + 0{,}41[$.
Zeichne diese Umgebung sowie die zugehörige Umgebung $U_1(2)$ in ein Koordinatensystem ein. Bestimme die genauen Randpunkte von $U_1(2)$.
Von welcher Platznummer ab liegen alle Glieder der gegebenen Folge in $U_1(C)$?
Zeige, daß von dieser Platznummer ab alle Glieder der Folge $\langle c_n^2 \rangle$ in $U(4)$ liegen.

2. Führe den Beweis von Satz **2** für die Fälle $C < 0$ und $C = 0$ durch.

3. a) Bestimme den linken und den rechten Randpunkt der Umgebung U_1 im Beweis von Satz **2** (S. 154).
b) Gib mit Hilfe einer Ungleichung an, daß c_n in U_1 liegt.
c) Zeige durch Quadrieren der Ungleichung, daß c_n^2 dann in U liegt.

4. Gegeben sei die Folge $\langle c_n \rangle$ mit $c_n = 2 + \frac{1}{n}$.
Damit ist $C = 2$ und $\frac{1}{2} \cdot C = 1$. Gegeben sei außerdem die Umgebung
$U(1) =]1 - 0{,}1;\ 1 + 0{,}1[$.
Wie lautet die entsprechende gestreckte Umgebung $U(2)$?
Von welcher Platznummer ab liegen die Glieder der Folge $\langle c_n \rangle$ in $U(2)$?
Zeige, daß von dieser Platznummer ab auch alle Glieder von $\langle \frac{1}{2} c_n \rangle$ in $U(1)$ liegen.

5. Führe den Beweis des Hilfssatzes durch, indem an Stelle der gestreckten Umgebung um C eine Umgebung gelegt wird, welche dieselben Ausmaße wie die Umgebung $U(\frac{1}{2}C)$ hat.

6. Führe den Beweis von Hilfssatz *2* ähnlich anschaulich wie den von Satz **2** durch.
Dazu sollte auf der Achse a_{II} eines Koordinatensystems die Umgebung $U(\frac{1}{2}C)$ eingetragen werden.
Erläutere, wie man die Umgebung $U_1(C)$ findet.

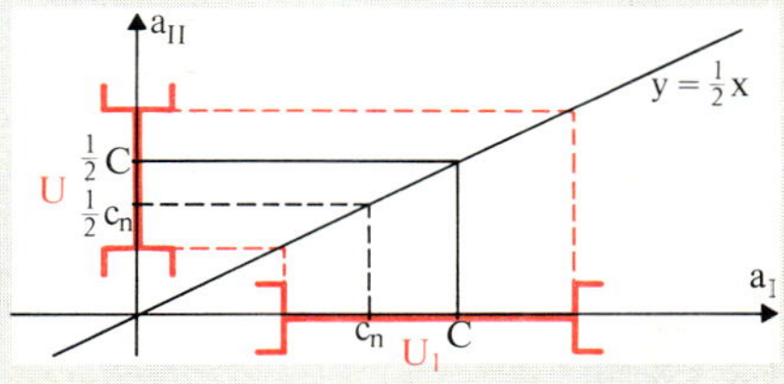

7. Zeige durch rechnerische Umformung von Ungleichungen:
Wenn das Folgenglied c_i in der Umgebung $U(C)$ liegt, dann liegt das Folgenglied $\frac{1}{2}c_i$ in der Umgebung $U(\frac{1}{2}C)$.

8. Führe einen anderen Beweis des Grenzwertsatzes für Produktfolgen durch: Gehe dazu von $(a_n - b_n)^2$ aus.

9. Führe einen weiteren Beweis des Grenzwertsatzes für Produktfolgen durch: Gehe dazu von der Gleichung

$$x \cdot y = \tfrac{1}{4}[(x+y)^2 - (x-y)^2]$$

aus. Welcher Hilfssatz muß jetzt bewiesen werden? Führe diesen Beweis durch.

Jetzt wird die eben durchgeführte Streckung durch eine erneute Streckung mit dem Faktor $\frac{1}{2}$ wieder rückgängig gemacht.

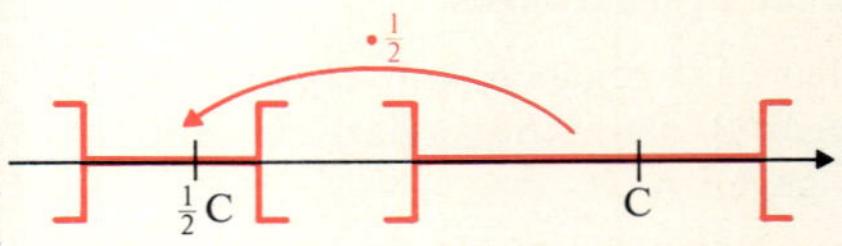

Dadurch geht $U_1(C)$ über in $U(\frac{1}{2}C)$, und wenn ein c_n in $U_1(C)$ gelegen war, so liegt $\frac{1}{2}c_n$ in $U(\frac{1}{2}C)$, d.h. daß alle Glieder der Folge $\langle \frac{1}{2}c_n \rangle$ mit größerer Platznummer als n_0 in $U(\frac{1}{2}C)$ liegen.

Zur Übung: **4** bis **9**

10.6. Beweis des Grenzwertsatzes für Quotientenfolgen

Grenzwertsatz für Quotientenfolgen

Wenn die Folge $\langle a_n \rangle$ gegen A konvergiert und die Folge $\langle b_n \rangle$ gegen B und wenn $b_n \neq 0$ und $B \neq 0$ ist, dann konvergiert die Folge $\left\langle \frac{a_n}{b_n} \right\rangle$ gegen $\frac{A}{B}$.

Beweisgedanke:

Wir fassen $\left\langle \frac{a_n}{b_n} \right\rangle$ als Produkt $\left\langle a_n \cdot \frac{1}{b_n} \right\rangle$ auf und wenden den Grenzwertsatz für Produktfolgen an. Wir müssen dann allerdings noch in einem Hilfssatz zeigen, daß $\left\langle \frac{1}{b_n} \right\rangle$ gegen $\frac{1}{B}$ konvergiert.
Nach dem Grenzwertsatz für Produktfolgen konvergiert dann $\left\langle \frac{a_n}{b_n} \right\rangle$ gegen $A \cdot \frac{1}{B}$, also gegen $\frac{A}{B}$.

Hilfssatz 3: Wenn die Folge $\langle b_n \rangle$ gegen B konvergiert und wenn $b_n \neq 0$ und $B \neq 0$, dann konvergiert die Folge $\left\langle \frac{1}{b_n} \right\rangle$ gegen $\frac{1}{B}$.

▲ *Beweis:* Wir müssen zeigen, daß man zu jeder Umgebung $U\left(\frac{1}{B}\right)$ eine Platznummer angeben kann, von der ab alle Glieder der Folge $\left\langle\frac{1}{b_n}\right\rangle$ in $U\left(\frac{1}{B}\right)$ liegen.

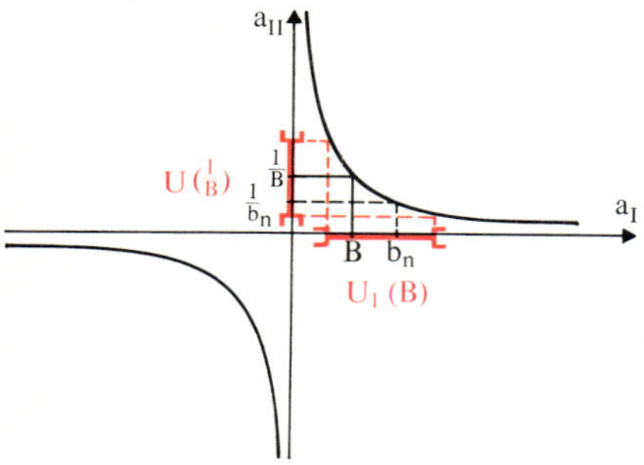

Wir betrachten zunächst den Fall $B>0$.

Es sei $U\left(\frac{1}{B}\right)=\left]\frac{1}{B}-\varepsilon_1;\frac{1}{B}+\varepsilon_2\right[$ eine beliebige Umgebung der Zahl $\frac{1}{B}$, die auf der Achse a_{II} eines Koordinatensystems eingezeichnet ist. Dann kann man wie in der Zeichnung angedeutet, eine Umgebung $U_1(B)$ auf der Achse a_I finden. Weil die Folge $\langle b_n\rangle$ gegen B konvergiert, gibt es dann eine Platznummer n_0, von der ab alle Glieder der Folge $\langle b_n\rangle$ in $U_1(B)$ liegen. Die zu diesen Folgengliedern gehörenden Glieder der Folge $\frac{1}{b_n}$ liegen dann, wie an der Zeichnung zu erkennen ist, in $U\left(\frac{1}{B}\right)$, d.h. von n_0 ab liegen alle Glieder der Folge $\left\langle\frac{1}{b_n}\right\rangle$ in $U\left(\frac{1}{B}\right)$, d.h. die Folge $\left\langle\frac{1}{b_n}\right\rangle$ konvergiert gegen $\frac{1}{B}$.

Dies kann man auch rein rechnerisch nachweisen (siehe Übungsaufgabe **3**).

Entsprechend verläuft der Beweis für den Fall $B<0$.

Übungen 10.6

1. Gegeben sei die Folge $\langle b_n\rangle$ mit $b_n=0{,}5+\frac{1}{n}$.
Dann ist $B=0{,}5$ und $\frac{1}{B}=2$.
Es sei $U\left(\frac{1}{B}\right)=]2-1;\ 2+1[$. Bestimme das zugehörige $U_1(B)$ und gib an, von welcher Platznummer ab alle Glieder der Folge $\langle b_n\rangle$ in $U_1(B)$ liegen. Zeige, daß von derselben Platznummer ab auch alle Glieder von $\left\langle\frac{1}{b_n}\right\rangle$ in $U\left(\frac{1}{B}\right)$ liegen.

2. Führe den Beweis des Hilfssatzes 3 für den Fall $B<0$ durch.

3. a) Berechne den rechten und den linken Randpunkt der Umgebung $U_1(B)$ in Hilfssatz 3.

b) Gib durch eine Ungleichung an, daß b_n zu $U_1(B)$ gehört.

c) Zeige durch Übergang zum Reziproken, daß dann $\frac{1}{b_n}$ zu $U\left(\frac{1}{B}\right)$ gehört.

Beachte dabei: $a<b \Leftrightarrow \frac{1}{a}>\frac{1}{b}$.

Stichwortverzeichnis

Rechengesetze für reelle Zahlen

1. Grundlegende Gesetze (Axiome)

Addition	Multiplikation
Abgeschlossenheit	
(A1) Jedem geordneten Paar $(a;b)$ mit $a, b \in \mathbb{R}$ ist eine ganz bestimmte Zahl $a+b \in \mathbb{R}$ zugeordnet.	(M1) Jedem geordneten Paar $(a;b)$ mit $a, b \in \mathbb{R}$ ist eine ganz bestimmte Zahl $a \cdot b \in \mathbb{R}$ zugeordnet.
Kommutativität	
(A2) Für alle $a, b \in \mathbb{R}$ gilt: $a+b=b+a$.	(M2) Für alle $a, b \in \mathbb{R}$ gilt: $a \cdot b = b \cdot a$.
Assoziativität	
(A3) Für alle $a, b, c \in \mathbb{R}$ gilt: $(a+b)+c=a+(b+c)$.	(M3) Für alle $a, b, c \in \mathbb{R}$ gilt: $(a \cdot b) \cdot c = a \cdot (b \cdot c)$.
Existenz eines neutralen Elementes	
(A4) Für alle $a \in \mathbb{R}$ gilt: $a+0=a$ (also auch $0+a=a$).	(M4) Für alle $a \in \mathbb{R}$ gilt: $a \cdot 1 = a$ (also auch $1 \cdot a = a$).
Gegenelementeigenschaft	**Eingeschränkte Gegenelementeigenschaft**
(A5) Zu jeder reellen Zahl a gibt es das additive Gegenelement $-a$ mit der Eigenschaft $a+(-a)=0$ (also auch $(-a)+a=0$).	(M5) Zu jeder reellen Zahl a außer 0 gibt es das multiplikative Gegenelement $\frac{1}{a}$ mit der Eigenschaft $a \cdot \frac{1}{a} = 1$ $\left(\text{also auch } \frac{1}{a} \cdot a = 1\right)$.

Distributivität

Für alle $a, b, c \in \mathbb{R}$ gilt: $a \cdot (b+c) = a \cdot b + a \cdot c$.

Vollständigkeit

Axiom von der Intervallschachtelung: Ist eine Folge von abgeschlossenen Intervallen $I_1, I_2, I_3, \ldots$ gegeben, die alle ineinander geschachtelt sind, d.h. für die gilt: $I_1 \supseteq I_2 \supseteq I_3 \supseteq \ldots$, so gibt es mindestens eine reelle Zahl, die in allen Intervallen liegt.

Archimedisches Axiom: Zu jedem Paar A, a von positiven reellen Zahlen gibt es eine natürliche Zahl n mit $n \cdot a > A$.

2. Aus den Axiomen herleitbare Sätze bzw. Definitionen

1. In einem Term der Form $a_1 + a_2 + \ldots + a_n$ bzw. $a_1 \cdot a_2 \cdot \ldots \cdot a_n$ darf man beliebig Klammern setzen und weglassen und die Glieder beliebig umstellen.

2. Ein Produkt ist genau dann gleich Null, wenn mindestens ein Faktor Null ist: $a \cdot b = 0 \Leftrightarrow (a=0 \vee b=0)$.

3. *Regeln über das additive Gegenelement:*

$-(-a)=a$

$(-a) \cdot b = -(a \cdot b)$ $\qquad$ $a \cdot (-b) = -(a \cdot b)$

$(-a) \cdot (-b) = a \cdot b$ $\qquad$ $-(a+b) = (-a)+(-b)$

$\frac{-a}{b} = \frac{a}{-b} = -\frac{a}{b}$ (für $b \neq 0$) $\qquad$ $\frac{-a}{-b} = \frac{a}{b}$ (für $b \neq 0$)

4. *Sätze über Gleichungen:*

$a=b \Leftrightarrow a+c=b+c$

Für $c \neq 0$ gilt: $a=b \Leftrightarrow c \cdot a = c \cdot b$

Für $\frac{p^2}{4} - q \geq 0$ gilt: $x^2 + px + q = 0$

$\Leftrightarrow \left(x = -\frac{p}{2} + \sqrt{\frac{p^2}{4} - q} \vee x = -\frac{p}{2} - \sqrt{\frac{p^2}{4} - q}\right)$

5. *Definition der Subtraktion:*

$a-b = a+(-b)$

6. *Distributivgesetz für die Subtraktion:*

$a \cdot (b-c) = a \cdot b - a \cdot c$

7. *Binomische Formeln:*

$(a+b)^2 = a^2 + 2ab + b^2$

$(a-b)^2 = a^2 - 2ab + b^2$

$(a+b) \cdot (a-b) = a^2 - b^2$

8. *Bruchrechenregeln:*

$\frac{a}{b} = \frac{a \cdot c}{b \cdot c}$ (für $b, c \neq 0$) $\qquad$ $\frac{a}{b} \cdot \frac{c}{d} = \frac{a \cdot c}{b \cdot d}$ (für $b, d \neq 0$)

$\frac{a}{b} \cdot c = \frac{a \cdot c}{b}$ (für $b \neq 0$) $\qquad$ $\frac{a}{b} : \frac{c}{d} = \frac{a \cdot d}{b \cdot c}$ (für $b, c, d \neq 0$)

$\frac{a}{b} : c = \frac{a}{b \cdot c}$ (für $b, c \neq 0$) $\qquad$ $\frac{a}{c} + \frac{b}{c} = \frac{a+b}{c}$ (für $c \neq 0$)

9. *Satz über Proportionen:*

$\frac{a}{b} = \frac{c}{d} \Leftrightarrow a \cdot d = b \cdot c$ (für $b, d \neq 0$)

10. *Definition der Potenzen:*

$a^n = \underbrace{a \cdot \ldots \cdot a}_{n \text{ Faktoren } a}$ $(n \in \mathbb{N})$ $\qquad$ $a^0 = 1$ $\quad$ $a^{-n} = \frac{1}{a^n}$ $(n \in \mathbb{N}, a \neq 0)$

$a^{\frac{m}{n}} = \sqrt[n]{a^m}$ $(n \in \mathbb{N}, m \in \mathbb{Z}, a > 0)$

11. *Potenzgesetze:*

Für $a, b \in \mathbb{R}^+$ und für $r, s \in \mathbb{Q}$ bzw. $\mathbb{R}$ gilt:

(P1) $a^r \cdot a^s = a^{r+s}$ $\qquad$ (P2) $(a \cdot b)^r = a^r \cdot b^r$

(P1*) $a^r : a^s = a^{r-s}$ $\qquad$ (P2*) $\left(\frac{a}{b}\right)^s = \frac{a^s}{b^s}$

(P3) $(a^r)^s = a^{r \cdot s}$